今すぐ使えるかんたん

JN000614

Excel グラフ

Imasugu Tsukaeru
Kantan Series

Excel Graph
Rumi Yanagida

Office 2021 / 2019 / Microsoft 365 対応版

技術評論社

本書の使い方

- ● 画面の手順解説だけを読めば、操作できるようになる！
- ● もっと詳しく知りたい人は、左側の「側注」を読んで納得！
- ● これだけは覚えておきたい機能を厳選して紹介！

特長 1

機能ごとに
まとまっているので、
「やりたいこと」が
すぐに見つかる！

特長 2

基本操作

赤い矢印の部分だけを
読んで、パソコンを
操作すれば、難しいことは
わからなくても、
あっという間に
操作できる！

27　軸の最大値や最小…

Section 27

軸の最大値や最小値、単位を変更しよう

軸の書式設定

📄 練習▶027_店舗別売上高.xlsx

軸の単位や最大値・最小値を変更してグラフを見やすくしよう

何百万単位の数値を扱うデータからグラフを作成すると、縦軸の数値が見づらくなることあります。また、数値が大きい上に数値の差違が小さいデータからグラフを作成すると、データの大小を比較しづらくなります。そんなときは、軸の書式設定で単位や最小値を変更してみましょう。

Before 単位と最小値の変更前

After 単位と最小値の変更後

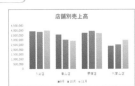

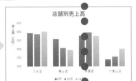

軸の単位と最小値を変更すると、縦軸の数値が読みやすくなりデータの差違もはっきりします。

3　グラフの見栄えを整え…

① 軸の単位と最小値を変更する

⚠ 注意

…木、棒グラフは棒の高さ（面積）で値の大小を示すグラフです。最小値を変更すると、棒の面積は実際の数値に比例しなくなります。場合によっては、見る側に誤解を与える表現になるので正確性を求める資料には使わないよう注意しましょう。

…の縦軸を右クリックし…

2 ［軸の書式設定］をクリックします。

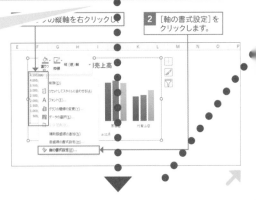

82

特長 3

やわらかい上質な紙を
使っているので、
開いたら閉じにくい！

● 補足説明

操作の補足的な内容を「側注」にまとめているので、
よくわからないときに活用すると、疑問が解決！

解説
補足説明

ヒント
便利な機能

重要用語
用語の解説

応用技
応用操作解説

ショートカットキー
タッチ操作

補足
補足説明

注意
注意事項

時短
時短

特長 4

大きな操作画面で
該当箇所を囲んでいるので
よくわかる！

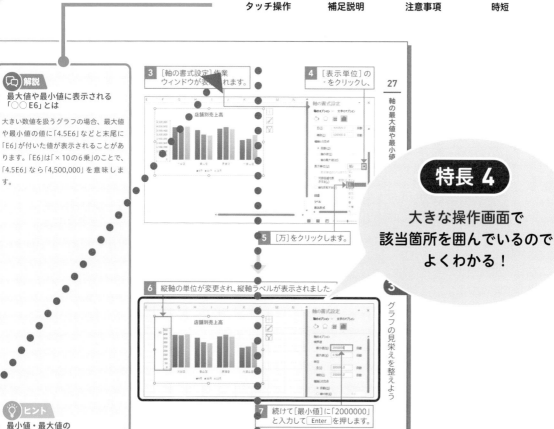

解説

最大値や最小値に表示される「○○E6」とは

大きい数値を扱うグラフの場合、最大値や最小値の値に「4.5E6」などと末尾に「E6」が付いた値が表示されることがあります。「E6」は「×10の6乗」のことで、「4.5E6」なら「4,500,000」を意味します。

ヒント

最小値・最大値の設定をリセットする

手動で縦軸の最小値や最大値を変更したあとで、自動的に設定された元の数値に戻す場合は、［リセット］をクリックします。

83

3

目次

第3章 グラフの見栄えを整えよう

目次

7

第4章 グラフの元データを加工しよう

第5章 棒グラフでデータの大小や割合の比較を見せよう

第6章　折れ線グラフや面グラフでデータの推移を見せよう

第7章	円グラフやドーナツグラフでデータの割合を見せよう

11

第8章 さまざまなグラフでデータを「見える化」して分析しよう

第9章 伝わるグラフを作るコツ

サンプルファイルのダウンロード

本書で使用しているサンプルファイルは、以下のURLのサポートページからダウンロードできます。ダウンロードしたときは圧縮ファイルの状態なので、展開して使用してください（詳細は348ページ参照）。

https://gihyo.jp/book/2023/978-4-297-13259-0/support

サンプルファイルは章ごとにフォルダーが分かれており、ファイル名には各Sectionの番号が付いています。章やSectionの内容によっては、サンプルファイルが無い場合もあります。

第 **1** 章

グラフの基礎知識

グラフの基礎知識を知ろう

▶ グラフはデータを「見える化」する最強ツール

2つ以上の数値の大小や割合、関係などを視覚的に表現した図を「グラフ」といいます。数値が羅列された表を見ただけではすぐに読み取れないデータの傾向や特徴を分かりやすく伝えられるグラフは、データを「見える化」する最強のツールで、報告書や企画書などさまざまな文書に用いられています。

棒グラフ

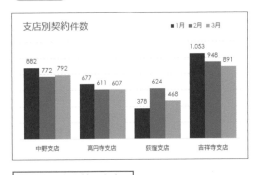

値の大小を比較します。

折れ線グラフ

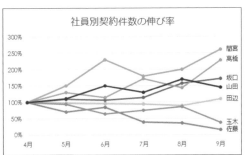

値の推移を示します。

円グラフ

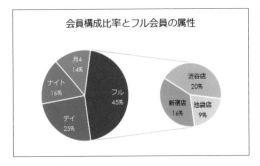

構成比率を示します。

散布図

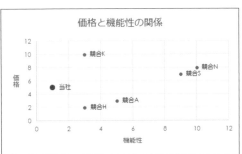

相関性や分布を示します。

▶ グラフの作成ならExcelにお任せ

Excelはグラフの作成を得意とするアプリケーションです。元となる表があれば、クリック操作でかんたんにグラフを作成できます。グラフを作成すると、[グラフのデザイン]タブと[書式]タブが表示され、グラフに関するさまざまな編集が行えるようになります。まずはグラフの基本的な作成方法を学び、伝えたい情報を正確に伝える適切な種類のグラフを使い分けられるよう、それぞれのグラフの用途も知っておきましょう。

[挿入]タブのクリック操作でグラフを作成

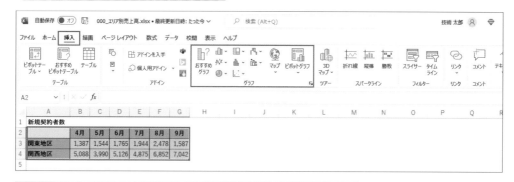

元となる表を作成し、選択したら、[挿入]タブの[グラフ]グループのボタンをクリックするだけでグラフを作成できます。

[グラフのデザイン]タブ、[書式]タブでグラフを編集

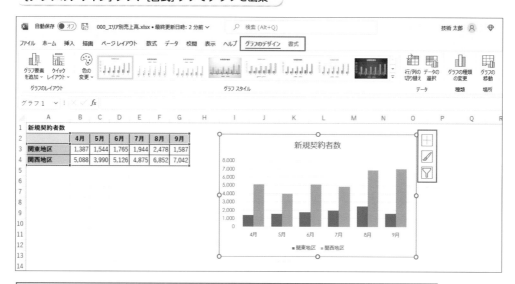

作成したグラフを選択すると、[グラフのデザイン]タブと[書式]タブが表示されます。このタブ内のリボンを操作し、グラフにさまざまな編集を加えていきます。
また、選択したグラフの右上にはグラフボタンも表示されます。このボタンを利用しても、[グラフのデザイン]タブと[書式]タブと同様に、グラフにさまざまな編集を加えられます。

グラフでデータを「見える化」しよう

グラフの目的と視覚化のメリット

▶ グラフでデータを「見える化」するメリットとは

さまざまな統計データの順位や推移、内訳、分布、相関関係といった特徴や傾向を視覚的に表す図表が「グラフ」です。グラフを作成するとどのようなメリットががあるのか、どうすればより伝わるグラフが作れるのかを知っておくと同時に、Excelで作れるグラフの種類も把握しておきましょう。

グラフでデータを「見える化」すると、データの特徴をすばやく読み取れるだけでなく、データの持つ情報を第三者にわかりやすく伝えられます。また、データの説得力・訴求力アップや興味喚起の観点でもグラフが効果的で、データ分析や問題点・課題点の抽出にも役立ちます。

取引先名	売上金額	構成比	累積比	ランク
柾国工業	2,929,840	32.8%	32.8%	A
ＪＫ化学	1,997,090	22.4%	55.2%	A
バムハウス	1,025,840	11.5%	66.7%	A
３Ｊコープ	872,360	9.8%	76.4%	B
ラビット	652,360	7.3%	83.7%	B
スター	442,560	5.0%	88.7%	B
ビギン	427,420	4.8%	93.5%	C
クチル加工	212,590	2.4%	95.9%	C
マイユ	148,410	1.7%	97.5%	C
２Ｕ工房	96,710	1.1%	98.6%	C
ＧＣ産業	69,410	0.8%	99.4%	C
パーパス	54,120	0.6%	100.0%	C
計	8,928,710			

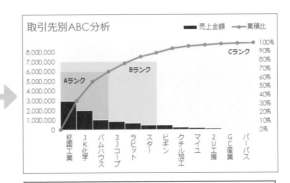

数字の羅列を眺めているだけではつかみにくいデータの特徴も、グラフにすれば一目瞭然です。

グラフで「見える化」するメリット

・データの特徴がスピーディーに読み取れるようになる
・データへの理解度が深まる
・見る者の興味を喚起できる
・データの説得力・訴求力が強まる
・視覚的効果によるアピール力が高まる
・データを分析しやすくなり、問題点や課題を発見できる

伝わるグラフを作るために、グラフの種類を使い分けよう

Excelでは、グラフの元になるデータさえ用意しておけば数回のクリック操作だけでかんたんにグラフを作成できます。ただし、いくらかんたんにグラフを作成できるとはいっても、データから何を伝えたいのか自分自身で理解していないと、意図しない印象を与える不適切なグラフができ上がってしまうことがあります。まずは、伝えたい内容に合わせたグラフを選べるよう、Excelで作成できるグラフの種類を確認しておきましょう。

	4月	5月	6月	7月	8月	9月
北部エリア	1,387	1,544	1,765	1,944	2,478	1,587
東部エリア	5,088	3,990	5,126	4,875	6,852	7,042
中部エリア	2,960	4,723	3,006	2,587	3,058	4,587
西部エリア	3,993	1,012	2,136	1,045	1,574	3,069

伝えたい内容によって、グラフの種類を使い分けます。

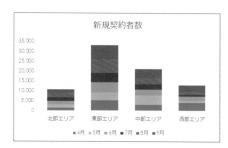

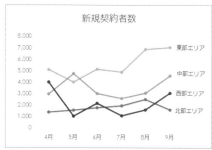

Excel で作成できるグラフの種類

グラフの種類	主な用途
縦棒グラフ	主にデータの大小を比較する。
折れ線グラフ	時間の経過にともなう推移やその傾向を見る。
円グラフ、ドーナツグラフ	構成比率や内訳を見る。
横棒グラフ	主にデータの大小を比較する。
面グラフ	時系列の推移をとともに傾向全体の合計値を見る。
散布図、バブルチャート	相関性や分布を見る。
株価チャート	株価の変動を見る。
等高線グラフ	データ間の関係性を視覚的に明示する。
レーダーチャート	複数の指標の集計値を比較する。
ツリーマップ図	データを階層構造で示す。
サンバースト図	階層構造を持ったデータを分かりやすく示す。
ヒストグラム図	分布内の頻度を示す。
箱ひげ図	データのばらつき具合を示す。
ウォーターフォール図	値の増減を見る。
じょうごグラフ	複数のプロセスにおける段階ごとの値を示す。
複合グラフ	縦棒と折れ線など、異なる種類のグラフを組み合わせる。
マップ	地理的領域全体の値の比較する。

Section

02 グラフの基本を押さえよう

棒グラフ、折れ線グラフ、円グラフの使い方

▶ 棒グラフの用途

金額や人数、個数など量的なデータの大小を比較するのに適しているのが棒グラフです。
縦棒グラフと横棒グラフの用途は同じですが、月や年度など時間的変化を含むデータを扱う
場合は縦棒グラフが使われることが多く、時間的変化に関係しないデータを扱う場合や、
100% 積み上げ形式で複数の項目の構成比を比較したい場合には横棒グラフが好まれる傾向
があります。

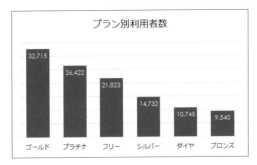
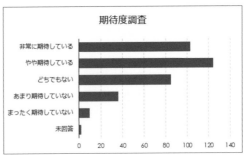

縦棒グラフは、データの全体量を比較したいとき、横棒グラフは、項目名が長い場合に使います。

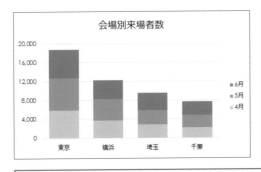
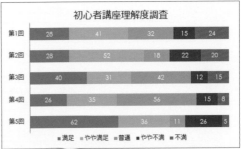

積み上げ縦棒グラフは、データの全体量を比較すると同時に構成比を見たいとき、
100% 積み上げ横棒グラフは、複数の項目の構成比を比較したいときに用います。

▶ 折れ線グラフの用途

時間の経過とともに値がどのように推移したか、その変化の様子や傾向を見たいときには折れ線グラフが適しています。一般的な折れ線グラフでは、横軸に時間の経過、縦軸に数量などの値を取り、それぞれの値を線で結んでその傾き具合から変化や傾向を読み取ります。Excelでは、折れ線の頂点にあたるデータ要素にマーカーを付けるかどうかを選択したり、マーカーの種類を変更したりすることもできます。

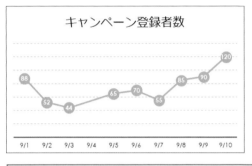
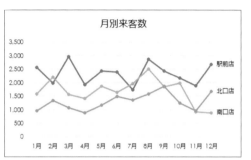

折れ線グラフは、時間的経過にともなう変化を見たいときに用います。

▶ 円グラフ、ドーナツグラフの用途

項目の構成比、内訳を表したいときに役立つのが円グラフです。円グラフで表すデータの系列は1つで、単位はパーセンテージを用います。また、Excelでは、円グラフの中央を丸く切り抜いたような形状のドーナツグラフも作成できます。ドーナツグラフも構成比や内訳を表すのに使うグラフですが、円グラフとは異なり、複数の系列のデータを扱えるという特徴があります。そのため、大分類と小分類の内訳を示して階層構造を見せたいときにも利用できます。

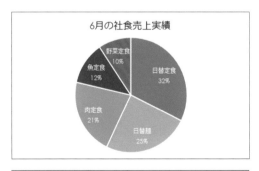
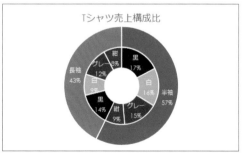

構成比、内訳を表す円グラフは、強調したい項目を切り離すこともできます。

ドーナツグラフでは複数系列のデータを扱えるため、階層構造を見せたいときにも役立ちます。

Section

03 用途に応じて作成できる グラフの種類を知ろう

散布図、バブルチャート、等高線グラフ、レーダーチャート

▶ 散布図、バブルチャートの用途

系列が複数あるデータで、項目同士の相関性を見たいときに最適なのが散布図とバブルチャートです。散布図では、項目間に相関性が認められる場合には**近似曲線でデータの傾向を視覚化**し、予測モデルを分析できます。ポジショニングマップを作成するのにも適したグラフです。バブルチャートも散布図の一種ですが、散布図が縦軸と横軸、2つの指標で表現しているのに対し、バブルチャートではバブル（円）の大きさで3つ目の指標を表現できる点に特徴があります。

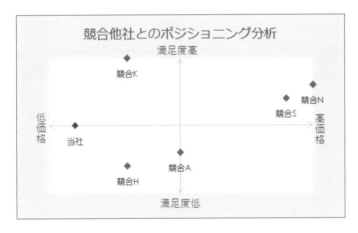

相関性を視覚化できる散布図をアレンジすると、ポジショニングマップも作成できます。

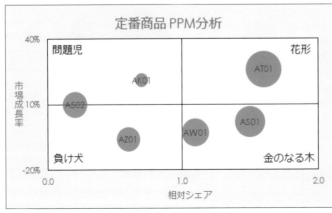

バブルチャートは、縦軸、横軸に加え、バブル（円）の大きさで3つ目の指標を表現できます。

▶ レーダーチャートの用途

放射線状に伸びた数値軸上の値を線で結び、多角形の大きさや形で全体のバランスを考察したり、複数のデータ系列の集計値を比較したりできるのが「**レーダーチャート**」です。系列の領域を塗りつぶした「**塗りつぶしレーダーチャート**」も作成できます。

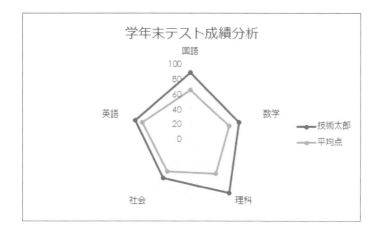

> レーダーチャートを使うと、多角形の大きさや形からデータが持つバランスを考察できます。

▶ 複合グラフの用途

たとえば棒グラフと折れ線グラフなど、2つ以上のグラフの種類を組み合わせたグラフを「**複合グラフ**」といいます。単位の異なるデータを1つのグラフにまとめてわかりやすく見せたいときに適しているのが複合グラフです。Excelでは、かんたんな操作でデータ系列ごとにグラフの種類を設定したり、左右の軸(第1軸、第2軸)に振り分けたりできます。

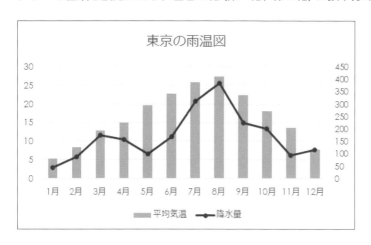

> 降水量と気温など、単位の異なるデータを1つのグラフに見やすくまとめたいときは、複合グラフを使います。

グラフの構成要素を確認しよう

グラフの構成要素

▶ グラフを構成する要素とその名称を覚えておこう

グラフは、「グラフエリア」「プロットエリア」「凡例」など、さまざまな要素の組み合わせでできています。グラフの作成・編集を始める前に、それぞれの要素の名前と意味を確認しておきましょう。

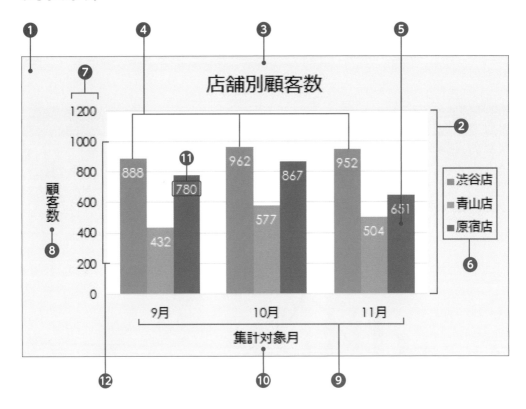

名称	意味
❶ グラフエリア	グラフ全体の領域を指します。
❷ プロットエリア	グラフそのものの領域を指します。
❸ グラフタイトル	グラフに付けた名前です。
❹ データ系列	グラフを構成する同じ系統のデータの集まりを指します。元データの1列あるいは1行にあたります。複数の系列がある場合、初期設定では系列ごとに違う色が割り当てられますが、円グラフは系列が1つのため要素ごとに違う色が割り当てられます。
❺ データ要素	系列を構成する各データを指します。棒グラフなら個々の棒、折れ線グラフなら個々のマーカー、円グラフなら個々の扇型の図形（スライス）がデータ要素にあたります。
❻ 凡例	系列名と色の対応を示した表です。
❼ 縦軸	データの値を数値で表す軸です。数値軸と呼ぶこともあります。
❽ 縦軸ラベル	縦軸に付けた名前です。
❾ 横（項目）軸	データの項目名を表す軸です。
❿ 横（項目）軸ラベル	横軸に付けた名前です。
⓫ データラベル	各データの値や系列名などを表すラベルを指します。
⓬ 目盛線	値を読み取るのを助けるための線です。

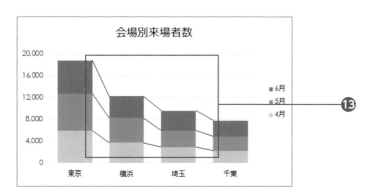

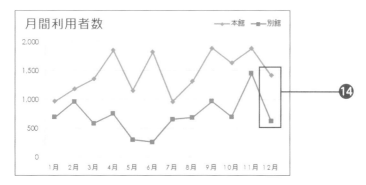

名称	意味
⓭ 区分線	積み上げ縦棒／横棒グラフまたは100% 積み上げ縦棒／横棒グラフでデータ系列の境界同士をつなぎ、値の差異を強調する線です。
⓮ マーカー	折れ線グラフや散布図のデータ要素を示す印のことです。

05 グラフの作成・編集に使うツールを確認しよう

挿入タブ、グラフボタン、グラフツール

▶ グラフの作成に使う［挿入］タブ、グラフボタン

グラフはの作成は［挿入］タブから、編集は［グラフのデザイン］タブ、［書式］タブから行います。グラフの選択時に表示されるグラフボタンや、［ホーム］タブもグラフの編集に利用できます。

［挿入］タブ

［グラフ］グループにグラフ作成のためのボタンが集められています。

▶ グラフの編集に使うグラフボタン

グラフを選択するとグラフの右上に3つのボタン（グラフボタン）が表示されます。これらのボタンを利用すると、リボンのタブを切り替えずに、凡例やデータテーブル、データテーブルなどのグラフ要素を追加したり、スタイルや配色を変更したりすることができます。

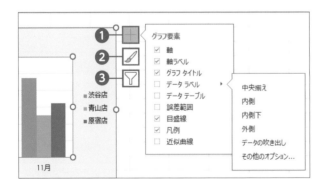

名称	意味
❶ グラフ要素	タイトル、凡例、データラベル、データテーブルなどのグラフ要素を追加・削除できます。
❷ グラフスタイル	グラフのスタイルと配色を変更できます。
❸ グラフフィルター	グラフに表示するデータ要素と名前を編集できます。

▶ グラフの編集に使う[グラフのデザイン]タブ、[書式]タブ

グラフを選択すると、[グラフのデザイン]タブと[書式]タブが表示されます。

[グラフのデザイン]タブ

[書式]タブ

名称	機能
❶ グラフのレイアウト	グラフ要素を追加したり、グラフ全体のレイアウトを変更したりできます。
❷ グラフスタイル	グラフの配色や全体的な視覚スタイルを変更できます。
❸ データ	軸のデータを入れ替えたり、グラフの対象となるデータ範囲を変更したりできます。
❹ 種類	別の種類のグラフに変更できます。
❺ 場所	グラフを別のシートに移動できます。
❻ 現在の選択範囲	グラフ要素を選択したり、書式を設定したり、リセットしたりできます。
❼ 図形の挿入	四角形や円、矢印や吹き出しなどの図形を挿入できます。
❽ 図形のスタイル	グラフ要素にスタイルや効果を設定できます。
❾ ワードアートのスタイル	グラフタイトルなどグラフ内のテキストにワードアートを設定できます。
❿ アクセシビリティ	グラフに代替テキストを設定できます。
⓫ 配置	グラフやほかの図形の配置を調整したり、グループ化したりできます。
⓬ サイズ	グラフやほかの図形の大きさを数値で指定できます。

▶ [ホーム]タブやミニツールバーもグラフ編集に使える

各種グラフ要素の塗りつぶしの色や線の色は、[ホーム]タブや右クリック時に表示される
ミニツールバーでも変更できます。[ホーム]タブでは、フォントに関する設定も変更でき
ます。

[ホーム]タブ

[ホーム]タブでも、
塗りつぶしや線、
フォントに関する
編集ができます。

ミニツールバー

右クリック時に表
示されるミニツー
ルバーでも、塗り
つぶしや線の色を
変更できます。

Section 06 グラフの元データを理解しよう

グラフの元データ

▶ 元となる表とグラフの関係

グラフを作成するには、元となる表が必要です。グラフの作成を始める前に、まずは表を用意しましょう。**データベース形式の表を元にグラフを作成する場合は、ピボットテーブル／ピボットグラフの機能を使うと便利です。**

一般的には、表の1行目または1列目に見出し項目を入力し、続く行や列に値を入力します。クロス集計形式の表の場合は、1行目に行見出しの項目、1列目に列見出しの項目を入力し、それぞれの項目の行列が交差するセルに値を入力します。

見出し行に対して値が1行、または見出し列に対して値が1列なら、表のデータをグラフにしたときの系列は1つです。クロス集計形式の表でデータが2行または2列以上の場合は、グラフにしたときの系列は複数になります。

りんご	みかん	ぶどう
300	250	180

りんご	300
みかん	250
ぶどう	180

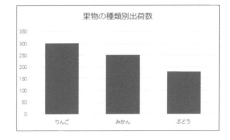

1行目に見出し項目を入力した表と1列目に見出し項目を入力した表からグラフを作成すると、いずれも値は1行または1列なので系列の数は1つになります。

	りんご	みかん	ぶどう
4月	300	250	180
5月	280	280	150
6月	360	300	200

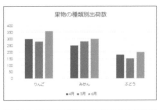
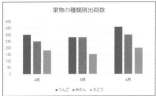

1行目と1列目に見出し項目を入力した表です。この表からグラフを作成すると、行／列を入れ替えたとしても系列は複数になります。

▶ データベース形式の表は、クロス集計表にしてからグラフにする

1行目に見出し項目を入力し、2行目以降に1件のデータを1行として入力していく「**データベース形式**」と呼ばれる表（テーブル）をグラフにしたい場合は、グラフを作成する前に、一部のデータを抜き出した**クロス集計表**を作成します。

クロス集計表の作成には、ピボットテーブルを利用すると便利です。データをさまざまな角度から集計し、かんたんにグラフで視覚化できます。Excelでは、ピボットテーブルと同時にピボットグラフを作成することも、既存のピボットテーブルからピボットグラフを作成することもできます（146ページ参照）。

	A	B	C	D	E	F	G	H	I	J
1	ミールキットお試し販売実績									
2	商品名	注文経路	注文日	単価	数量	売上金額				
3	ファミリーセット	ネット	4月3日	3,800	1	3,800				
4	ファミリーセット	店頭	4月3日	3,800	1	3,800				
5	おひとりさまセット	ネット	4月3日	2,800	8	22,400				
73	ファミリーセット	電話	6月26日	3,800	1	3,800				
74	おひとりさまセット	店頭	6月26日	2,800	5	14,000				
75	ヘルシーセット	電話	6月26日	3,200	6	19,200				
76	おひとりさまセット	店頭	6月26日	2,800	3	8,400				
77										

このような売上実績の表からピボットテーブルを作成してグラフにすると、さまざまな視点でデータを視覚化できます。

どの注文経路でどのくらい売り上げたかを比較するグラフ

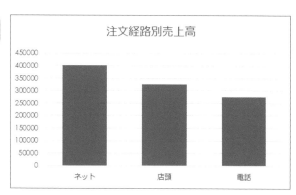

どの商品が何月に何個売れたかを比較するグラフ

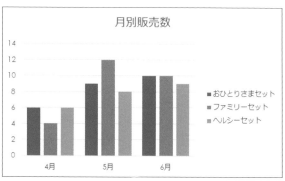

Section 07 グラフの活用シーンをイメージしよう

Excelグラフオブジェクト、画像、PDF

▶ グラフをさまざまなシーンで活用

Excelで作成したグラフは、さまざまなプレゼン資料や報告書で活用できます。ほかのアプリケーションにコピーする方法や、グラフを画像ファイルとして保存する方法、グラフを含むExcelファイルをPDFとして保存する方法などを覚え、活用シーンを広げましょう。

WordやPowerPointには、編集可能なMicrosoft Excelグラフオブジェクト形式でグラフを貼り付けられます（66ページ参照）。Microsoft Office製品以外のアプリケーションにも、画像形式でグラフを貼り付けることが可能です（61ページ参照）。

また、グラフを含むExcelのファイルをPDF形式で保存すれば、Excelがインストールされていない環境でもファイルを開くことができるようになります（118ページ参照）。

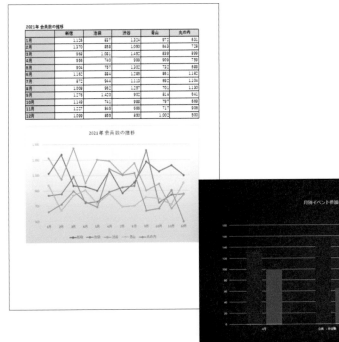

グラフをコピーしてPowerPointやWordに貼り付けたり、Excelのファイルを PDF形式やWebページ形式で保存したりすることで、さまざまなシーンでグラフを活用できます。

第 **2** 章

グラフを作成しよう

グラフ作成の流れを知ろう

▶ グラフを作成する方法

●ボタンのクリック操作で作成

グラフの元データとなる表さえあれば、[挿入]タブに用意されたボタンのクリック操作だけで、かんたんにグラフを作成できます。必要に応じてグラフのタイトルを入力したり、デザインを変更したりするだけで見栄えの良いグラフがあっという間に完成します。

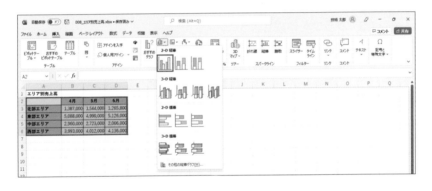

データを入力した表を選択し、作りたいグラフの種類をクリックするだけでグラフを作成できます。

●「おすすめグラフ」機能で作成

表を選択し、[挿入]タブの[おすすめグラフ]をクリックすると、データの内容に合ったグラフのサンプルがダイアログボックスに表示されます。どんな種類のグラフを作ればいいか迷ったときに役に立ちます。

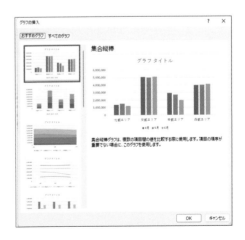

おすすめされたグラフの種類のうち、作成したいものをクリックします。

●グラフタイトル、データラベル、凡例

グラフ要素の中でも最も使用頻度が高いのが、「グラフタイトル」「データラベル」「凡例」です。
いずれも、かんたんな操作で表示／非表示を切り替えられます。

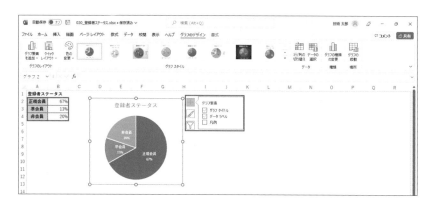

グラフ要素の表示／非表示の切り替えは、[挿入]タブの[グラフ要素を追加]またはグラフボタンから行います。

●グラフのコピー／画像として保存

グラフは画像としてコピーしたり、画像として保存したりすることができます。また、WordやPowerPointといったほかのOfficeアプリにコピーし、それぞれのアプリ上で編集することもできます。グラフの多様な使い回し方法を覚えておくと、グラフの利用シーンも広がります。

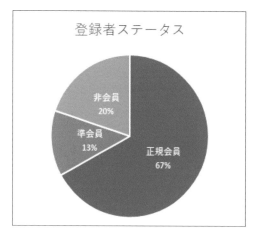

グラフは画像としてコピーしたり保存したりできます。

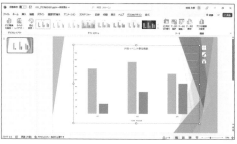

PowerPointやWordにグラフをコピーし、編集できます。

Section

08 グラフを作成しよう

グラフの作成

練習▶008_エリア別売上高.xlsx

▶ データの種類に合ったグラフを作成しよう

グラフの元データとなる表を準備したら、さっそくグラフを作成してみましょう。グラフの作成は、[挿入]タブから行います。

Before 表

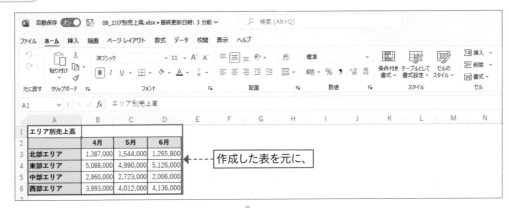

作成した表を元に、

After グラフ

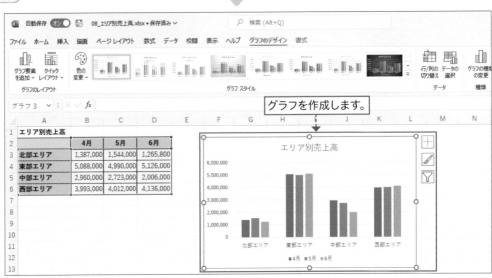

グラフを作成します。

① グラフを作成する

 解説

見出しを含めて選択する

グラフを作成する場合は、行見出しや列見出しを含めて表を選択します。見出しの項目は、グラフでも項目名として反映されます。

 ヒント

クイック分析ツールでグラフを作成する

グラフの元データとなる表を選択すると、選択範囲の右下に［クイック分析］が表示されます。これをクリックし、［グラフ］をクリックしてもグラフを作成できます。

作りたいグラフの種類をクリックします。［その他］をクリックすると、「おすすめグラフ」の機能を利用したり、［クイック分析］に表示されていない種類のグラフを作成したりできます。

 補足

グラフを削除する

作成したグラフを削除するには、グラフを選択して Delete を押します。

---

1 セル［A2］からセル［D6］までドラッグして表を選択します。　**2** ［挿入］タブをクリックして、

3 ［縦棒／横棒グラフの挿入］をクリックし、

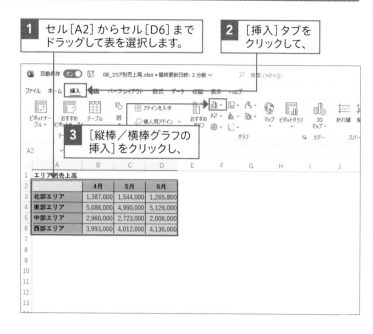

4 ［集合縦棒］をクリックします。

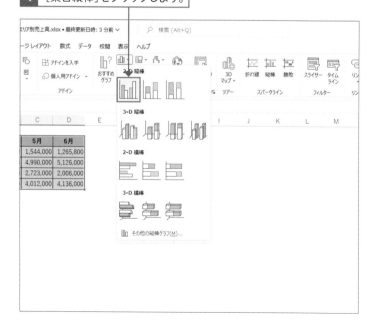

5 グラフが作成されました。

6 グラフタイトルをクリックして文字列を選択し、タイトルを入力します。

 補足

タイトルが不要なときは

グラフタイトルをクリックして選択し、[Delete]を押すと、グラフタイトルを削除できます。

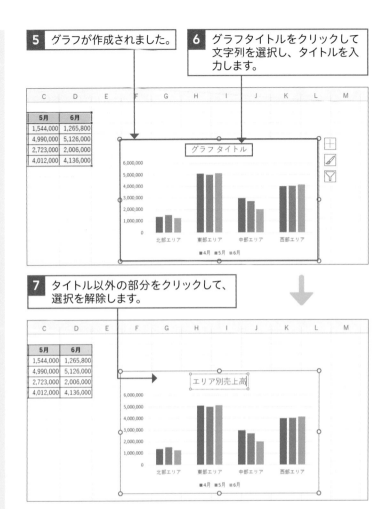

7 タイトル以外の部分をクリックして、選択を解除します。

② 「おすすめグラフ」でグラフを作成する

 時短

ショートカットキーでグラフを作成する

表を選択して[Alt]を押しながら[F1]を押すと、集合縦棒グラフを作成できます。すばやくグラフを作成したいときに便利です。

1 セル[A2]からセル[D6]までドラッグして、表を選択し、

2 [挿入]タブをクリックして、

3 [おすすめグラフ]をクリックします。

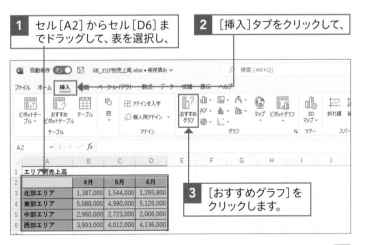

**クイック分析ツールから
「おすすめグラフ」を利用する**

表を選択すると選択範囲の右下に［クイック分析］が表示されます。これをクリックし、［グラフ］→［その他の］の順にクリックしても、「おすすめグラフ」の機能を利用できます。

**すべてのグラフの種類を
確認する**

［グラフの挿入］ダイアログボックスで［すべてのグラフ］タブをクリックすると、Excelで作成できるすべてのグラフの種類が表示されます。ここで作成したいグラフの種類をクリックして、グラフを作成することもできます。

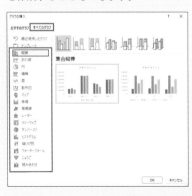

---

4 ［グラフの挿入］ダイアログボックスが表示されます。

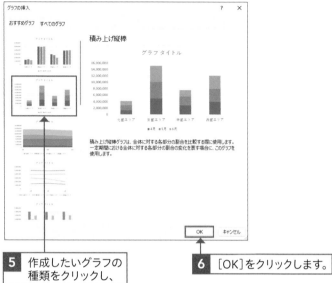

5 作成したいグラフの
種類をクリックし、

6 ［OK］をクリックします。

7 グラフが作成されました。

5月	6月
1,544,000	1,265,800
4,990,000	5,126,000
2,723,000	2,006,000
4,012,000	4,136,000

8 必要に応じて38ページを参考にグラフタイトルを入力し直します。

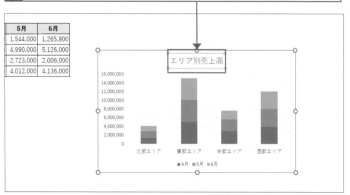

Section 09
グラフの位置や大きさを調整しよう

グラフの位置やサイズの変更

📁 練習▶009_エリア別売上高.xlsx

▶ グラフの位置や大きさの調整はドラッグ操作で

作成したグラフは、あとから好きな位置に動かすことができます。また、グラフの大きさも自由に拡大／縮小できます。グラフの移動や大きさの調整は、ドラッグ操作で行います。

Before 調整前のグラフ

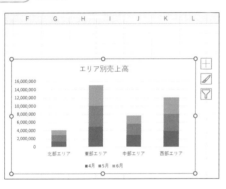

After 調整後のグラフ

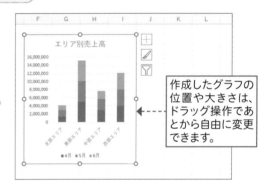

作成したグラフの位置や大きさは、ドラッグ操作であとから自由に変更できます。

① グラフの位置や大きさを調整する

🔍 重要用語

グラフエリア

グラフそのものや、グラフタイトル、軸、凡例などを含むグラフ全体をグラフエリアといいます。グラフエリアを選択するには、グラフエリア内にマウスポインターを合わせてクリックします。

1 グラフエリアをクリックしてグラフ全体を選択し、

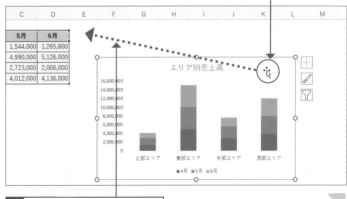

2 移動先までドラッグします。

🔍 重要用語

サイズ変更ハンドル

グラフを選択すると、四隅とグラフを囲む四辺の中央に小さな目印が表示されます。これをサイズ変更ハンドルといい、ドラッグすることでグラフの大きさを変更できます。

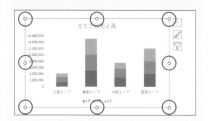

💡 ヒント

セルの枠線に合わせてグラフを 移動／サイズ変更するには

グラフを移動したりサイズ変更したりする際、 Alt を押しながらドラッグすると、グラフの位置や大きさをセルの枠線にぴったり合わせることができます。

✏️ 補足

グラフのサイズ変更

Shift を押しながら四隅のハンドルをドラッグすると、縦横比を変えずにグラフの大きさを変更できます。また、グラフを囲む上下の辺の中央にあるハンドルをドラッグすると、グラフの高さだけを調整できます。また、グラフを囲む左右の辺の中央にあるハンドルをドラッグすると、グラフの幅だけを調整できます。

3 グラフが移動しました。

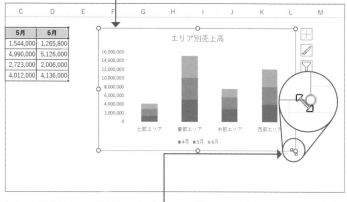

4 大きさを変更するには、四隅のハンドルにマウスポインターを合わせて、の形になったらマウスの左ボタンを押し、

5 任意の位置までドラッグします。

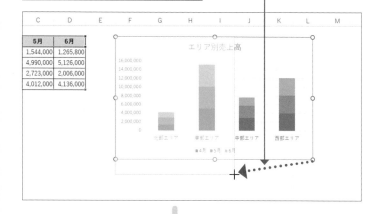

6 グラフの大きさが変更されました。

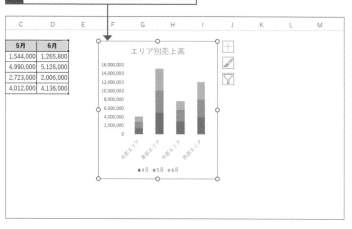

10 プロットエリアの大きさを変更しよう

プロットエリアの位置やサイズの変更

練習▶010_エリア別売上高.xlsx

▶ プロットエリアの位置や大きさも調整できる

縦棒や横棒、折れ線などのグラフそのものが描かれている軸の内側の部分を**プロットエリア**と呼びます。Excelのグラフでは、このプロットエリアの位置や大きさも調整できます。

Before プロットエリア調整前のグラフ　　After プロットエリア調整後のグラフ

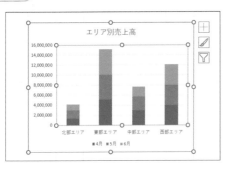
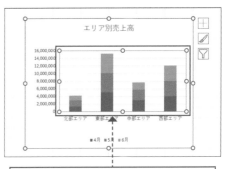

プロットエリアの位置や大きさは、グラフエリア内で自由に調整できます。

① プロットエリアの位置や大きさを調整する

💬 解説

プロットエリアを選択するには

プロットエリアを選択するには、プロットエリア内にマウスポインターを合わせ、ポップヒントで「プロットエリア」と表示される位置でクリックします。

1 プロットエリアをクリックして選択し、

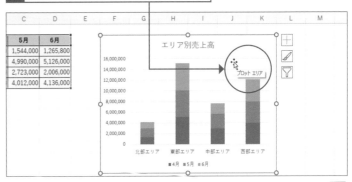

[書式] タブで グラフ要素を選択する

グラフを選択すると表示される[書式]タブをクリックし、[グラフ要素]の▼をクリックすると、プロットエリアやグラフエリアなどのグラフ要素を選択できます。特定のグラフ要素を確実に選択したいときに利用しましょう。

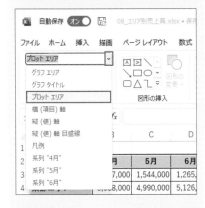

補足

プロットエリアのサイズ変更で グラフエリア内に余白を作る

作成されたグラフに吹き出しなどの図形を追加したいのに(102ページ参照)、グラフエリア内に余白がない場合は、グラフエリアのサイズを広げてからプロットエリアのサイズを小さくすることで、図形を配置するスペースを作ります。

2 四隅のハンドルにマウスポインターを合わせて、✒の形になったら任意の位置までドラッグします。

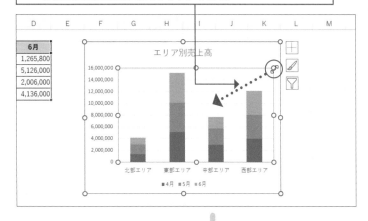

3 プロットエリアのサイズが変更されました。

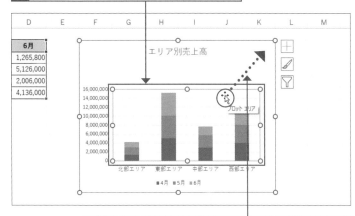

4 プロットエリアを移動するには、プロットエリアを選択して任意の位置までドラッグします。

5 プロットエリアが移動しました。

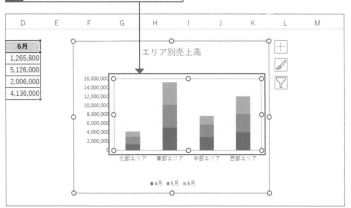

Section

11 表のデータをグラフタイトルに表示させよう

セルの参照

練習▶011_エリア別売上高.xlsx

▶ セルに入力された文字列をグラフタイトルにしよう

セル参照のテクニックを使うと、**セルに入力済みの表のタイトルをそのままグラフタイトル**
として表示させることができます。セル参照のテクニックは、軸ラベルにも応用できるので、
グラフを効率良く編集するテクニックとして覚えておきましょう。

Before セル参照前のグラフタイトル

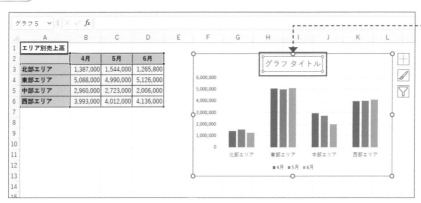

入力済みの表の
タイトルをグラ
フタイトルにし
たいときは、

After セル参照後のグラフタイトル

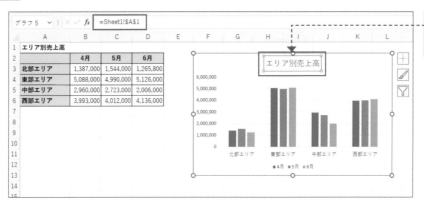

セル参照のテク
ニックを使って
表示させます。

44

補足

グラフタイトルを追加する

誤ってグラフタイトルを削除してしまったときや、グラフタイトルを追加したいときは、グラフツール［グラフのデザイン］タブの［グラフ要素を追加］または、グラフを選択するとグラフの右上に表示されるグラフボタンの［グラフ要素］から追加します。グラフ要素の追加の操作については、78ページも参照してください。

 ヒント

グラフタイトルの文字を見やすくする

フォントの色やサイズを変更すると、グラフタイトルが見やすくなります。グラフタイトルを選択した状態で、［ホーム］タブの［フォントの色］や［フォントサイズ］をクリックして調整しましょう。グラフ全体のフォントの変更は、94ページを参照してください。

 補足

グラフタイトルのセル参照を解除する

グラフタイトルのセル参照を解除したい場合は、グラフタイトルをクリックして、数式バー上でセル参照の数式を削除して新たなグラフタイトルを入力し直します。

1 グラフタイトルをクリックして選択し、

2 数式バーに「＝」と入力します。

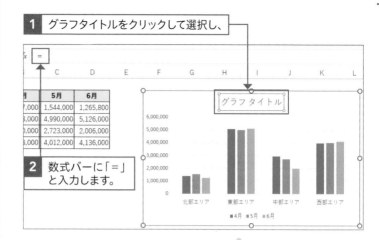

3 参照したいセルをクリックします。

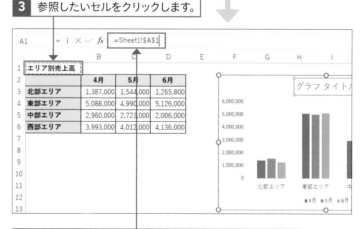

4 「＝」に続いてセル番地が入力されているのを確認し、[Enter]を押します。

5 セルの内容がグラフタイトルに表示されました。

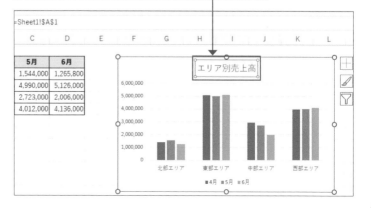

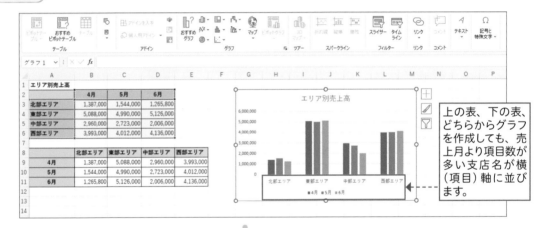 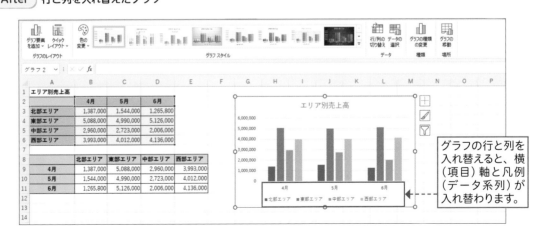

Section

12 グラフの横軸と凡例を入れ替えよう

行／列の入れ替え

練習▶012_エリア別売上高.xlsx

▶ 横(項目)軸と凡例(データ系列)を入れ替えてみよう

表からグラフを作成する際、行数／列数が少ない方が自動的に横（項目）軸となり、多い方がデータ系列（凡例）になります。グラフの行数／列数に関係なく横（項目）軸とデータ系列（凡例）を入れ替えたいときは、［グラフのデザイン］タブの［行／列の切り替え］を使います。

Before 自動で作成されたグラフ

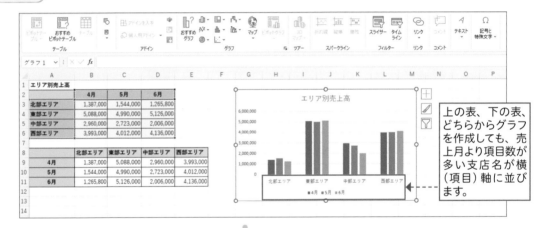

上の表、下の表、どちらからグラフを作成しても、売上月より項目数が多い支店名が横（項目）軸に並びます。

After 行と列を入れ替えたグラフ

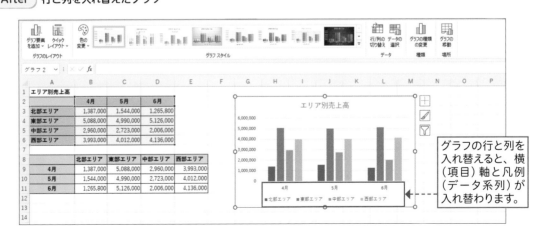

グラフの行と列を入れ替えると、横（項目）軸と凡例（データ系列）が入れ替わります。

① グラフの行と列を入れ替える

ヒント

行/列の入れ替えの効果

行と列を入れ替えると、グラフから読み取れる情報も変わります。

たとえば、支店名と売上月を行見出しあるいは列見出しにした売上高のクロス集計表からグラフを作成したときに、横（項目）軸に支店名が並んでいると、支店ごとの売上高を比較しやすいグラフになります。

グラフで何を伝えたいのかによって、行と列を入れ替えましょう。

ヒント

表の行と列を入れ替える

グラフの作成結果に関わらず、表の行と列を入れ替えたいときは、[形式を選択して貼り付け]を利用します。

1 表をコピーし、

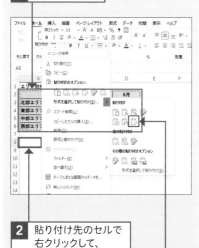

2 貼り付け先のセルで右クリックして、

3 [形式を選択して貼り付け]→[行列を入れ替える]をクリックします。

---

1 グラフを選択します。　**2** [グラフのデザイン]タブをクリックして、

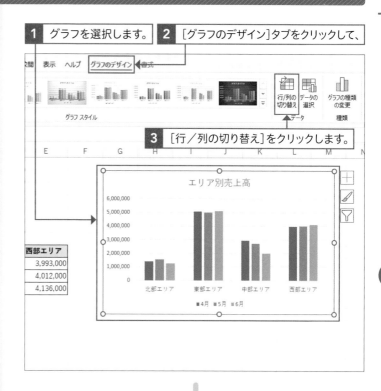

3 [行／列の切り替え]をクリックします。

4 グラフの横（項目）軸とデータ系列（凡例）が入れ替わりました。

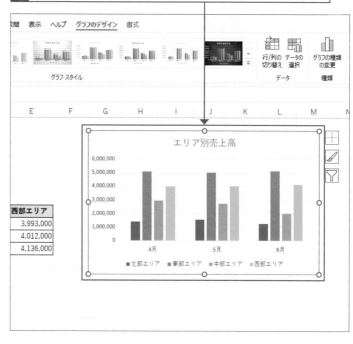

グラフの種類を変更しよう

グラフの種類の変更

練習▶013_店舗別加入者数.xlsx

▶ グラフの種類はかんたんに変更できる

縦棒グラフとして作成したものの、あとから折れ線グラフにしたくなったといった場合、グラフを作り直す必要はありません。[グラフの種類の変更] ダイアログボックスを表示し、変更後のプレビューを確認しながらグラフの種類を変更しましょう。

Before 縦棒グラフ

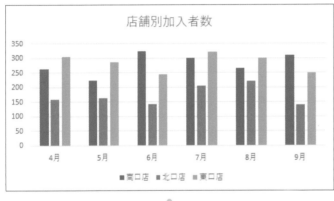

縦棒グラフでは各店の来客者数の推移がよくわかりません。

After 折れ線グラフに変更

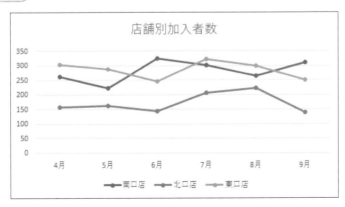

折れ線グラフに変更し、各店の来客者数の推移が分かりやすいグラフにします。

① 縦棒グラフを折れ線グラフに変更する

 補足

右クリックから
グラフの種類を変更する

グラフを右クリックして［グラフの種類の変更］をクリックしても、［グラフの種類の変更］ダイアログボックスを表示できます。

| 1 | グラフを選択します。 | | 2 | ［グラフのデザイン］タブをクリックして、 |

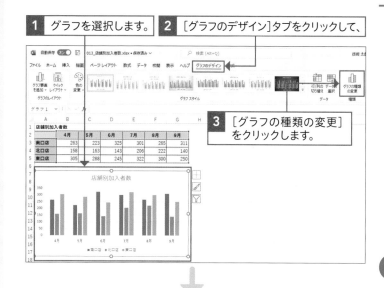

| 3 | ［グラフの種類の変更］をクリックします。 |

| 4 | ［グラフの種類の変更］ダイアログボックスが表示されます。 |

| 5 | ［折れ線］をクリックし、 |

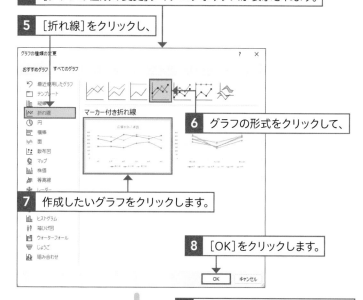

解説

プレビューを活用する

［グラフの種類の変更］ダイアログボックスでグラフにマウスポインターを合わせると、グラフの種類の変更結果がプレビュー表示されます。変更前に変更結果を確認したいときに利用しましょう。

| 6 | グラフの形式をクリックして、 |

| 7 | 作成したいグラフをクリックします。 |

| 8 | ［OK］をクリックします。 |

| 9 | 折れ線グラフに変更されました。 |

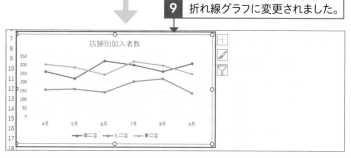

グラフのデータ範囲を変更しよう

データ範囲の変更

📁 練習▶014_エリア別売上高（海外含む）.xlsx、014_エリア別売上高.xlsx

▶ データ範囲はカラーリファレンスをドラッグして変更する

グラフを選択すると、凡例に並ぶ行見出しまたは列見出しはピンク、横（項目軸）に並ぶ行見出しまたは列見出しは紫、グラフの値となる範囲は青の枠で囲まれます。これを「**カラーリファレンス**」といい、四隅のハンドルをドラッグするとデータ範囲を広げたり狭めたりしてグラフに反映できます。

Before 5行目のデータが含まれないグラフ

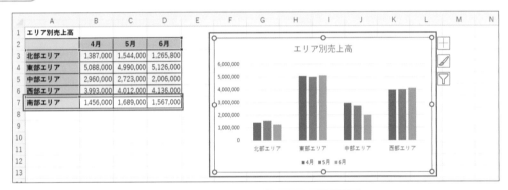

4行分の表でグラフを作成したあと、5行目にデータを追加したい場合は、

After 5行目のデータを含めたグラフ

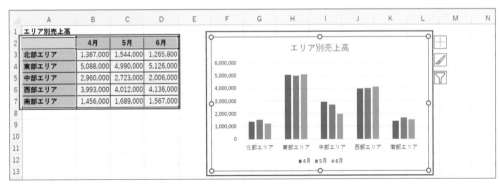

カラーリファレンスをドラッグして5行目までデータ範囲を広げるだけで、グラフに反映できます。

① グラフにデータを追加する

解説

カラーリファレンスが表示されないときは

グラフタイトルや凡例などが選択されているとカラーリファレンスは表示されません。その場合は、グラフ全体（グラフエリア）やプロットエリアを選択します。また、離れた表のデータをグラフにしているときもカラーリファレンスは表示されません。この場合は、136ページで解説している方法でデータ範囲を変更します。

ヒント

データ系列を削除する

グラフから一部のデータ系列を削除したい場合は、グラフ上の不要な系列を選択して Delete を押します。データ範囲を変更する必要はありません。

1 グラフの元となる表にデータを追加します。

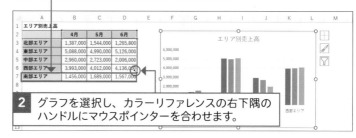

2 グラフを選択し、カラーリファレンスの右下隅のハンドルにマウスポインターを合わせます。

3 マウスポインターが ↘ の形になったら、表の右下隅までドラッグします。

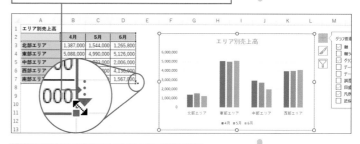

4 グラフにデータが追加されました。

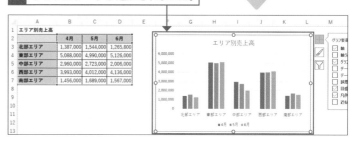

ヒント コピー＆貼り付けでグラフにデータを追加する

カラーリファレンスをドラッグする方法では離れた表のデータをグラフに追加することはできませんが、コピー＆貼り付けなら離れた表のデータもグラフに追加できます。キーボード操作でコピー＆貼り付けするとよりスピーディーです。

1 追加したいデータを選択し、Ctrl を押しながら C を押します。

2 グラフを選択し、Ctrl を押しながら V を押します。

3 グラフにデータが追加されます。

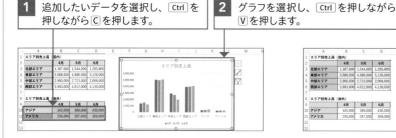

Section

15

グラフに数値を表示しよう

データラベルの表示

練習▶015_月別イベント参加者数.xlsx

▶ データラベルを追加すれば、正確な数値が一目瞭然

目盛軸を見ればグラフのだいたいの数値は把握できますが、正確な数値を読み取るのは困難です。パッと見ただけで正確な数値が読み取れるようにするには、グラフにデータラベルを追加して数値を表示します。データラベルを含むグラフ要素の追加の操作については、78ページも参照してください。

Before データラベルなし

After データラベルあり

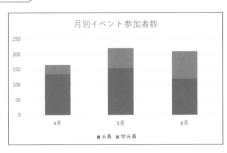

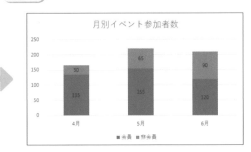

パッと見ただけでは正確な数値は読み取れませんが、データラベルを追加すると正確な数値が一目で分かります。

① [グラフのデザイン] タブからデータラベルを追加する

💬 解説

**データラベルの
表示位置**

データラベルは、中央、外側など好みの位置に表示させることができます（168ページ参照）。

1 グラフを選択します。　**2** [グラフのデザイン]タブをクリックして、

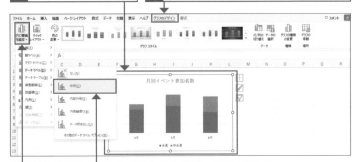

3 [グラフ要素を追加]→[データラベル]→[中央]
の順にクリックします。

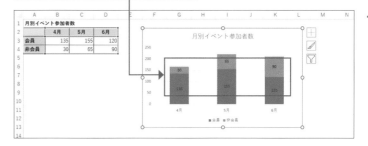

4 データラベルが追加されました。

② グラフボタンの[グラフ要素]からデータラベルを追加する

【解説】

データラベルを削除する（非表示にする）

データラベルをクリックして選択し、[Delete]を押すとデータラベルを削除できます。ただし、データラベルは系列ごとにしか選択できません。系列数が多い場合は、[グラフのデザイン]タブの[グラフ要素を追加]をクリックして[データラベル]→[なし]の順にクリックするか、グラフボタンの[グラフ要素]をクリックし、[データラベル]をクリックしてオフにします。

1 グラフを選択します。

2 [グラフ要素]をクリックして、

3 [データラベル]にマウスポインターを合わせて▶をクリックし、

4 データラベルを表示させたい位置をクリックします。

5 データラベルが追加されました。

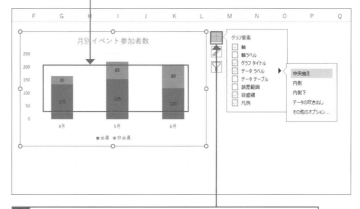

【補足】

吹き出しのデータラベルを追加する

「データ（の）吹き出し」を使うと、データラベルを目立たせることができます。

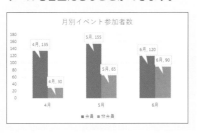

6 メニューを閉じるには、[グラフ要素]を再度クリックします。

Section

16 凡例の表示／非表示を切り替えよう

凡例の表示／非表示

練習▶016_テレワーク希望調査.xlsx

▶ シンプルなグラフにしたいなら凡例は非表示に

棒グラフや折れ線グラフ、円グラフなどを作成すると、系列名と色の対応を示す凡例が自動的に表示されます。凡例はグラフに欠かせない要素ですが、データラベルを表示して項目名や値を直接グラフに入れ込んだほうが見やすい場合もあります。そんなときは、凡例を非表示にしてグラフをすっきりさせましょう。

Before 凡例あり

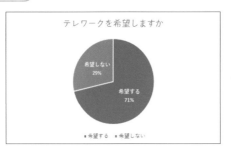

After 凡例なし

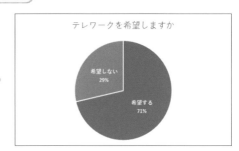

凡例を表示する必要がないグラフでは、非表示にするとすっきりします。

① 凡例を削除する（非表示にする）

 補足

［グラフのデザイン］タブで凡例を非表示にする

［グラフのデザイン］タブの［グラフ要素を追加］をクリックし、［凡例］→［なし］をクリックしても、凡例を非表示にできます。

1 凡例をクリックして選択します。

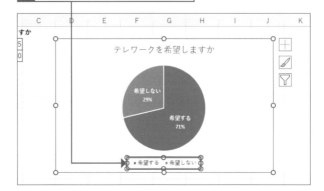

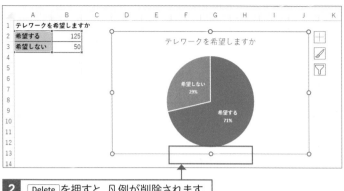

2 Delete を押すと、凡例が削除されます。

---

② 凡例を追加する(再表示する)

補足

[グラフ要素]で
凡例の表示／非表示を切り替える

グラフを選択するとグラフの右上に表示される [グラフ要素] をクリックしても、凡例の表示／非表示を切り替えられます(78ページ参照)。

1 グラフを選択します。

2 [グラフのデザイン]タブをクリックして、

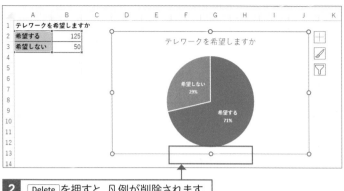

3 [グラフ要素を追加] をクリックし、

4 [凡例]→[下]をクリックします。

5 凡例が追加されました。

解説

凡例の位置を調整する

凡例の位置は、上下左右など好みの位置に変更できます。凡例の位置の変更については、90ページを参照してください。

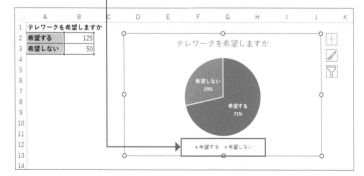

17

グラフを印刷しよう

グラフの印刷

練習▶017_予約販売受付数.xlsx

▶ グラフを用紙いっぱいに大きく印刷しよう

Excelのワークシートをそのまま印刷すると、表やグラフがすべて印刷されます。グラフだけを1ページの資料として添付したい場合には、グラフを選択してから印刷を実行しましょう。用紙の向きも工夫して印刷すると、より大きくグラフを印刷することができます。

Before グラフを選択せずに印刷

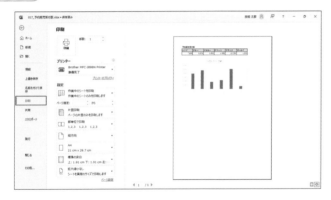

> ワークシートを普通に印刷しようとすると、表もグラフも印刷されます。

After グラフを選択して印刷

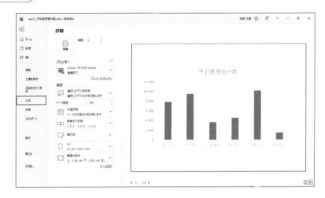

> グラフをあらかじめ選択しておけば、用紙いっぱいにグラフを大きく印刷できます。

① グラフだけを印刷する

重要用語

Backstageビュー

[ファイル]タブをクリックすると表示される画面を「Backstageビュー」(バックステージビュー)といいます。Backstageビューには、ファイルの保存や印刷などExcelのファイルに関するコマンドがまとめられています。

ヒント

すばやく印刷プレビューを表示する

クイックアクセスツールバーに[印刷プレビュー]を表示させると、クリック操作ですばやく印刷プレビューを確認できます。

1 [リボンの表示オプション]をクリックし、

2 [クイックアクセスツールバーを表示する]をクリックします。

3 [クイックアクセスツールバーのユーザー設定]をクリックし、

4 印刷プレビューと印刷]をクリックすると、クイックアクセスツールバーに[印刷プレビューと印刷]が追加されます。

1 グラフをクリックして選択し、

2 [ファイル]タブをクリックします。

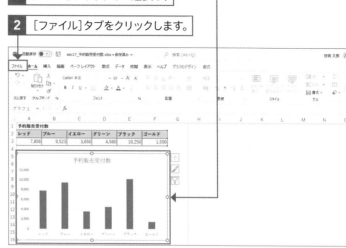

3 [印刷]をクリックし、

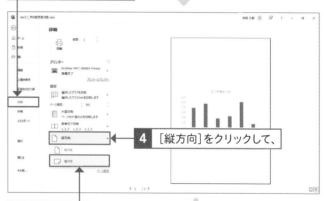

4 [縦方向]をクリックして、

5 [横方向]をクリックします。

6 印刷プレビューで、用紙いっぱいにグラフが表示されているのを確認し、

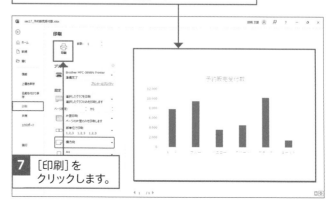

7 [印刷]をクリックします。

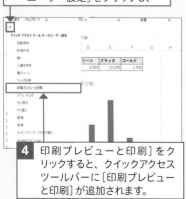

グラフだけのワークシートを作成しよう

グラフシート

練習▶018_予約販売受付数.xlsx

▶ グラフシートを活用しよう

Excelでは、グラフだけを表示する「**グラフシート**」と呼ばれる特殊なシートを利用することもできます。グラフシートでは、1つのグラフがシートいっぱいに大きく表示されます。通常の埋め込みグラフをグラフシートに移動し、使い勝手を確認してみましょう。

Before 埋め込みグラフ

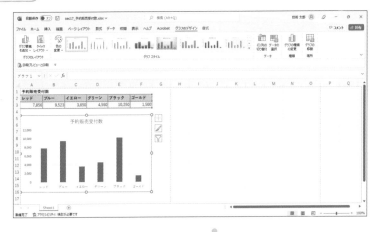

埋め込みグラフをグラフシートに移動すると、

After グラフシートに移動して印刷

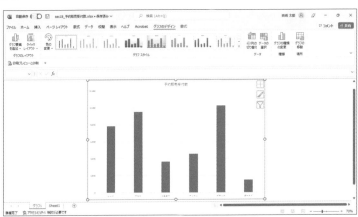

グラフが大きく表示され、細かな編集がしやすくなります。

① 埋め込みグラフをグラフシートに移動する

⏰ 時短

ショートカットキーで
グラフシートにグラフを作成する

表を選択して F11 を押すと、新規のグラフシートに集合縦棒グラフを作成できます。

1 グラフを選択し、

2 [グラフのデザイン] タブの [グラフの移動] をクリックします。

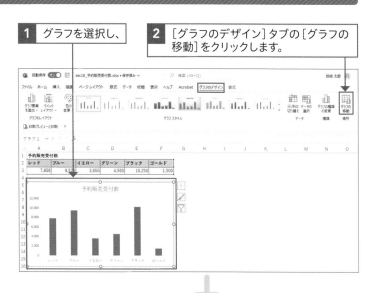

💬 解説

グラフをワークシートに
移動する

[グラフの移動] ダイアログボックスでは、グラフシートのグラフを通常のワークシートの埋め込みグラフに戻したり、通常のワークシートの埋め込みグラフを別のワークシートに移動したりすることもできます。

[オブジェクト] をクリックして移動先のワークシートを指定し、[OK] をクリックします。

3 [グラフの移動] ダイアログボックスが表示されます。

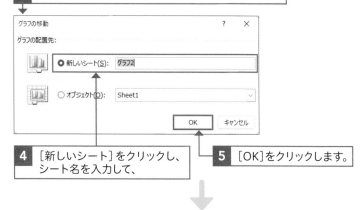

4 [新しいシート] をクリックし、シート名を入力して、

5 [OK] をクリックします。

6 新規のグラフシートが作成され、グラフが移動しました。

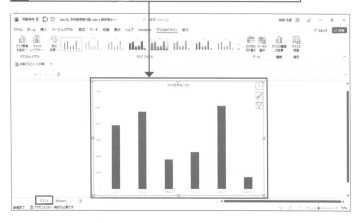

💡 ヒント

グラフシートを印刷する

グラフシートを印刷すると、57ページのようにあらかじめグラフを選択したり、印刷方向を設定し直したりしなくても、グラフを用紙いっぱいに印刷できます。

Section

19 グラフをコピーして活用しよう

グラフのコピー

練習▶019_登録者ステータス.xlsx、019_登録者ステータス前年比較.xlsx

▶ グラフをコピーしてみよう

グラフをコピーしてみましょう。**コピー元のグラフのデータ範囲を変更すると、コピーしたグラフにも反映されます。**また、グラフを画像としてコピーしたり、グラフの書式だけをほかのグラフにコピーしたりすることもできます。さまざまなコピーの機能を、必要に応じて使い分けましょう。

Before コピー元のグラフ

After 通常のコピー、画像としてコピーしたグラフ

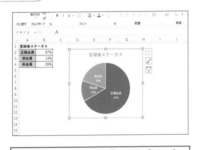

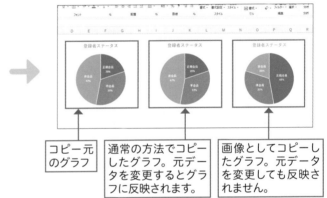

グラフのコピーは、[ホーム]タブの[コピー]やドラッグ操作、ショートカットキーで行います。

コピー元のグラフ

通常の方法でコピーしたグラフ。元データを変更するとグラフに反映されます。

画像としてコピーしたグラフ。元データを変更しても反映されません。

① グラフをコピーする

 ショートカットキー

コピーと貼り付け

● コピー
[Ctrl] + [C]

● 貼り付け
[Ctrl] + [V]

1 グラフをクリックして選択し、

2 [ホーム]タブの[コピー]をクリックします。

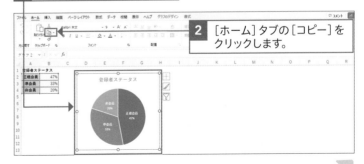

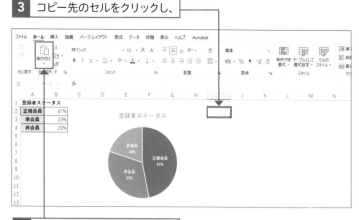

4 [貼り付け]をクリックします。

5 グラフがコピーされました。

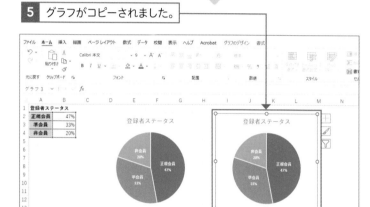

ヒント

**ドラッグ操作で
グラフをコピーする**

グラフをクリックしたまま Ctrl を押し、そのまま Ctrl を押しながらコピー先までドラッグしてもグラフをコピーできます。

コピー中は、マウスポインターの形が変わります。

---

② グラフを画像としてコピーする

解説

**画像としてコピーしたグラフに
データの変更は反映されない**

コピー元のグラフのデータを変更しても、画像としてコピーしたグラフには反映されません。

1 グラフをクリックして選択し、

2 [ホーム]タブの[コピー]のここをクリックし、

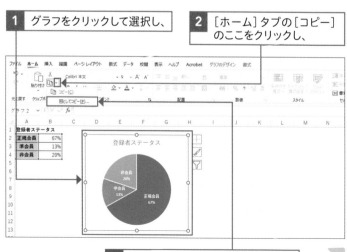

3 [図としてコピー]をクリックします。

解説

[表示] と[形式] について

[図のコピー] ダイアログボックスの [表示] には、[画面に合わせる] と [用紙に合わせる] という2つの選択肢があります。これらの違いは、コピーを実行する際の処理にディスプレイドライバーを使うか、プリンタードライバーを使うかです。使用するプリンターの性能がよほど低くない限り、コピーの結果に大差はありません。迷ったときは[画面に合わせる]を選択しましょう。また、[形式] には [ピクチャ] と [ビットマップ] の選択肢があります。より高解像度で使用したい場合は、[ピクチャ] を選択します。なお、[表示] で [用紙に合わせる] を選択すると、[形式] の項目は選択できません。

補足

[形式を選択して貼り付け] で画像としてコピーする

グラフをコピーして貼り付け先のセルをクリックし、[ホーム]タブの[形式を選択して貼り付け]の をクリックして[貼り付けのオプション:]の [図]をクリックしても、画像としてグラフをコピーできます。

補足

グラフを画像にすれば、元データの表も削除できる

グラフの元となる表を削除するとグラフの内容はエラー表示に変わりますが、画像としてグラフをコピーすれば、元となる表を削除してもエラー表示になることはありません。理由があって元データの表を削除しておきたいときは、グラフを画像として貼り付けるテクニックが役立ちます。

4 [画面に合わせる]をオンにし、

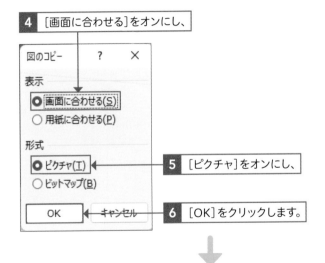

5 [ピクチャ]をオンにし、

6 [OK]をクリックします。

7 コピー先のセルをクリックし、

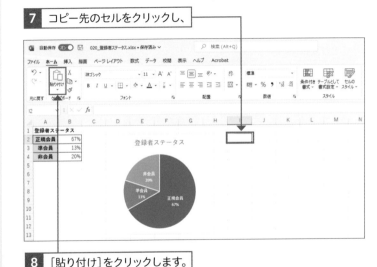

8 [貼り付け]をクリックします。

9 グラフが画像としてコピーされました。

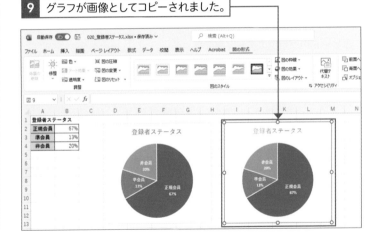

③ グラフの書式を別のグラフにコピーする

🗨️解説

グラフの書式コピー

作成済のグラフの色やデータラベルといった書式を別のグラフにも流用したいときは、グラフの書式をコピーすると最初から書式の設定をせずに済むので効率的です。

1 グラフをクリックして選択し、

2 ［ホーム］タブの［コピー］をクリックします。

3 貼り付け後のグラフをクリックし、

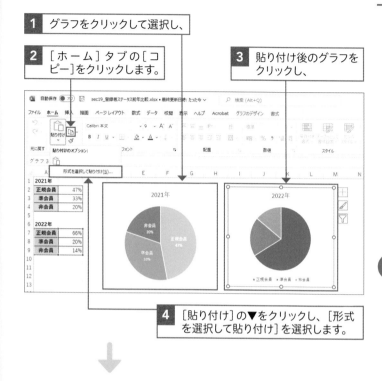

4 ［貼り付け］の▼をクリックし、［形式を選択して貼り付け］を選択します。

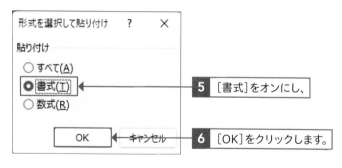

5 ［書式］をオンにし、

6 ［OK］をクリックします。

✏️補足

書式をコピーしても グラフの大きさは変わらない

グラフの書式をコピーしてもグラフのサイズは変わりません。ただし、グラフエリアに対するプロットエリアの大きさは、書式をコピー先のグラフにも反映されます。

7 グラフの書式だけがコピーされました。

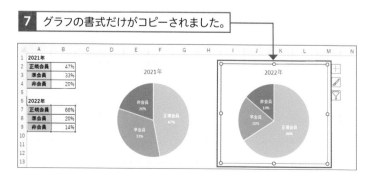

グラフを画像ファイルとして保存しよう

画像として保存

練習▶020_登録者ステータス.xlsx

▶ グラフを画像ファイルにすれば利用シーンが広がる

Excelで作成したグラフは、ExcelやWord、PowerPointといったOfficeアプリに画像としてコピーできるだけでなく、**PNG形式やJPG形式の画像ファイルとして保存**することができます。画像ファイルとして保存すれば、Office以外のアプリやWebページなどでも利用できます。

Before コピー元のグラフ

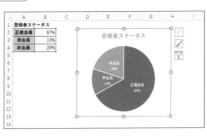

After 画像ファイルとして保存したグラフ

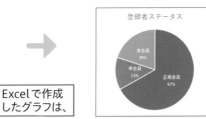

Excelで作成したグラフは、

画像ファイルとして書き出すことができます。

① グラフを画像として保存する

✏ 補足

図として保存

Excelではグラフのほか、画像やアイコンなどの図も[図として保存]を利用して画像ファイルとして保存できます。

1 グラフを右クリックし、[図として保存]を選択します。

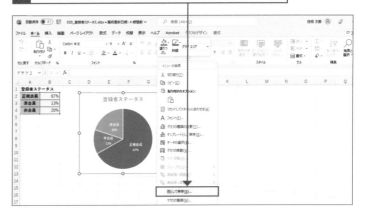

保存できる画像形式の種類

[図として保存]で保存できる画像形式は以下の6種類です。

・PNG (.png)
・JPEGファイル交換形式 (.jpg)
・GIF (.gif)
・TIFF (.tif)
・Windowsビットマップ (,bmp)
・SVG (.svg)

ヒント

表を図としてコピーする

[図としてコピー]の機能を使い、表を画像としてコピーしておくと、グラフと同じように[図として保存]を利用することで画像ファイルとして保存できます。

2 画像ファイルの保存先を選択し、

3 ファイル名を入力します。

4 ファイルの種類を選択し、

5 [保存]をクリックします。

6 指定した保存先に画像ファイルが保存されるので、ダブルクリックします。

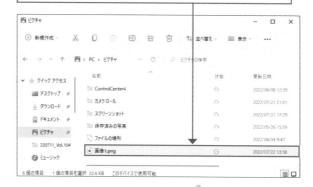

7 画像ファイルが開きます。

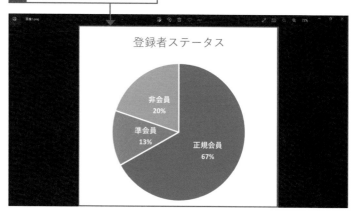

<table>
<tr><td>Section</td><td rowspan="2"># グラフを別のアプリに
コピーしよう</td></tr>
<tr><td>21</td></tr>
</table>

グラフを別のアプリにコピーしよう

貼り付けの種類

練習▶021_月別イベント参加者数.xlsx、021_グラフ貼り付け.pptx

▶ PowerPointやWordでExcelのグラフを活用

PowerPointやWordでもグラフを作成できますが、**Excelで作成したグラフをコピーして活用する**こともできます。コピーの際は貼り付け先のテーマ（デザイン）を生かすか、元の書式を生かすかだけでなく、データを埋め込むか、元のExcelデータとリンクするかを選択できます。

Before コピー元のグラフ

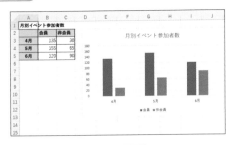

Excelで作成したグラフは、

After 画像ファイルとして保存したグラフ

PowerPointやWordにコピーし、
PowerPointやWordから編集できます。

① グラフをPowerPointやWordにコピーする

解説

Wordの場合

WordにExcelのグラフをコピーする手順は、PowerPointの場合と同様です。Wordを起動し、グラフを埋め込みたい位置にカーソルを置き、貼り付けの操作を実行しましょう。

1 グラフを選択し、

2 ［ホーム］タブをクリックして、

3 ［コピー］をクリックします。

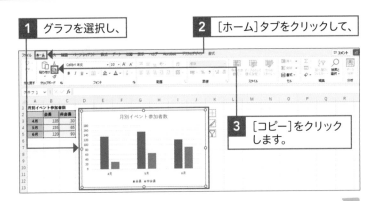

解説

**グラフのデータの
持たせ方**

Excelの元データとは切り離し、Power
PointやWordでグラフのデータを直接
編集できるようにしたいときは、[貼り付
け先のテーマを使用しブックを埋め込
む]か[元の書式を保持しブックを埋め込
む]をクリックします。コピーしたグラ
フの編集を元のExcelファイルで行いた
いときは、[貼り付け先のテーマを使用し
データをリンク]か[元の書式を保持しデ
ータをリンク]をクリックします。

ヒント

**Excelの書式で
グラフをコピーする**

PowerPointやWordのテーマのフォン
トや配色を使わずに、Excelでの書式の
ままグラフをコピーしたいときは、貼り
付けのオプションで[元の書式を保持し
ブックを埋め込む]または[元の書式を保
持してデータをリンク]をクリックしま
す。

4 PowerPointを起動し、グラフを埋め込みたいスライドを
表示します。

5 [ホーム]タブをクリックして、

6 [貼り付け]のここ
をクリックし、

7 [貼り付け先のテーマを使用しブック
を埋め込む]をクリックします。

8 PowerPointのテーマのフォントや
配色でグラフがコピーされました。

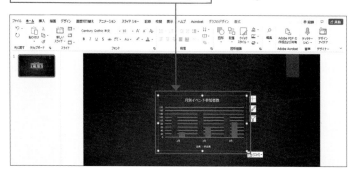

② コピーしたグラフを編集する

補足

**PowerPointやWordでも
グラフを編集できる**

コピーしたグラフを選択すると、Power
PointやWordでもグラフツールの[グラ
フのデザイン]タブと[書式]タブが表示
されます。

1 グラフを選択したまま[グラフの
デザイン]タブをクリックし、

2 [データの編集]を
クリックします。

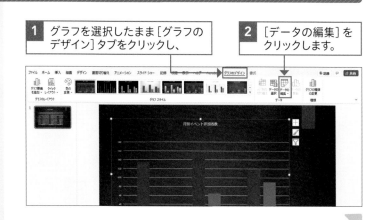

解説

埋め込みとリンク貼り付けの メリットとデメリット

グラフを埋め込むと、元となるExcelファイルがなくてもPowerPointやWordで直接グラフを編集できます。PowerPointやWordでのデータの変更は、元のExcelファイルに影響しません。ただし、ブックの情報ごとコピーするため、ファイルサイズは大きくなります。

グラフをリンク貼り付けすると、貼り付け先であるPowerPointやWordのファイルサイズは小さくなります。ただし、元のExcelファイルと貼り付け先のグラフは連動しているため、個別にデータを変更することはできません。

補足

Excelの画面に切り替えて データを編集する

[Microsoft PowerPoint内のグラフ] ウィンドウには、リボンが表示されません。リボンを利用したいときは、Excelの画面表示に切り替えましょう。

3 [Microsoft PowerPoint内のグラフ] ウィンドウが表示されるので、編集しやすいようにウィンドウサイズを調整します。

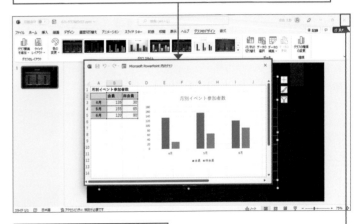

4 [閉じる]をクリックします。

5 PowerPoint上のグラフに変更が反映されました。

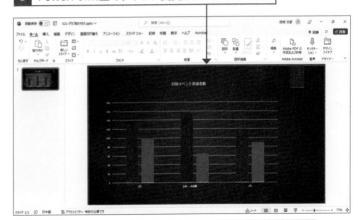

[Microsoft Excelでデータを編集] をクリックすると、Excelの画面表示に切り替わります。

ヒント グラフを画像としてコピーする

コピーしたグラフを貼り付ける際に、貼り付けのオプションで [図]をクリックすると、グラフを画像としてPowerPointやWordにコピーできます。

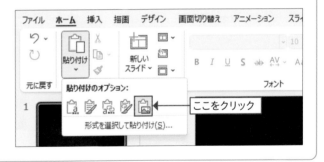

ここをクリック

第 **3** 章

グラフの見栄えを整えよう

グラフの見た目の変更方法を知ろう

▶ グラフの印象を瞬時に変える「グラフスタイル」

Excelには、タイトルや背景、軸、データ要素などの書式をまとめて変更できる「グラフスタイル」が用意されています。クリック操作だけでグラフの印象をガラリと変えられる便利な機能です。グラフを見栄えをすばやく編集したいときに活用しましょう。

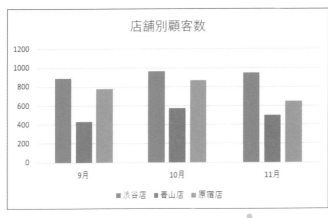

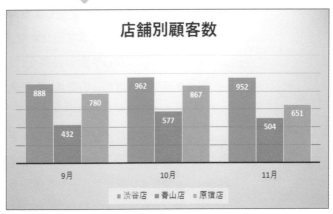

グラフスタイルを適用すると、グラフの印象を瞬時に変えることができます。

▶ 色合いやレイアウトの変更もクリック操作で

●色の変更

グラフの色合いも一気に変えられます。あらかじめ用意された統一感のある色の組み合わせのパターンをクリックで選択するだけのかんたんな操作です。

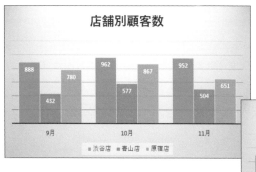

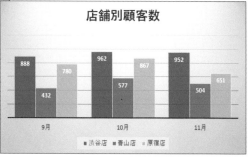

色合いを変えるだけでも、グラフの雰囲気が変わります。会社のコーポレートカラーや、製品のイメージカラーなど、資料の内容に合った色合いを選ぶと効果的です。

●クイックレイアウト

［クイックレイアウト］では、グラフタイトルや凡例など表示するグラフ要素の組み合わせや、それぞれの配置もかんたんに変えられます。グラフの内容に合った見やすいレイアウトを選び、より訴求力のあるグラフに仕上げましょう。

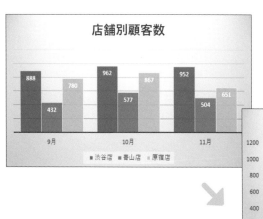

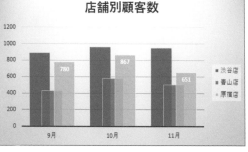

内容にあったレイアウトにすることで、グラフの訴求力が高まります。

グラフのデザインを変更しよう

グラフスタイル

練習▶022_店舗別顧客数.xlsx

▶ クリック操作でグラフの印象を変えられる

平凡なグラフの印象を変えたいなら、**グラフスタイル**を活用しましょう。クリックするだけのかんたんな操作で、グラフエリアやグラフタイトル、データ要素などの書式をまとめて変更し、グラフの見栄えを整えることができます。

Before グラフスタイル変更前

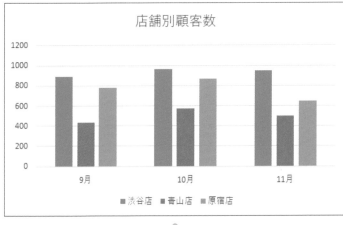

作成直後のシンプルなグラフが、

After グラフスタイル変更後

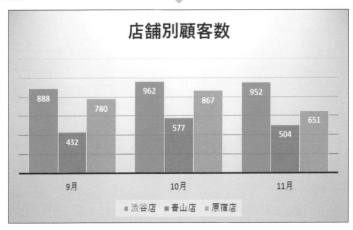

瞬時にデザイン性の高いグラフになります。

① グラフスタイルを適用する

グラフスタイル

あらかじめ登録されたグラフ要素を装飾する書式の組み合わせと、それをグラフに適用する機能のことをいいます。
グラフタイトルや凡例といったグラフ要素の表示／非表示の設定もグラフスタイルに含まれます。

✏️ **補足**

**グラフボタンから
グラフスタイルを適用する**

グラフを選択するとグラフの右上にグラフボタンが表示されます。この中にある[グラフスタイル]をクリックしても、グラフスタイルを適用できます。

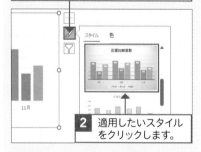

| 1 | グラフを選択して[グラフスタイル]をクリックし、 |

| 2 | 適用したいスタイルをクリックします。 |

💡 **ヒント**

**グラフスタイル適用前
に戻すには**

手順6で一覧の左上のスタイルをクリックします。グラフボタンの[グラフスタイル]からの場合は、一番上に表示されているスタイルをクリックします。

| 1 | グラフをクリックして選択します。 |

| 2 | [グラフのデザイン]タブをクリックして、 |

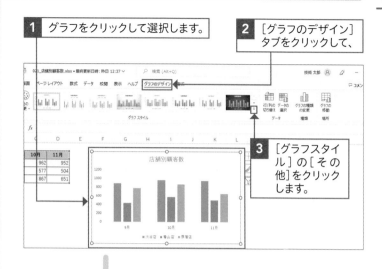

| 3 | [グラフスタイル]の[その他]をクリックします。 |

| 4 | スタイルにマウスポインターを合わせると、 |

| 5 | スタイルの適用結果がリアルタイムでプレビュー表示されます。 |

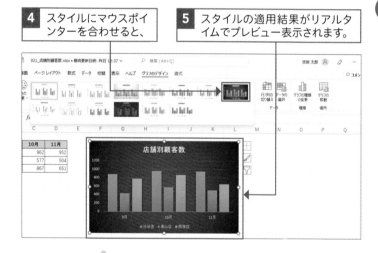

| 6 | 適用したいスタイルをクリックすると、 |

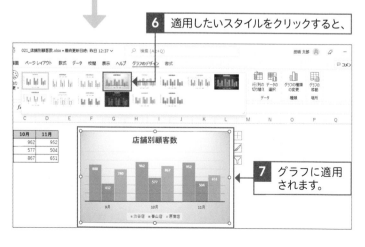

| 7 | グラフに適用されます。 |

<table>
<tr><td>Section</td></tr>
</table>

23 グラフの色合いを変更しよう

色の変更

練習▶023_店舗別顧客数.xlsx

▶ 色合いを変えると、グラフの印象がさらに変わる

グラフも選択すると表示される［グラフのデザイン］タブには［色の変更］というボタンがあり、いくつかの色を組み合わせたパレットの中から好みの配色を選ぶだけで、グラフの色合いを一気に変更できます。グラフボタンの［グラフスタイル］をクリックしてもグラフの色合いを変更できます。

Before 調整前のグラフ

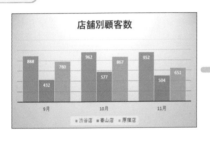

After 調整後のグラフ

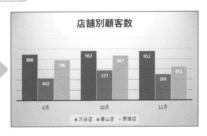

色合いを変更すると、さらにグラフの印象が変わります。

① グラフの色合いを変更する

💬 解説

色の変更

［グラフのデザイン］タブの［色の変更］をクリックすると、いくつかの色を組み合わせたパレットが表示されるので、好みの配色のパレットをクリックします。

1 グラフをクリックして選択します。

2 ［グラフのデザイン］タブをクリックして、

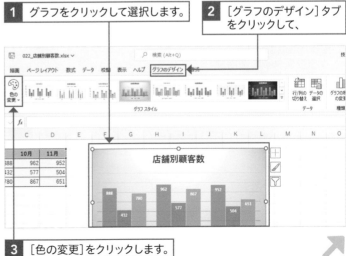

3 ［色の変更］をクリックします。

ヒント

グラフボタンから
グラフスタイルを適用する

グラフを選択するとグラフの右上にグラフボタンが表示されます。この中にある[グラフスタイル]をクリックしても、グラフの色合いを変更できます。

[グラフのデザイン]タブの[色の変更]と同様に、マウスポインターをパレットに合わせると、変更結果がリアルタイムでプレビュー表示されます。

ヒント

テーマを変更して色合いを
変える

[グラフのデザイン]タブの[色の変更]や、グラフボタンの[グラフスタイル]をクリックする表示されるパレットの配色は、そのときに適用されているテーマによって異なります。テーマは、[ページレイアウト]タブの[テーマ]をクリックすると変更できます。

4 パレットにマウスポインターを合わせると、

5 色の変更結果がリアルタイムでプレビュー表示されます。

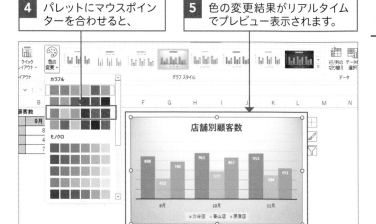

6 適用したい色の組み合わせのパレットをクリックすると、

7 グラフに適用されます。

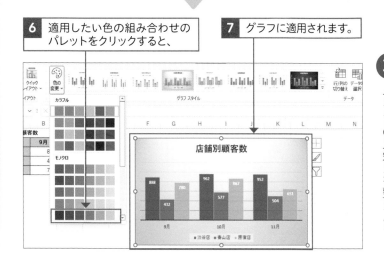

ヒント

配色の変更で
グラフの色合いを変える

[ページレイアウト]タブの[配色]をクリックすると、さまざまな配色のパレットが表示されます。ここで好みのパレットをクリックしても、グラフの色合いを変更できます。ただし、配色を変更すると、セルの塗りつぶしの色なども同時に変更されるので注意しましょう。

また、[配色]をクリックすると表示される一覧で[色のカスタマイズ]をクリックすると、自分好みのパレットを作成してグラフに適用することができます。

1 [ページレイアウト]タブをクリックし、

2 [配色]をクリックして、

3 [色のカスタマイズ]をクリックします。

4 [新しい配色パターンの作成]ダイアログボックスで「アクセント1」～「アクセント6」の色を変更し、

5 配色の名前を入力して、

6 [保存]をクリックします。

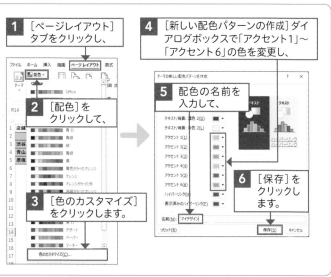

Section

24

グラフのレイアウトをまとめて変更しよう

クイックレイアウト

練習▶024_店舗別顧客数.xlsx

▶ グラフ要素の組み合わせ、表示形式や位置などをまとめて変更しよう

グラフタイトルや凡例、データラベルや軸ラベルなど、どのグラフ要素を表示すれば見やすくなるか組み合わせを試してみたいときは、**クイックレイアウト**の機能を使います。Excelには**複数のレイアウトが用意されており、クリック操作でグラフに反映できます**。希望どおりのレイアウトが見つからないときは、いったん希望に近いレイアウトに変更し、個別に調整を加えるとよいでしょう。

Before 調整前のグラフ

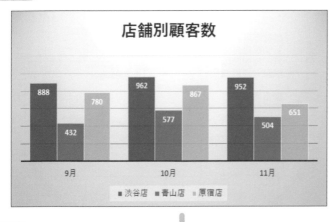

クイックレイアウトの
機能を使うと、

After 調整後のグラフ

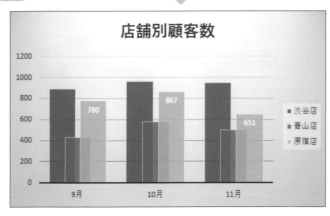

凡例の位置やデータラベルの
表示など複数のグラフ要素の
設定を一度に変更できます。

① クイックレイアウトでグラフのレイアウトを変更する

🔍 重要用語

クイックレイアウト

あらかじめ登録されたグラフ要素および
グラフ要素の表示方法の組み合わせと、
それをグラフに適用する機能のことをい
います。

✏️ 補足

レイアウトの種類は
グラフの種類によって異なる

グラフレイアウトの一覧に表示されるレ
イアウトの種類は、グラフの種類によっ
て異なります。

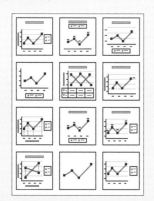

折れ線グラフのレイアウトの一覧です。

💡 ヒント

表示するグラフ要素や一部の
スタイルを変更したい場合は

クイックレイアウトの一覧に希望のレイ
アウトが見つからない場合は、希望に近
いレイアウトを適用してから、手動でグ
ラフ要素の表示／非表示を切り替えた
り、スタイルを変更したりします。グラ
フ要素の表示／非表示を切り替える方法
については、78ページを参照してくださ
い。

1 グラフをクリックして選択します。

2 ［グラフのデザイン］タブをクリックして、

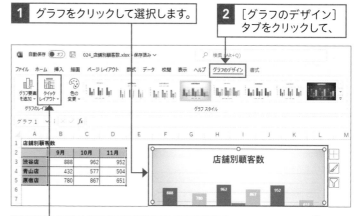

3 ［クイックレイアウト］をクリックします。

4 一覧のレイアウトにマウスポインターを合わせると、

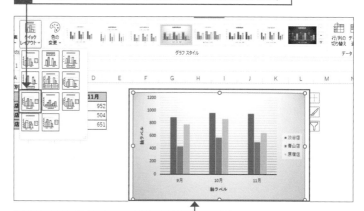

5 レイアウトの変更結果がリアルタイム
でプレビュー表示されます。

6 適用したいレイアウト
をクリックすると、

7 グラフのレイアウトが
変更されます。

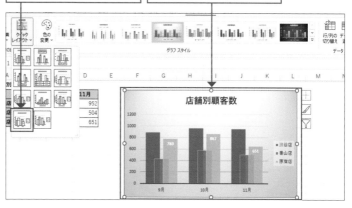

25

グラフ要素の表示／非表示を切り替えよう

グラフ要素の追加／削除

練習▶025_店舗別顧客数.xlsx

▶ グラフ要素の表示／非表示を個別に切り替えよう

グラフタイトルや凡例、データラベルや軸ラベルなどの**グラフ要素は、それぞれ個別に表示／非表示を切り替えられます**。グラフボタンの［グラフ要素］または、［グラフのデザイン］タブの［グラフ要素］のいずれからも操作できますが、一度に複数のグラフ要素の表示／非表示を切り替えたいときは、グラフボタンの［グラフ要素］を使うのが便利です。表示／非表示の切り替えだけでなく、表示する位置もかんたんに変更できます。

Before グラフ要素調整前のグラフ **After** グラフ要素調整後のグラフ

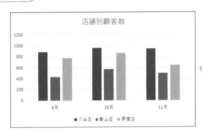

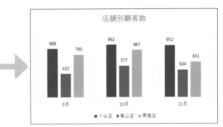

横軸の目盛線と縦軸非表示にし、データラベルを追加した例です。

① グラフボタンで複数のグラフ要素の表示／非表示を切り替える

🕐 時短

非表示にするだけなら Delete で削除する

グラフタイトルや凡例、縦軸や横軸などを非表示にしたいなら、それぞれの要素をクリックして選択し、Delete を押して削除するのがかんたんなんです。

1 グラフをクリックして選択します。

2 ［グラフ要素］をクリックして、

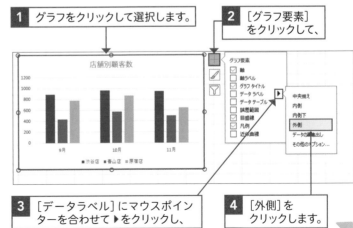

3 ［データラベル］にマウスポインターを合わせて▶をクリックし、

4 ［外側］をクリックします。

ヒント

[グラフ要素を追加] での操作

[グラフのデザイン] タブの [グラフ要素を追加] からもグラフ要素の表示／非表示を切り替えられます。たとえば目盛線の場合、サブメニューに色が付いている項目がオンであることを示しています。非表示にしたい場合は、その項目をクリックしてオフにします。

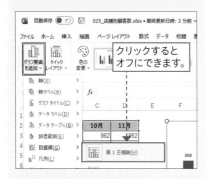

ヒント

グラフ要素の位置を変更する

データラベルや凡例などのグラフ要素の位置は、クリックして選択し、枠ごと手動でドラッグして移動させることも可能です。

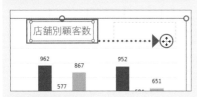

補足

[グラフ要素] のメニューを閉じる

[グラフ要素] をクリックすると表示されるメニューは、再度 [グラフ要素] をクリックすると閉じることができます。

5 [データラベル] がオンになり、グラフにデータラベルが追加されます。

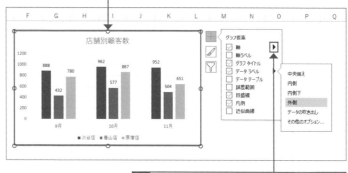

6 続けて [軸] にマウスポインターを合わせ、▶をクリックします。

7 [第1縦軸]をクリックしてオフにします。

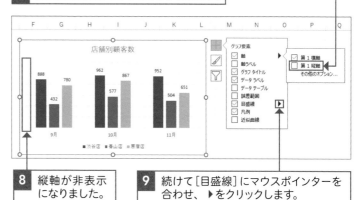

8 縦軸が非表示になりました。

9 続けて [目盛線] にマウスポインターを合わせ、▶をクリックします。

10 [第1主横軸]をクリックしてオフにします。

11 [第1主縦軸]をクリックしてオンにします。

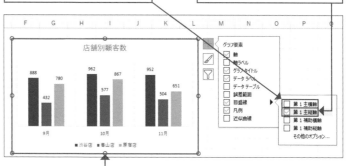

12 横軸の目盛線が非表示になり、縦軸の目盛線が表示されました。

軸に説明や単位を入れよう

軸ラベルの追加

練習▶026_支店別売上高.xlsx

▶ 軸の内容を分かりやすく伝えたいなら軸ラベルを追加しよう

縦軸と横軸がそれぞれ何を示しているのか分かりやすく見せたいときは、**軸ラベルを追加**します。Excelでは縦軸に付ける縦軸ラベル、横軸に付ける横軸ラベルをそれぞれグラフに追加できます。縦軸ラベルの場合は、ラベルに入力する内容によって文字列の方向を調整すると見やすくなります。

Before 縦軸ラベルなしのグラフ　　**After** 縦軸ラベルありのグラフ

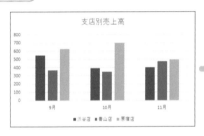

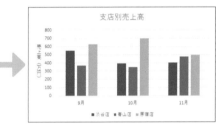

> 数値を千円単位・百万円単位などで入力しているときは、軸ラベルにそれを明記しておくと誤解を招く心配がありません。

3

グラフの見栄えを整えよう

① 縦軸ラベルを追加する

💡 ヒント

グラフボタンで軸ラベルを追加する

グラフを選択するとグラフの右上に表示される[グラフ要素]からも縦軸ラベルや横軸ラベルをグラフに追加できます。

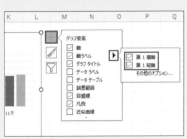

1 グラフをクリックして選択します。

2 [グラフのデザイン]タブをクリックして、

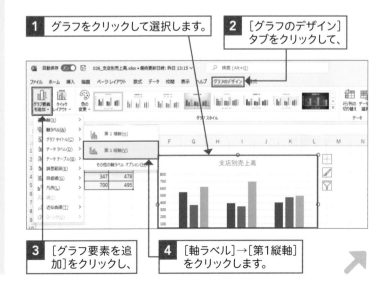

3 [グラフ要素を追加]をクリックし、

4 [軸ラベル]→[第1縦軸]をクリックします。

解説

横軸ラベルを追加する

[グラフのデザイン]タブの[グラフ要素を追加]をクリックし、[軸ラベル]→[第1横軸]の順にクリックすると、横軸ラベルを追加できます。

ヒント

作業ウィンドウを操作する

軸ラベルなどグラフ要素の書式を設定するときに、画面右側に作業ウィンドウが表示されます。作業ウィンドウは、好きな位置に動かして使うことができます。また、右上の ✕ をダブルクリックすると、作業ウィンドウを閉じることができます。

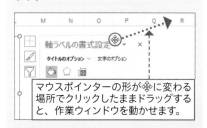

マウスポインターの形が ✢ に変わる場所でクリックしたままドラッグすると、作業ウィンドウを動かせます。

---

5 追加された軸ラベルを右クリックし、

6 [軸ラベルの書式設定]をクリックします。

↓

7 [軸ラベルの書式設定]作業ウィンドウが表示されます。

8 [文字のオプション]をクリックし、

9 [テキストボックス]をクリックして、

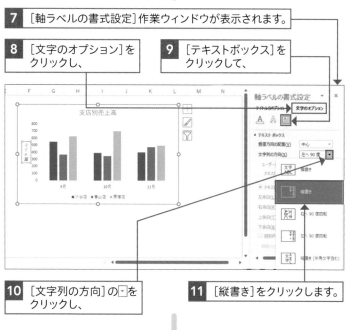

10 [文字列の方向]の ⌄ をクリックし、

11 [縦書き]をクリックします。

↓

12 文字列の方向が変わったのを確認し、軸ラベルの枠内をクリックして文字を入力し直します。

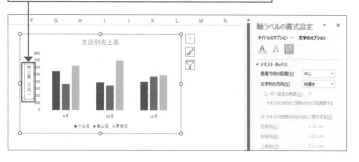

Section

27

軸の最大値や最小値、単位を変更しよう

軸の書式設定

練習▶027_店舗別売上高.xlsx

▶ 軸の単位や最大値・最小値を変更してグラフを見やすくしよう

何百万単位の数値を扱うデータからグラフを作成すると、縦軸の数値が見づらくなることあります。また、数値が大きい上に数値の差違が小さいデータからグラフを作成すると、データの大小を比較しづらくなります。そんなときは、**軸の書式設定で単位や最小値を変更して**みましょう。

Before 単位と最小値の変更前

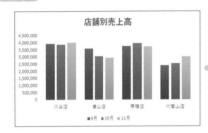

After 単位と最小値の変更後

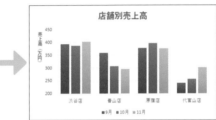

軸の単位と最小値を変更すると、縦軸の数値が読みやすくなりデータの差違もはっきりします。

① 軸の単位と最小値を変更する

⚠ 注意

最小値を変更した場合の注意点

本来、棒グラフは棒の高さ（面積）で値の大小を示すグラフです。最小値を変更すると、棒の面積は実際の数値に比例しなくなります。場合によっては、見る側に誤解を与える表現になるので正確性を求める資料には使わないよう注意しましょう。

1 グラフの縦軸を右クリックし、

2 [軸の書式設定]をクリックします。

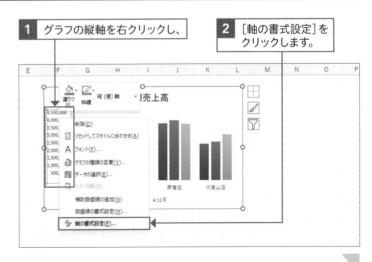

解説

最大値や最小値に表示される「○○E6」とは

大きい数値を扱うグラフの場合、最大値や最小値の値に「4.5E6」などと末尾に「E6」が付いた値が表示されることがあります。「E6」は「×10の6乗」のことで、「4.5E6」なら「4,500,000」を意味します。

3 [軸の書式設定]作業ウィンドウが表示されます。

4 [表示単位]の∨をクリックし、

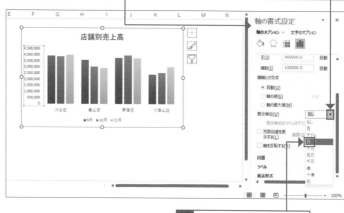

5 [万]をクリックします。

6 縦軸の単位が変更され、縦軸ラベルが表示されました。

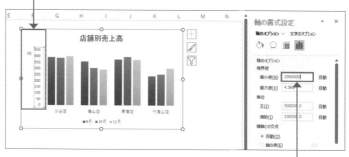

7 続けて[最小値]に「2000000」と入力して Enter を押します。

8 最小値が変更され、グラフに反映されました。

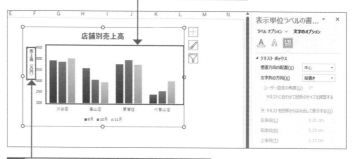

9 81ページを参照し、軸ラベルを縦書きに変更して文字を入力し直します。

ヒント

最小値・最大値の設定をリセットする

手動で縦軸の最小値や最大値を変更したあとで、自動的に設定された元の数値に戻す場合は、[リセット]をクリックします。

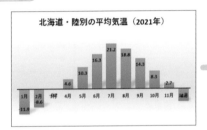

Section 28

項目名がデータと重ならないようにしよう

横軸の書式設定

練習▶028_北海道・陸別の平均気温.xlsx

▶ 横軸の位置を変更して、マイナス(負)のデータと重ならないようにしよう

マイナス(負)の数値が含まれるデータをグラフにすると、マイナス(負)の値は横軸の下側に表示されます。そのため、項目名がデータ要素やデータラベルと重なり、見づらくなることがあります。そんなときは横軸の位置を変更し、マイナスのデータ要素の下側に表示されるようにしましょう。

Before 横軸の位置の変更前

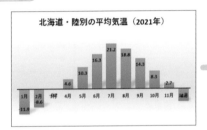

After 横軸の位置の変更後

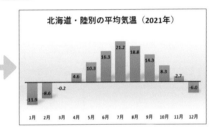

横軸の位置をずらすと、項目名とデータ要素、データラベルの重なりが解消されて見やすくなります。

1 横軸の位置を変更する

ヒント

負の値をグラフ化すると

負の値を縦棒グラフにすると、棒は横軸から下方向に伸びます。横棒グラフでは、棒は項目軸の左方向に伸びます。

1 項目名を右クリックし、

2 [軸の書式設定]をクリックします。

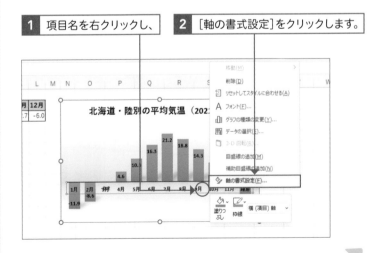

ヒント

マイナス（負）の棒の色を変える

プラス（正）の値の棒とマイナス（負）の値の棒とで色を塗り分けることができます。データ系列を右クリックして［データ系列の書式設定］をクリックすると表示される、［データ系列の書式設定］作業ウィンドウで設定しましょう。

1 ［塗りつぶしと線］をクリックし、

2 ［塗りつぶし］をクリックして、

3 ［塗りつぶし（単色）］をクリックします。

4 ［負の値を反転する］をクリックしてオンにして、

5 ［塗りつぶしの色の反転］をクリックしてマイナス（負）の棒の色を変更します。

6 マイナス（負）の棒の色が変わりました。

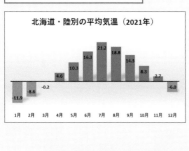

3 ［軸の書式設定］作業ウィンドウが表示されます。

4 ［ラベル］をクリックします。

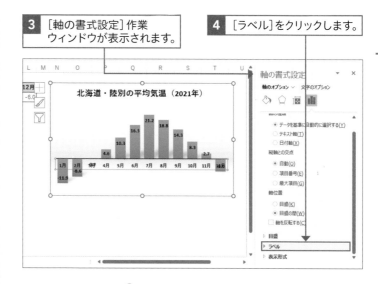

5 ［ラベルの位置］の□をクリックし、

7 ［閉じる］をクリックします。

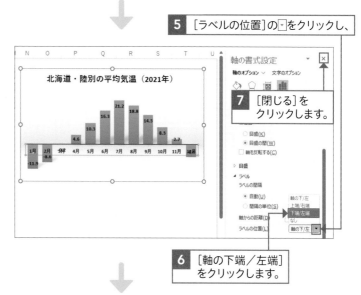

6 ［軸の下端／左端］をクリックします。

8 項目名がグラフの下端に移動し、見やすくなりました。

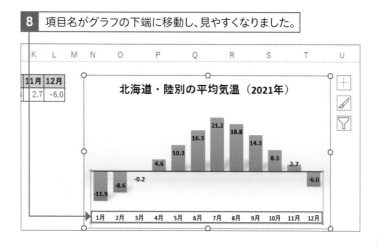

Section 29 項目名を見やすくしよう

横軸の書式設定／項目の編集

練習▶029_店員別売上高.xlsx

▶ 長い項目名は縦書きにしたり、短くしたりして見やすくしよう

項目名が長いと、グラフにしたとき自動的に斜めに表示されてしまうことがあります。**縦書きに書式を変更**したり、グラフ上では**短い省略表現を使って横書き表示**されるようにしたりして調整しましょう。グラフそのもののサイズも大きくなり、グラフが見やすくなります。

Before 項目名の表示の調整前

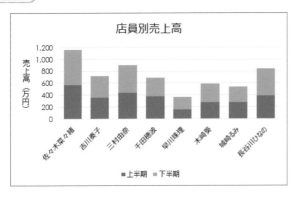

項目名が斜めに表示されると読みづらいので、

After 項目名の表示の調整後

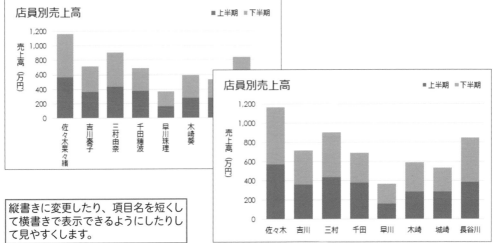

縦書きに変更したり、項目名を短くして横書きで表示できるようにしたりして見やすくします。

① 横軸の書式を変更する

1 横軸を右クリックし、 **2** [軸の書式設定]をクリックします。

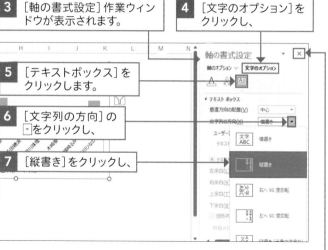

3 [軸の書式設定]作業ウィンドウが表示されます。

4 [文字のオプション]をクリックし、

5 [テキストボックス]をクリックします。

6 [文字列の方向]の▽をクリックし、

7 [縦書き]をクリックし、

8 [軸の書式設定]作業ウィンドウの[閉じる]をクリックします。

9 プロットエリアをクリックして選択し、

10 凡例と重ならない程度まで高さを広げます。

**項目名を横書きにして
任意の位置で改行する**

項目名を縦書きにせず、横書きのまま任意の位置で改行したい場合は、グラフの元になる表のデータを編集します。詳しくは134ページを参照してください。

補足

**項目名に
半角文字がある場合**

項目名に含まれる半角文字は、縦書きに設定しても90度回転して表示されます。手順**7**で[縦書き(半角　文字含む)]をクリックすると半角文字を縦書きにできますが、字間が開いてバランスが悪くなるので注意が必要です。

半角文字は、縦書きにするより90度回転した表示のままのほうが見やすくなります。

11 縦書きに表示された項目名が、グラフに見やすく収まりました。

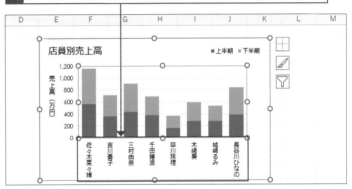

② 横書きになるように項目名の表示を短くする

補足

**右クリックでダイアログ
ボックスを表示する**

横軸の項目名を右クリックし、[データの
選択]をクリックしても、[データソース
の選択]ダイアログボックスを表示する
ことができます。

1 グラフをクリックして選択し、

2 [グラフのデザイン]
タブをクリックして、

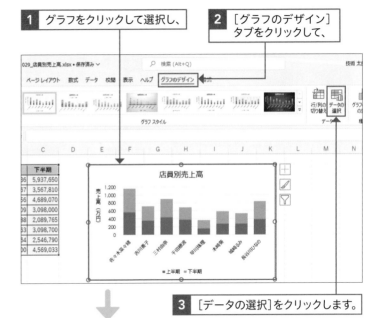

3 [データの選択]をクリックします。

4 [データソースの選択]ダイアログボックスが表示されます。

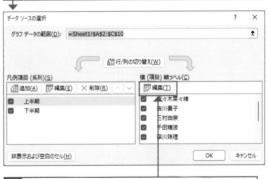

5 「横(項目)軸ラベル」の[編集]をクリックします。

ヒント

項目名の入力形式

横軸の項目名を直接入力するときは、「={"項目名","項目名","項目名",…}」の形式で入力します。

ヒント

凡例の系列名を編集する

手順 5 で「凡例項目（系列）」の任意の項目をクリックして[編集]をクリックすると、[系列の編集]ダイアログボックスが表示されます。ここで「系列名」を入力し直すと、元データを修正せずに凡例の系列名をグラフ上で変更できます。このときの入力形式は、「="系列名"」です。項目名を入力するときのように、「{}」で全体を囲む必要はありません。

解説

項目名をセル参照に戻すには

手順 1 ～ 5 の操作で[軸ラベル]ダイアログボックスを表示し、入力した内容をすべて削除してから、項目名が入力された表の見出しをドラッグし、[OK]をクリックします。

6 ［軸ラベル］ダイアログボックスが表示されます。

7 ［軸ラベルの範囲］に「={"大河原","山田","佐藤","伊藤","高橋","佐々木"}」と入力し、

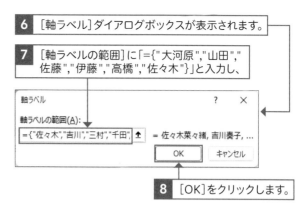

8 ［OK］をクリックします。

9 ［データソースの選択］ダイアログボックスに戻ります。

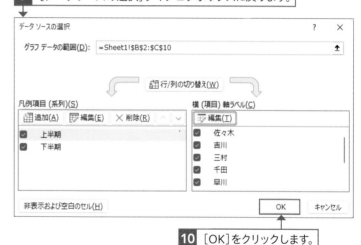

10 ［OK］をクリックします。

11 短くした項目名が横書きになり、グラフ全体のバランスがよくなりました。

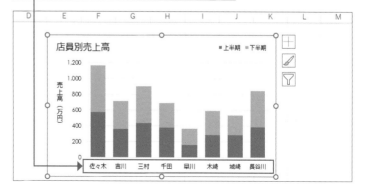

Section

30 凡例を見やすくしよう

凡例の書式設定

練習▶030_月別商品販売実績.xlsx

▶ 凡例は位置によって見やすさが変わる

系列名と色の対応を示す凡例は、系列数が少ないときにはグラフ下に配置するとすっきりしますが、**系列数が多いときはグラフの右側などに配置したほうが見やすくなります**。また、系列を目立たせたい場合は、凡例の囲みの背景に色を付けることもできるので試してみましょう。

Before 凡例の調整前

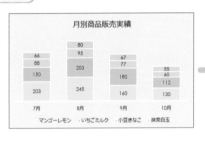

After 凡例の調整後

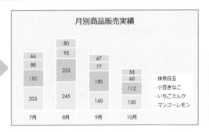

凡例の系列数が多いときは、位置や書式を変更すると見やすくなります。

① 凡例の位置や書式を変更する

📝 補足

凡例の位置の変更

[グラフのデザイン]タブの[グラフ要素の追加]やグラフボタンの[グラフ要素]からも凡例の位置を変更できます。

1 凡例を右クリックし、 **2** [凡例の書式設定]をクリックします。

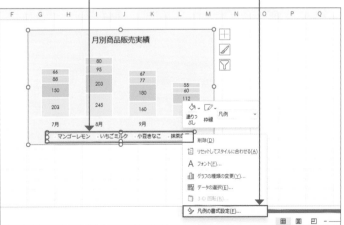

凡例の並び順が積み上げ棒グラフの積み重ね順と逆になってしまったときは

凡例の位置をいったん[左]など別の位置に設定してからあらためて[右]に設定し直すと、凡例の並び順が変わります。

ミニツールバーや[書式]タブで凡例の書式を変更する

凡例の塗りつぶしや枠線などの書式は、凡例を右クリックすると表示されるミニツールバーや、[書式]タブの[図形の塗りつぶし]や[図形の枠線]でも変更できます。

手動で凡例の位置を変更する

凡例をクリックして選択してドラッグすると、任意の位置に凡例を移動できます。

---

3 [凡例の書式設定]作業ウィンドウが表示されます。

4 [凡例のオプション]の[凡例の位置]で[右]をクリックします。

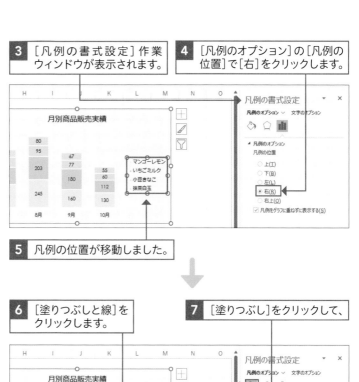

5 凡例の位置が移動しました。

6 [塗りつぶしと線]をクリックします。

7 [塗りつぶし]をクリックして、

8 [塗りつぶし（単色）]をクリックします。

9 [塗りつぶしの色]を変更します。

10 凡例の塗りつぶしの色が変更されるので、必要に応じてドラッグして位置を調整します。

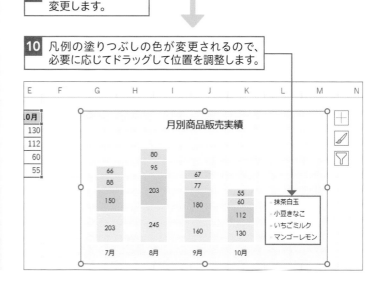

Section 31 目盛線を見やすくしよう

目盛線の書式設定

練習▶031_年間来場者数の推移.xlsx

▶ 目盛線を増やしてグラフの値を読み取りやすくしよう

グラフに**目盛線を追加**し、値を読み取りやすくしましょう。たとえば、折れ線グラフでマーカーと項目の対応をはっきりさせたい場合や、グラフを大きく表示／印刷する場合などは、縦軸の目盛線を追加すると効果的です。**さらに値を細かく見たいときは、補助目盛線も追加**できます。

Before 縦軸目盛線と補助目盛線の追加前 **After** 縦軸目盛線と補助目盛線の追加後

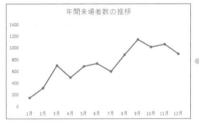

折れ線グラフでは、縦軸の目盛線や補助目盛線を追加すると価が読み取りやすくなります。

① 縦軸の目盛線と横軸の補助目盛線を追加する

1 グラフをクリックして選択します。

2 ［グラフ要素］をクリックして、

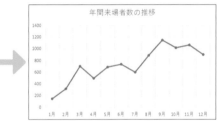

3 ［目盛線］にマウスポインターを合わせて、▶をクリックします。

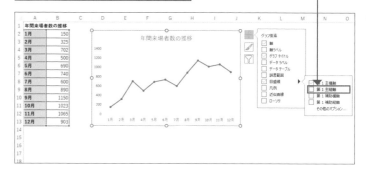

解説

補助目盛線の間隔を変更する

軸を右クリックして[軸の書式設定]を選択すると表示される[軸の書式設定]作業ウィンドウで、[軸のオプション]の[単位]の[補助]に入力されている数値を変更します。たとえば、[単位]の[主]が「50」なら、[補助]を「25」に変更すると、目盛線と目盛線の中間に補助目盛線が1本表示されるようになります。

[補助]の数値を変更します。

5 [第1主縦軸]がオンになり、グラフに縦軸の目盛線が追加されました。

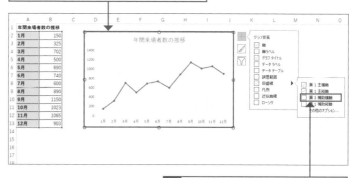

6 [第1補助横軸]をクリックします。

ヒント

目盛線の形状を変更する

目盛線、補助目盛線とも、実線から点線に形状を変更できます。形状を変更するには、目盛線または補助目盛線を右クリックして[目盛線の書式設定]をクリックし、作業ウィンドウで[線]の[実線／点線]をクリックして形状を選びます。

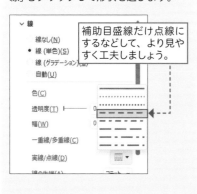

補助目盛線だけ点線にするなどして、より見やすく工夫しましょう。

7 補助目盛線が追加されました。

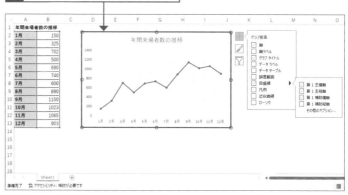

グラフのフォントを変更しよう

フォントの変更

練習▶032_支店別売上高.xlsx

▶ グラフのフォントを変更してデザイン性を高めよう

グラフの見た目を変える方法は、グラフスタイルや色合い、レイアウトの変更だけではありません。フォントの変更でもグラフの印象を大きく変えることができます。フォントの種類やサイズをまとめて変更したいときは、[フォント]ダイアログボックスを表示して操作するとスムーズです。

Before フォントの変更前

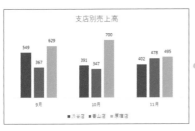

After フォントの変更後

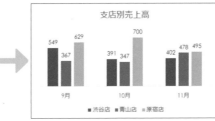

標準フォントで表示されているグラフも決して見づらくはありませんが、別のフォントに置き換えてサイズも調整すると、印象が変わります。

① グラフのフォントとサイズを変更する

💬 解説

Excelの標準フォント

Excelではバージョンごとに標準のフォントが設定されています。Officeのテーマを変更していなければ、「游ゴシック」が標準フォントになります。グラフ上の文字列も、それぞれの標準フォントで表示されます。

1 グラフを右クリックし、

2 [フォント]をクリックします。

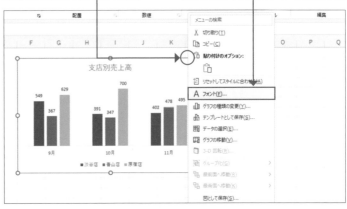

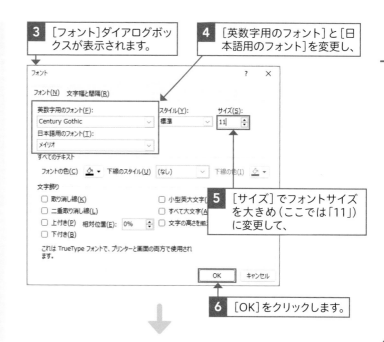

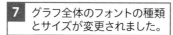

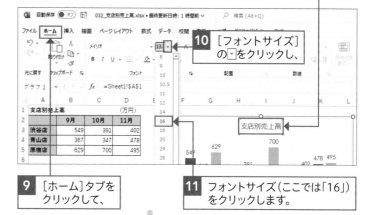

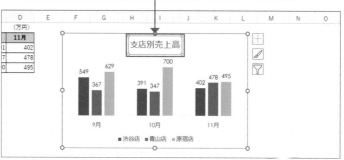

解説

英数字と日本語を別の
フォントに設定する

[フォント]ダイアログボックスでは、半角英数字を表示する[英数字用のフォント]と日本語を表示する[日本語用のフォント]で、別のフォントを設定できます。

ヒント

グラフタイトルの
フォントだけ変更する

グラフタイトルをクリックし、[ホーム]タブの[フォント]や[フォントサイズ]をクリックすると、グラフタイトルのフォントやサイズだけ変更できます。また、グラフタイトルを選択してドラッグすると、自由に位置も変えられます。

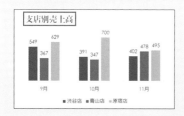

グラフタイトルだけフォントやサイズを変更し、位置を調整することもできます。

ヒント

[フォント]ダイアログボックスで
文字間隔を調整する

[フォント]ダイアログボックスの[文字幅と間隔]タブをクリックすると、文字間隔を広げたり詰めたりできます。

3 [フォント]ダイアログボックスが表示されます。

4 [英数字用のフォント]と[日本語用のフォント]を変更し、

5 [サイズ]でフォントサイズを大きめ(ここでは「11」)に変更して、

6 [OK]をクリックします。

7 グラフ全体のフォントの種類とサイズが変更されました。

8 グラフタイトルをクリックして選択し、

9 [ホーム]タブをクリックして、

10 [フォントサイズ]の▽をクリックし、

11 フォントサイズ(ここでは「16」)をクリックします。

12 グラフタイトルのフォントサイズだけが大きくなりました。

Section

33 グラフの背景を変えて目立たせよう

グラフエリアの書式設定

練習▶033_上半期店員別売上高.xlsx

▶ グラフの背景にテクスチャや写真を設定してみよう

グラフエリアの背景には、テクスチャや写真、単色やグラデーションの塗りつぶしなどを設定できます。グラフエリアと同様に、プロットエリアの背景も自由に変更できます。グラフエリアとプロットエリアの背景の組み合わせを工夫すれば、より一層デザインのバリエーションが広がります。

グラフの背景を変更する

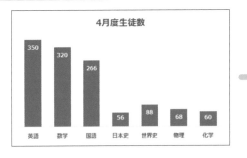

グラフエリアの背景は単色で塗りつぶせるだけでなく、

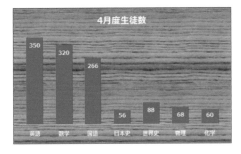

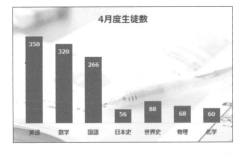

テクスチャを表示したり、グラフの内容に合った写真を表示したりできます。

① グラフエリアの背景にテクスチャを設定する

✏️ 補足

グラフエリアの背景を変更する方法

グラフエリアを右クリックしてミニツールバーの[図形の塗りつぶし]をクリックしても、グラフエリアの背景を変更できます。また、グラフエリアを右クリックして[グラフエリアの書式設定]をクリックし、[グラフエリアの書式設定]作業ウィンドウでグラフエリアの背景を変更することもできます。

💡 ヒント

グラフエリアを単色で塗りつぶす

手順**3**のあと、一覧で色をクリックすると、グラフエリアを単色で塗りつぶすことができます。

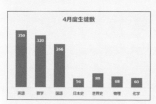

単色で塗りつぶすだけでも、グラフの印象を大きく変えられます。

💬 解説

文字は見やすい色にする

グラフの背景をテクスチャにしたり、塗りつぶしの色を変更したりした結果、グラフの文字が見づらくなってしまった場合は、フォントの塗りつぶしの色を変更します。

1 グラフをクリックして選択し、 **2** [書式]タブをクリックします。

3 [図形の塗りつぶし]をクリックし、

4 [テクスチャ]をクリックして、

5 背景にしたいテクスチャの種類をクリックします。

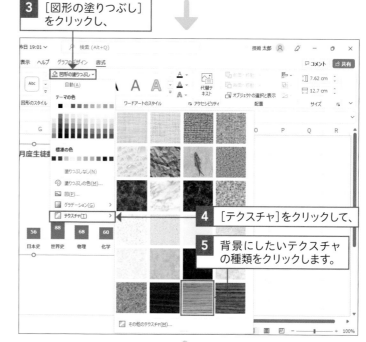

6 グラフエリアの背景にテクスチャが表示されました。

7 [文字の塗りつぶし]をクリックし、

8 色(ここでは「白」)をクリックします。

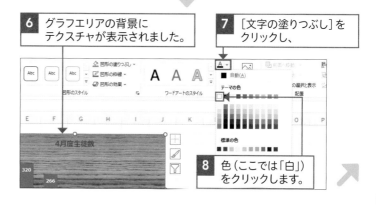

ヒント

**グラフの背景を
グラデーションで塗りつぶす**

グラフを選択し、[書式]タブの[図形の塗りつぶし]→[グラデーション]をクリックすると、グラデーションが一覧で表示されます。使用したいグラデーションをクリックすると、グラフの背景にグラデーションを設定できます。

9 フォントの色が変更されました。

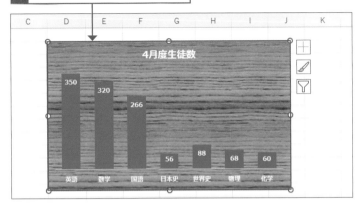

② グラフエリアの背景に写真を設定する

ヒント

**プロットエリアの背景の
塗りつぶしを変更する**

プロットエリアもグラフエリアと同様の操作で背景の塗りつぶしを変更できます。プロットエリアとグラフエリアの背景の組み合わせを工夫すると、デザインのバリエーションがより広がります。

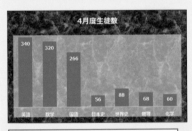

塗りつぶしの透明度も変更できます。

1 グラフをクリックして選択し、

2 [書式]タブをクリックします。

3 [図形の塗りつぶし]をクリックし、

4 [図]をクリックします。

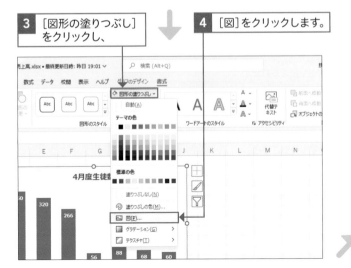

グラフに枠線を付けたり
角を丸めたりする

グラフを右クリックして［グラフエリアの書式設定］をクリックし、［グラフエリアの書式設定］作業ウィンドウを表示すると、グラフに枠線を付けたり、角を丸めたりすることもできます。

枠線の設定は、グラフを右クリックすると表示されるミニツールバーや、［書式］タブの［図形の枠線］からも変更できます。

1 ［枠線］を
クリックし、

2 ［線（単色）］を
クリックします。

3 ［色］をクリック
して線の色を選
択し、

4 ［幅］で線幅を
指定して、

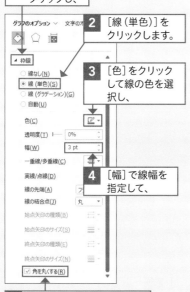

5 ［角を丸くする］を
クリックしてオンにします。

6 グラフに枠線が付き、角が
丸められました。

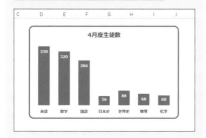

5 ［画像の挿入］画面
が表示されます。

6 ［ファイルから］を
クリックします。

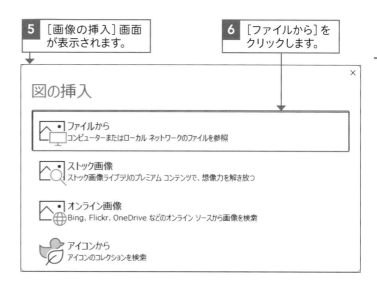

7 ［図の挿入］ダイアログ
ボックスが表示されます。

8 写真が保存されて
いる場所を選択し、

9 表示したい写真を
クリックして、

10 ［挿入］を
クリックします。

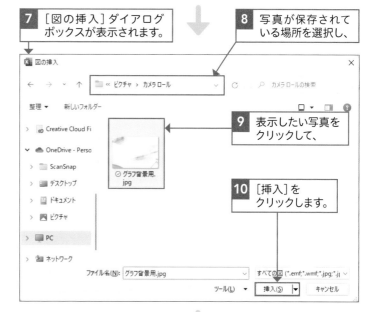

11 グラフの背景に写真が設定されました。

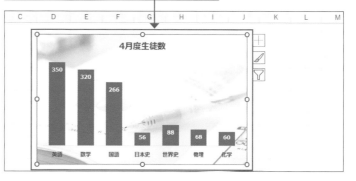

グラフにぼかしや影の効果を付けよう

グラフ要素の効果

練習▶034_上半期問い合わせ件数.xlsx

▶「影」「光彩」「ぼかし」「面取り」などの効果を設定してみよう

グラフ要素には「影」「光彩」「ぼかし」「面取り」といった効果を適用できます。どの効果を組み合わせて使うかは自分次第です。また、グラフエリア（グラフ全体）、プロットエリア、データ要素など、どのグラフ要素に効果を適用するかも自由です。アイデアを広げてオリジナリティのあるグラフに仕上げましょう。

Before 効果の適用前

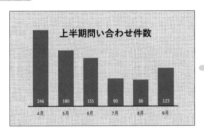

After 効果の適用後

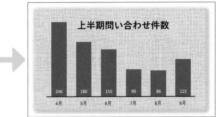

グラフエリアにぼかしと影の効果を付けると、クラフト感と温かみのあるデザインになります。

1 グラフエリアにぼかしと影の効果を設定する

📝 補足

効果の詳細な設定

ぼかしのサイズや影の角度や透明度など、効果の設定を細かく指定したいときは、グラフを右クリックして[グラフエリアの書式設定]を選択し、[グラフエリアの書式設定]作業ウィンドウを表示します。

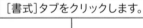

1 グラフをクリックして選択し、 **2** [書式]タブをクリックします。

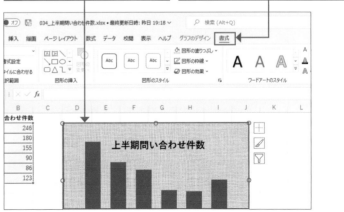

3

グラフの見栄えを整えよう

ヒント

光彩や面取りの効果を適用する

[書式]タブの[図形の効果]をクリックすると、ぼかしや影のほかにも、周囲を光らせるような「光彩」、平面を立体的に見せる「面取り」といった効果を設定できます。

■光彩

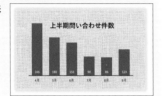

■面取り

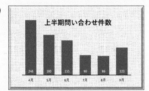

ヒント

データ要素などほかのグラフ要素に効果を適用する

グラフエリアだけではなく、データ要素やプロットエリアなどにも、同様の操作で効果を設定できます。

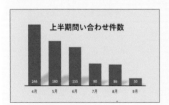

データ要素に影を付け、
立体的に見せることもできます。

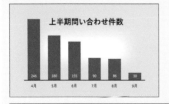

プロットエリアにも塗りつぶしだけでなく
ぼかしなどの効果を適用できます。

3 [図形の効果]をクリックし、

4 [ぼかし]をクリックして、

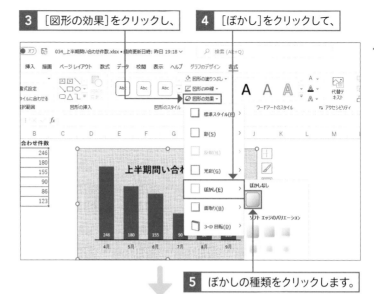

5 ぼかしの種類をクリックします。

6 [図形の効果]をクリックし、

7 [影]をクリックして、

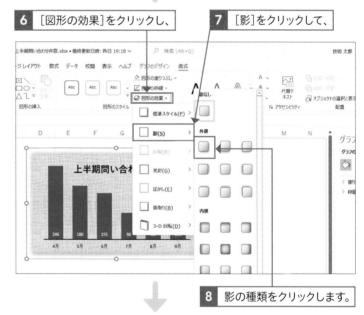

8 影の種類をクリックします。

9 グラフエリアのふちがぼけ、影が付きました。

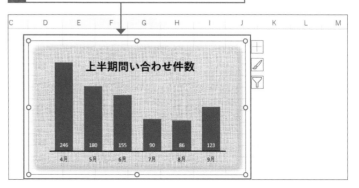

Section 35 グラフに吹き出しのコメントを入れよう

図形の挿入

練習▶035_上半期新規加入者.xlsx

▶ 吹き出しで補足説明を加えてグラフの訴求力をアップしよう

グラフの中で特に強調したい部分に、吹き出しで補足説明を加えてみましょう。視線を集める吹き出しの効果で訴求力アップを狙えます。グラフを移動したときに一緒に移動するよう、吹き出しはグラフの中に組み込んで描きます。図形だけでなく、手持ちの画像をグラフの中に組み込むことも可能です。

吹き出しの追加

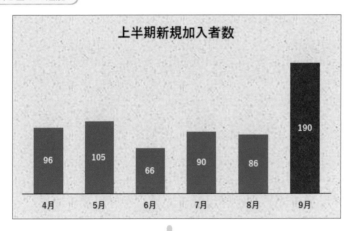

たとえば、9月の売上が伸びていることを強調したいなら、

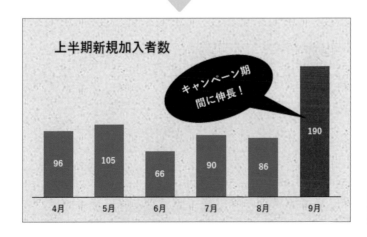

吹き出しで補足説明を加えて訴求ポイントを際立たせます。

① グラフに吹き出しを追加する

🗫 解説

グラフを選択してから描く

グラフを選択しない状態でグラフ上に図形を描くと、描いた図形はグラフの中に組み込まれません。そのため、グラフを移動しても図形は元に位置にとどまります。また、グラフだけを印刷したときも（57ページ参照）、描いた図形は印刷されません。グラフと一緒に図形を移動したり、印刷したりしたい場合は、必ずグラフを選択してから図形を描くようにします。

✏️ 補足

[挿入] タブからグラフ内に図形を描く

グラフを選択した状態で[挿入]タブをクリックし、[図形]をクリックしてもグラフ内に図形を描くことができます。

💡 ヒント

図形を描くスペースがない場合は

グラフ全体のサイズを広げてからプロットエリアのサイズを縮小し、図形を描くスペースを作ります（42ページ参照）。

---

1 グラフをクリックして選択し、　**2** [書式]タブをクリックして、

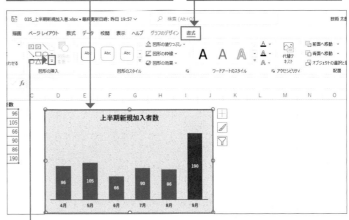

3 [図形の挿入]の[その他]をクリックします。

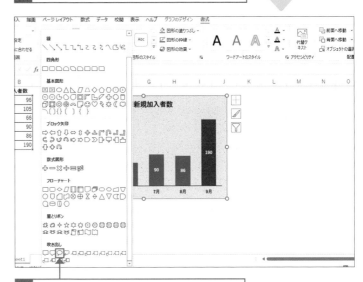

4 描きたい吹き出しの種類をクリックします。

5 始点から終点までドラッグし、吹き出しを描きます。

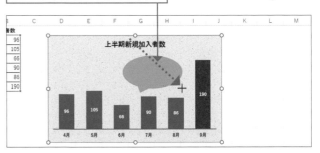

ヒント

図形内部の余白を調整する

文字を入力した図形を右クリックして
[図形の書式設定]をクリックし、[図形
の書式設定]作業ウィンドウで図形内部
の余白を調整できます。

1 [文字のオプション]をクリックし、

2 [テキストボックス]をクリックして、

3 余白の数値を調整します。

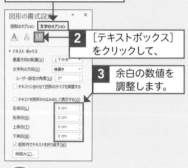

 ヒント

図形にスタイルを適用する

図形が選択された状態で[書式]タブをク
リックし、[図形のスタイル]の[その他]
をクリックすると、一覧から図形にスタ
イルを適用できます。

---

6 吹き出しが選択された状態のまま文字を入力し、

7 吹き出しをクリックし、文字の入力を確定します。

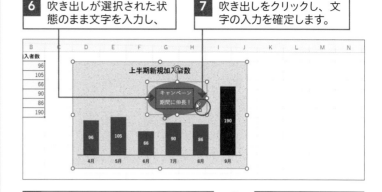

8 吹き出しが選択された状態のまま[ホーム]タブをクリックします。

10 [上下中央揃え]をクリックし、

9 [太字]をクリックし、

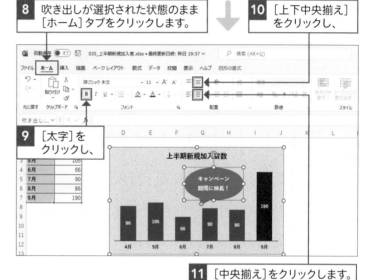

11 [中央揃え]をクリックします。

---

② 吹き出しのデザインを整える

 ヒント

バラバラに描いた図形をグラフに組み込む

グラフを選択せずに描いた図形をあとか
らグラフ内に組み込むには、図形をコピ
ーし、グラフを選択して貼り付けます。
コピー&貼り付けの操作は、ショートカ
ットキーを使うとスピーディーです。

1 吹き出しが選択された状態のまま[図形の書式]タブをクリックし、

2 [図形の塗りつぶし]をクリックして色を変更し、

3 [図形の枠線]をクリックして、[線なし]に変更します。

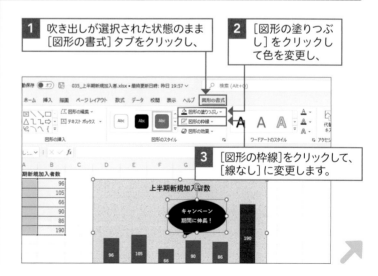

ヒント

図形をグラフから
はみ出すよう配置するには

グラフを選択して図形を描くと、図形の位置はグラフエリア内でしか動かせません。グラフからはみ出して描きたい場合は、グラフを選択せずに図形を描き、グラフ上に重ねて配置します。グラフと一緒に動かせるようにしたい場合は、グラフと図形を選択して右クリックし、[グループ化] → [グループ化] をクリックします。ただし、この場合はグラフだけを印刷したときに（57ページ参照）、吹き出しは印刷されません。

補足

グラフのプロットエリア内に
図形を描く

図形を描く前にグラフのプロットエリアを選択しておくと、プロットエリア内に図形を描くことができます。

ヒント

グラフ内に
画像を組み込む

グラフ内に画像を挿入したい場合は、[挿入] タブをクリックし、[図] → [画像] から画像を挿入します。挿入した画像をコピーし、グラフを選択して貼り付けるとグラフの中に画像が組み込まれます。

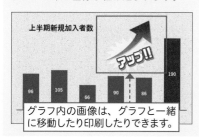

グラフ内の画像は、グラフと一緒に移動したり印刷したりできます。

4 グラフタイトルをクリックし、ドラッグして左側に移動します。

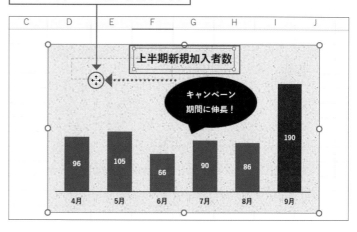

5 再び吹き出しをクリックして選択し、上部の回転ハンドルをドラッグして回転させます。

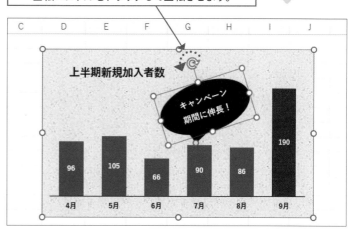

6 黄色の調整ハンドルをドラッグして、吹き出しの角の向きを調整します。

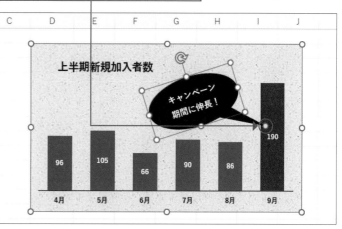

Section

36

グラフに元データの情報を表示しよう

データテーブルの追加

練習▶036_店舗別顧客数.xlsx

▶ グラフと表をまとめて見せたいならデータテーブルを追加しよう

「データテーブル」とよばれるグラフ要素を追加すると、グラフの元になっている表のデータを、そのままグラフの下に表示できます。グラフと表をまとめて見せたいときに便利です。ただし、データテーブルのセルを塗りつぶしたり、サイズを変更したりすることはできません。

Before データテーブルなしのグラフ   **After** データテーブルを追加したグラフ

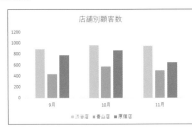   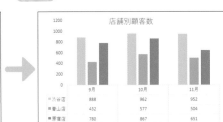

データテーブルを追加すると、グラフの元となっている表のデータをグラフと一緒に見せることができます。

① データテーブルを追加する

✏ 補足

グラフボタンでデータテーブルを追加する

グラフを選択して[グラフ要素]をクリックし、さらに[データテーブル]をクリックしてオンにすると、データテーブルを追加できます。データテーブルに凡例マーカーを付けたくないときは、[データテーブル]にマウスポインターを合わせて▶をクリックし、[凡例マーカーなし]をクリックします。

1 グラフをクリックして選択します。

2 [グラフのデザイン]タブをクリックして、

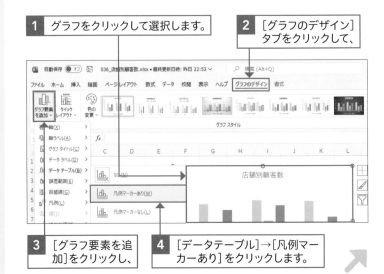

3 [グラフ要素を追加]をクリックし、

4 [データテーブル]→[凡例マーカーあり]をクリックします。

注意

**凡例が
だぶらないようにする**

凡例が表示されているグラフに凡例マーカー付きのデータテーブルを追加すると、凡例の情報がだぶってしまいます。そんなときは、凡例を削除してグラフをすっきりさせましょう。

ヒント

**データテーブルの
色やサイズはできない**

データテーブルのセルに塗りつぶしは設定できません。また、データテーブルのサイズを変更することもできません。データテーブルのセルに塗りつぶしを設定したり、サイズを変更したりしたい場合は、表を図としてコピーしてグラフ内に貼り付けましょう。

5 凡例マーカー付きのデータテーブルが表示されます。

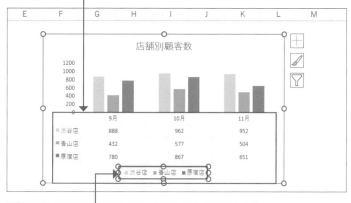

6 凡例が表示されている場合は、凡例をクリックして選択し Delete を押して消去します。

7 グラフを大きくしたい場合は、プロットエリアをクリックして選択し、　　**8** ハンドルをドラッグしてサイズを広げます。

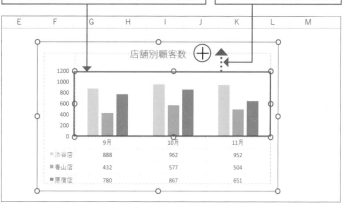

9 バランスよくデータテーブルがグラフに収まりました。

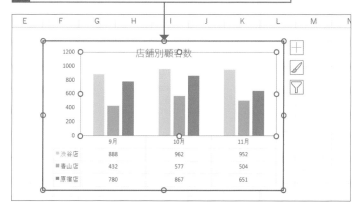

Section

37 グラフのデザインを テンプレートとして保存しよう

テンプレートの保存

練習▶037_支店別売上高.xlsx、037_店舗別顧客数.xlsx

▶ お気に入りのグラフのデザインをほかのグラフに適用しよう

グラフの背景やデータ要素の色合い、フォントの変更など、さまざまな編集を施したグラフは、別の機会にも使いたいものです。そんなときは、**グラフをテンプレートとして保存**しておきましょう。同様の編集を繰り返さなくても、[グラフの種類の変更]から別のグラフに適用できるようになります。

テンプレートの活用

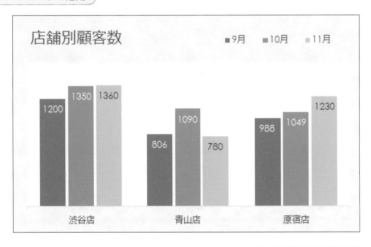

お気に入りのデザインのグラフをテンプレートして保存しておくと、

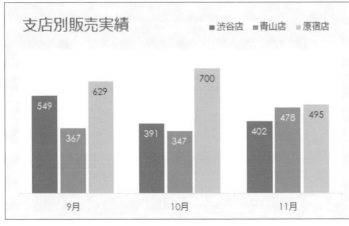

別のグラフにも同じデザインを適用できるようになります。

① グラフのデザインをテンプレートとして保存する

解説

グラフテンプレート
ファイルの保存先

グラフテンプレートは、拡張子「.crtx」のファイルとして「C:¥Users¥ユーザー名¥AppData¥Roaming¥Microsoft¥Templates¥Charts」に保存されます。このフォルダーに保存しておかないと、「グラフの種類の変更」を使って別のグラフに適用することはできません。グラフテンプレートの保存先は変更しないようにしましょう。

1 グラフを右クリックして、

2 [テンプレートとして保存]をクリックします。

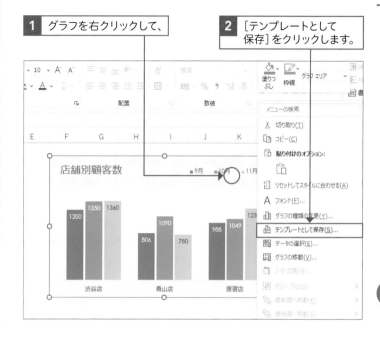

3 [グラフテンプレートの保存]ダイアログボックスが表示されます。

4 [保存先]が「Charts」になっているのを確認し、

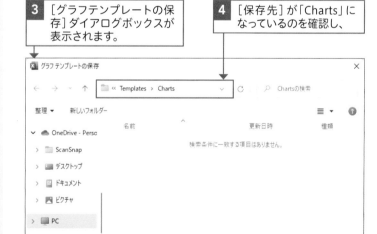

5 [ファイル名]にテンプレートの名前を入力して、

6 [保存]をクリックします。

 ヒント

WordやPowerPointのグラフ
にも適用できる

保存したグラフテンプレートは、WordやPowerPointのグラフにも適用することができます。

Section 38 保存した グラフテンプレートを使おう

テンプレートの呼び出し

練習▶038_店舗別販売実績.xlsx

▶ 保存したグラフテンプレートをほかのグラフに適用しよう

グラフテンプレートを保存しておくと、[グラフの種類の変更] から別のグラフに適用できます。複雑な編集を繰り返さなくても、作成直後のグラフに凝ったデザインにできるので便利です。グラフテンプレートファイルをコピーすれば、ほかのユーザーやパソコンでも使うことができます。

グラフテンプレートの適用

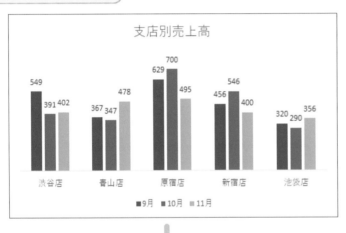

作成直後のシンプルなグラフにグラフテンプレートを適用すると、

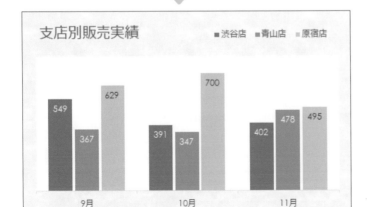

面倒なグラフの編集をしなくても、瞬時に凝ったデザインのグラフに仕上げられます。

① グラフにテンプレートを適用する

🗨 解説

グラフテンプレートを
利用できる条件

保存したグラフテンプレートを利用できるのは、グラフテンプレートを作成したユーザーとそのパソコンのみです。

1 グラフをクリックして選択し、

2 ［グラフのデザイン］タブをクリックして、

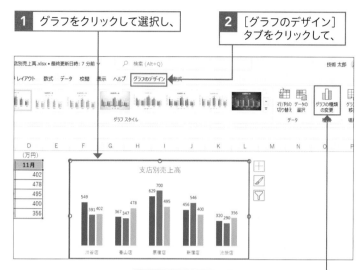

3 ［グラフの種類の変更］をクリックします。

💡 ヒント

グラフテンプレートをほかの
ユーザー・パソコンで使う

グラフテンプレートの保存先のフォルダー「C:¥Users¥ユーザー名¥AppData¥Roaming¥Microsoft¥Templates¥Charts」を開き、拡張子「.crtx」のグラフテンプレートファイルを別のユーザーやパソコンの「C:¥Users¥ユーザー名¥AppData¥Roaming¥Microsoft¥Templates¥Charts」にコピーすると、別のユーザー・パソコンでも利用できます。

4 ［グラフの種類の変更］ダイアログボックスが表示されます。

5 ［すべてのグラフ］タブをクリックし、

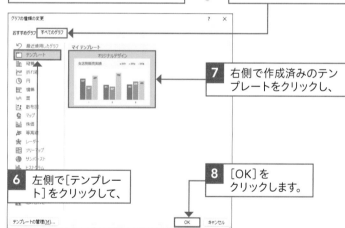

7 右側で作成済みのテンプレートをクリックし、

6 左側で［テンプレート］をクリックして、

8 ［OK］をクリックします。

💡 ヒント

グラフテンプレート適用後にグラフ
要素の表示／非表示を変更する

たとえば、グラフタイトル付きのテンプレートをグラフタイトルが非表示のグラフに適用しても、グラフタイトルは表示されません。グラフテンプレートの適用後、必要に応じてグラフ要素を追加するようにしましょう。

9 保存したグラフテンプレートのデザインが適用されました。

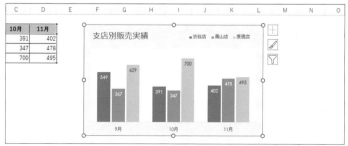

Section 39 オンラインテンプレートを使おう

オンラインテンプレートの活用

▶ テンプレートを活用して、効率良くグラフ入りの資料を作ろう

Excelにはさまざまな種類のテンプレートが用意されており、その中には、**グラフを使ったテンプレート**もあります。使いたいテンプレートが見つかれば、表やグラフの作成にかける時間を大幅に短縮できるので、活用しましょう。

① テンプレートから新規作成する

💬 解説

テンプレートを検索するキーワード

テンプレートを検索するキーワードは自由です。使いたいテンプレートが検索できない場合は、キーワードを変更して再検索を試してみましょう。

💡 ヒント

同じカテゴリーのテンプレートを表示する

検索欄の下に表示されている［検索の候補］をクリックすると、カテゴリーごとにテンプレートを一覧で表示し、その中から使いたいテンプレートを探すことができます。

1 Excelを起動します。

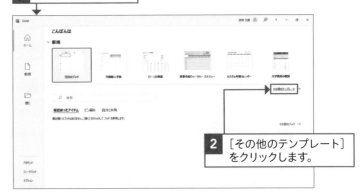

2 ［その他のテンプレート］をクリックします。

3 検索欄にキーワード（ここでは「グラフ」）を入力し、 Enter を押します。

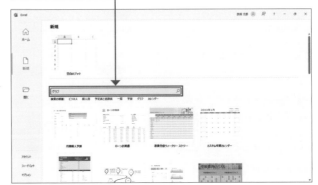

4 使いたいテンプレートをクリックします。

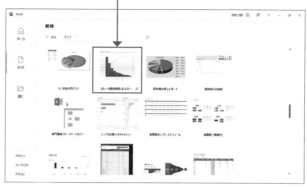

5 [作成]をクリックします。

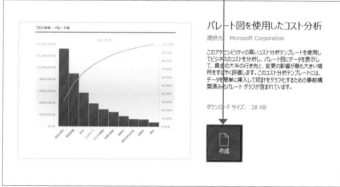

補足

**Excelの起動中に
テンプレートを探すには**

すでにExcelを起動している最中にテンプレートを使いたくなったら、[ファイル]タブをクリックしてBackstageビューを表示してから、同様の手順で操作します。

6 テンプレートが新規ファイルとして開くので、
自由にデータを編集してファイルを保存します。

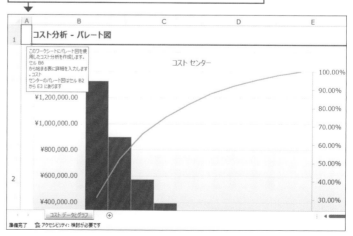

ヒント

**テンプレートは
新規ファイルとして開く**

テンプレートはダウンロードされるのではなく、新規ファイルとして開きます。テンプレートファイルとして別途保存しておきたいときは、開いた直後にテンプレート形式で保存しておきましょう。

Section 40 モノクロ印刷でも見やすいグラフにしよう

ページ設定／データ系列の書式設定

練習▶040_支店別売上高の推移.xlsx、040_店舗別加入者数.xlsx

▶ 白黒印刷が前提なら、ページ設定またはデータ系列の書式を変更しよう

カラーのグラフを白黒で印刷すると、データ系列の塗りつぶしの濃淡がはっきりせず、見づらくなってしまうことがあります。白黒印刷が前提の資料にグラフを盛り込む際は、ページ設定で白黒印刷の設定にするか、データ系列の塗りつぶしに白黒のパターンを設定しましょう。コントラストがはっきりして、白黒印刷でも見やすくなります。

Before カラーのグラフを白黒印刷した場合

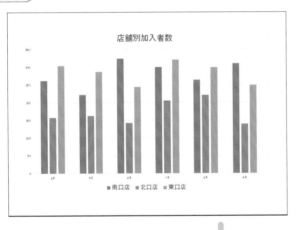

カラーのグラフを白黒印刷すると、データ系列の塗りつぶしの違いがわかりづらくなることがあります。

After 白黒印刷の設定をしたグラフ

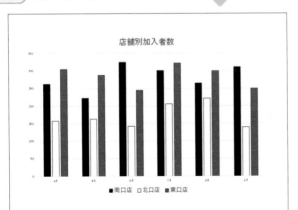

白黒印刷の設定に変更すると、データ系列の塗りつぶしの違いがはっきりして見やすくなります。

① 白黒印刷の設定をする

ヒント

色合いをモノクロにする

[グラフのデザイン]タブの[色の変更]で
グラフの色合いをモノクロに変更すると
白黒印刷したときに見やすいグラフにな
ります。

グラフをクリックして選択し、[グラフの
デザイン]タブの[色の変更]をクリックし、
[モノクロ パレット 7]をクリックします。

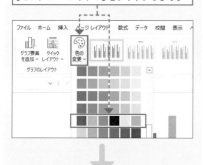

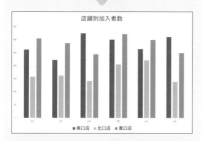

カラーのグラフより、白黒印刷した
ときに見やすくなります。

補足

通常のシートを印刷する際の[ページ設定]ダイアログボックス

グラフシートを印刷しようとすると[ペ
ージ設定]ダイアログボックスに[グラ
フ]タブが表示されますが、グラフを含
む通常のシートを印刷しようとすると、
[ページ設定]ダイアログボックスに[グ
ラフ]タブが表示されません。代わりに
表示される[シート]タブで[白黒印刷]を
クリックしてオンにします。

1 [ファイル]タブをクリックします。

2 [印刷]をクリックし、

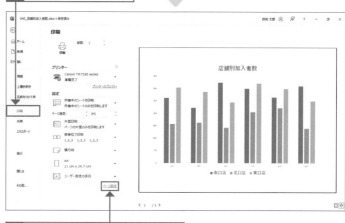

3 [ページ設定]をクリックします。

4 [ページ設定]ダイアログボックスが表示されます。

5 [グラフ]タブをクリックして、

6 [白黒印刷]をクリックしてオンにし、

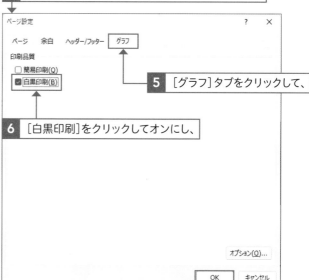

7 [OK]をクリックします。

補足

グラフそのものの色は変更されない

白黒印刷の設定をして、印刷プレビューのグラフが白黒になっても、実際のグラフの色は変わりません。カラー印刷に戻したいときは、[ページ設定]ダイアログボックスの[グラフ]タブ（または[シート]タブ）で[白黒印刷]をオフにします。

8 印刷プレビューの表示が白黒に変わりました。

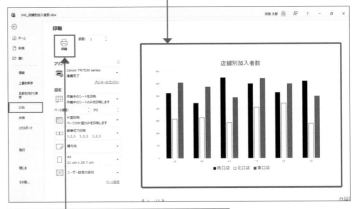

9 [印刷]をクリックして印刷を実行します。

② データ系列を白黒のパターンで塗りつぶす

解説

前景と背景の色

パターンによる塗りつぶしでは、前景の色と背景の色の両方を選択します。背景は白のままにして、前景を黒や濃いグレーなどモノトーンの色に変更しましょう。

ヒント

フォントの色にも気を付ける

白黒印刷する場合は、グラフタイトルや項目ラベルの文字の色が薄いと読みづらくなります。黒などはっきりした色に変更し、場合によっては太字を設定するなどして見やすく調整しておきましょう。

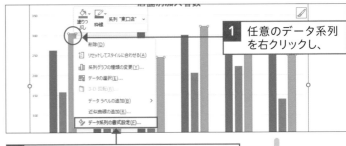

1 任意のデータ系列を右クリックし、

2 [データ系列の書式設定]をクリックします。

3 [データ系列の書式設定]作業ウィンドウが表示されます。

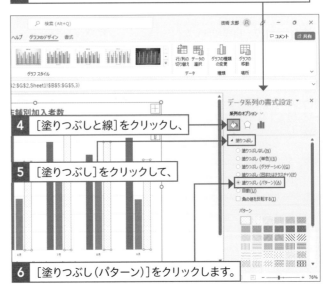

4 [塗りつぶしと線]をクリックし、

5 [塗りつぶし]をクリックして、

6 [塗りつぶし（パターン）]をクリックします。

ヒント

一部のデータ系列は
単色で塗りつぶそう

一部のデータ系列は、白やグレー、黒の
単色の塗りつぶしにすると、コントラス
トが強まってより見やすくなります。

ヒント

折れ線なら
マーカーを変更する

折れ線グラフを白黒で印刷するときは、
系列ごとにマーカーの種類を変更する
と、それぞれの系列を見分けやすくなり
ます。

線の色の違いで系列を見分けるの
が難しいときは、

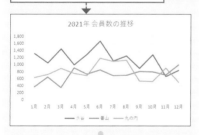

系列ごとにマーカーの種類を変える
と見分けやすくなります。

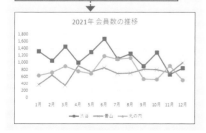

7 パターンをクリックし、

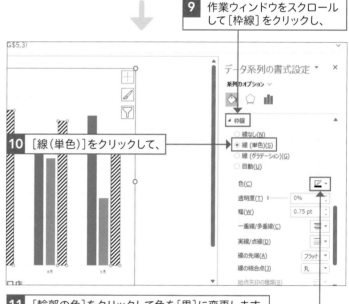

8 [前景]をクリックして色を[黒]に変更します。

9 作業ウィンドウをスクロール
して[枠線]をクリックし、

10 [線(単色)]をクリックして、

11 [輪郭の色]をクリックして色を[黒]に変更します。

12 同様の操作で、ほかのデータ系列の塗りつぶしも変更します。

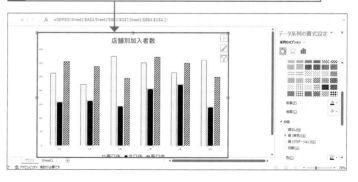

Section 41

PDF形式で保存しよう

PDF形式での保存

練習 ▶ 041_会員数の推移.xlsx

▶ 配布資料にするならPDF形式で保存しておくと安心

Excelで作った資料を配布する際には、PDF形式で保存しておくと安心です。OSの種類やExcelのバージョンなどに関わらず、あらゆる環境のパソコンでもファイルを表示／印刷できます。また、PDF形式でExcelのファイルを保存しておけば、ファイルを配布する際にデータの改ざんを防ぐことができます。

① [エクスポート]からPDF形式で保存する

🔍 重要用語

PDF

アドビシステムズが開発した文書ファイル形式のことです。無料で配布されているAcrobat Readerなどのビューワーを使えば、どんな環境でもPDFファイルを開くことができます。PDFファイルはブラウザーでも開くことができるので、ExcelのデータをWebで公開したいときにもPDF形式での保存が役立ちます。

1 [ファイル]タブをクリックします。

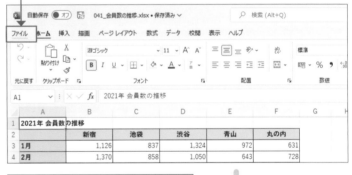

2 [エクスポート]をクリックします。

オプションを設定して PDF保存する

[PDFまたはXPS形式で発行]ダイアログボックスで[オプション]をクリックすると、[オプション]ダイアログボックスが表示されます。ここで、保存する範囲や印刷対象とする項目を指定できます。

「Microsoft Print to PDF」を利用する

Windows10以降のパソコンには「Microsoft Print to PDF」という仮想プリンターが搭載されています。[ファイル]タブをクリックして[印刷]をクリックし、[プリンター]で[Microsoft Print to PDF]を選択して[印刷]をクリックしても、PDF形式でファイルを保存できます。

[印刷]をクリックしたあと、[印刷結果を名前を付けて保存]ダイアログボックスが表示されます。保存先を選択してファイル名を入力し、[保存]をクリックして保存しましょう。

3 [PDF/XPSドキュメントの作成]をクリックし、

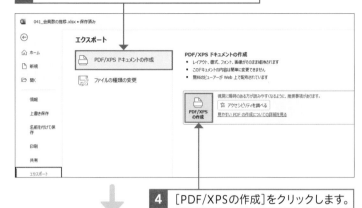

4 [PDF/XPSの作成]をクリックします。

5 [PDFまたはXPS形式で発行]ダイアログボックスが表示されます。

6 PDFファイルの保存先を選択し、

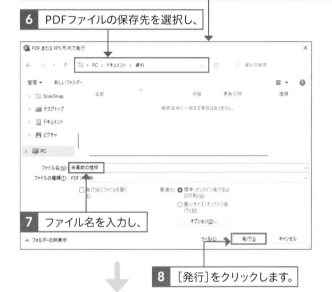

7 ファイル名を入力し、

8 [発行]をクリックします。

9 保存されたPDFファイルは、ブラウザーやAcrobat Reader などのPDFビューワーで閲覧できます。

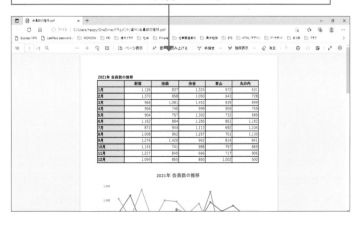

② ［名前を付けて保存］から PDF 形式で保存する

グラフだけを
PDF ファイルにする

グラフを選択した状態でPDFファイル
を作成すると、選択したグラフだけを
PDFファイルにできます。

1 ［ファイル］タブをクリックします。

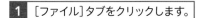

2 ［名前を付けて保存］をクリックします。

3 PDFファイルの保存先を選択し、

4 ［PDF（*.pdf）］を選択し、

アクセシビリティの高い
PDF ファイルを作成する

右の画面または前ページの手順**3**の画
面で［アクセシビリティを調べる］をクリ
ックすると、アクセシビリティチェッを
実行できます。目の見えない人や視覚に
障害がある人にも内容が分かりやすい
PDFファイルを作成したい場合は、チェ
ック結果に基づきグラフなどのオブジェ
クトの内容を説明する代替テキストを追
加するなどしましょう。

5 ［保存］をクリックするとPDF形式でファイル
が保存されます。

第 **4** 章

グラフの元データを
加工しよう

グラフの元になる
データの使い方を知ろう

▶ データの活用法

●表の並べ替え

グラフとその元となるデータは常に連動しており、データ上の項目名や並び順は、そのままグラフに反映されます。グラフの項目の並び順を変更したいときは、元となるデータそのものを並べ替えます。

フリー	21,823
ブロンズ	9,540
シルバー	14,732
ゴールド	32,715
プラチナ	26,422
ダイヤ	10,745

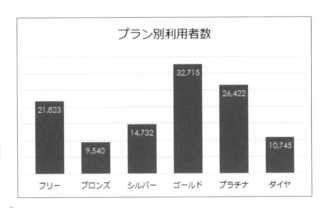

ゴールド	32,715
プラチナ	26,422
フリー	21,823
シルバー	14,732
ダイヤ	10,745
ブロンズ	9,540

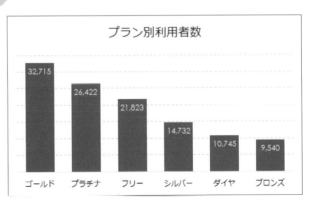

データを並べ替えると、グラフ上の項目の並び順も変わります。

●データの選択

元となるデータは、別の表や別のシートから選択することも可能です。複雑なデータの選択には、[データソースの選択]ダイアログボックスを使います。

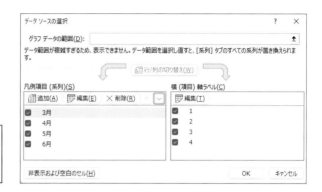

> [データソースの選択]ダイアログボックスは、複雑なデータの選択のほか、非表示にしているデータをグラフに表示させたいときにも用います。

●複合グラフ

単位の異なるデータや量が大きく異なるデータを1つのグラフにまとめたいときには、複合グラフを作成します。基準となる系列だけ折れ線にして、比較対象となる系列を棒グラフにするなど、データを比較したいといきに複合グラフを用いることもあります。

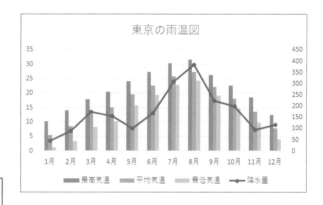

> たとえば、「気温」集合縦棒グラフ、「降水量」を折れ線グラフにして1つのグラフとしてまとめることができます。

●ピボットグラフ

データの分析に欠かせない「ピボットテーブル」を使った集計結果を、グラフで視覚化したのが「ピボットグラフ」です。Excelではデータベース形式の表から、ピボットテーブルとピボットグラフを同時に作成できます。

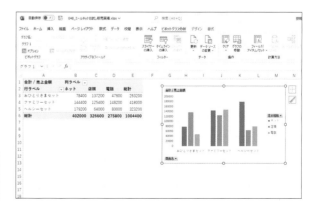

> データベース形式の表から、かんたんな操作でピボットテーブルとピボットグラフを作成できます。

Section 42 値の大きい順に 並べ替えてグラフにしよう

データの並べ替え

練習▶042_プラン別利用者数.xlsx

▶ 棒グラフは大きい順に並べると比較しやすい

データの大小を比較するのに適している棒グラフは、値の大きい順あるいは小さい順で並べると、パッと見ただけでランキングが明確になります。ただし、グラフ上でデータ要素を並べ替えることはできません。グラフの元となっている表のデータを並べ替えることで、グラフ上の項目を並べ替えます。

Before 並べ替え前

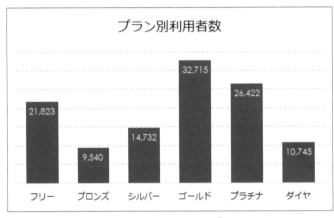

値の大きい順に並んでいないため、一目でランキングを読み取ることはできません。

After 並べ替え後

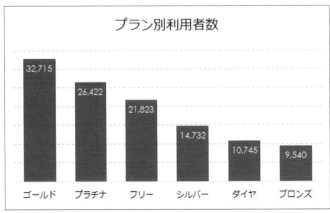

値の大きい順に並べ替えると、ランキングがはっきり見えてきます。

① 表のデータを並べ替えてグラフに反映する

解説

データの並べ替えの方法

数値データが入力されたセルをクリックし、[ホーム] タブの [並べ替えとフィルター]→[昇順] または [降順] をクリックしてもデータを並べ替えられます。また、数値データが入力されたセルを右クリックし、[並べ替え]→[昇順] または [降順] をクリックしてもデータを並べ替えられます。

ヒント

値の小さい順に並べ替える

数値データが入力されたセルをクリックして [データ] タブの [昇順] をクリックすると、表のデータが値の小さい順に並べ変わり、グラフの項目も値の小さい順に並べ変わります。

ヒント

元の順序に戻すには

クイックアクセスツールバーの [元に戻す] をクリックすると、並べ替える前の状態に戻せます。ただし、ファイルを保存してしまうと、元の順序には戻せません。元の順序も記録しておきたいときは、あらかじめ元の表をコピーしておきます。

1 グラフの元となる表のうち、数値データが入力されたセル (ここではセル [B2]) をクリックします。

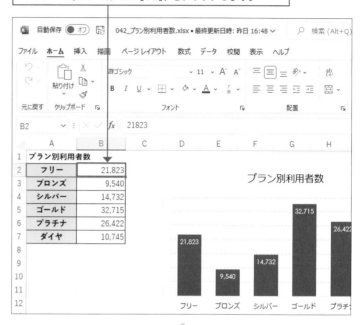

2 [データ] タブをクリックし、

3 [降順] をクリックします。

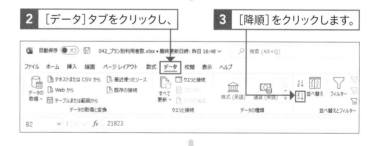

4 表のデータが値の大きい順で並べ替えられ、グラフの項目の順序も並べ変わりました。

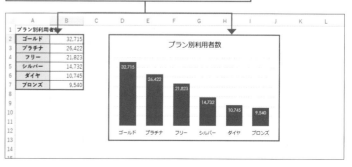

43 表の一部のデータだけを グラフにしよう

グラフフィルターの適用

練習▶043_新製品売上実績.xlsx

▶ 表の一部のデータだけを使ったグラフにあとから変更できる

[グラフフィルター]を使うと、グラフ化するデータをかんたんに絞り込めます。データを絞り込むには、[データソースの選択]ダイアログボックスを使う方法もあります。また、最初から表の一部だけを選択してグラフを作成する方法もあります。

Before データの絞り込み前

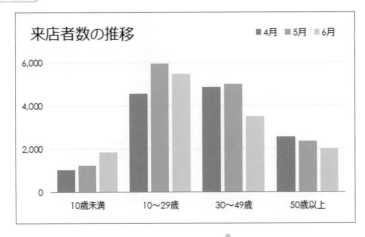

表全体を選択して
作成したグラフを、

After データの絞り込み後

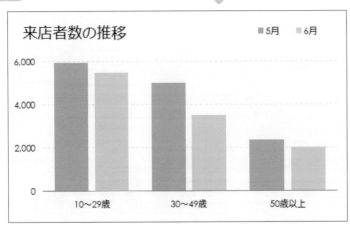

一部の系列、一部の項目だけに絞り込んだグラフに変更できます。

① ［グラフフィルター］でグラフのデータを絞り込む

1 グラフをクリックして選択し、

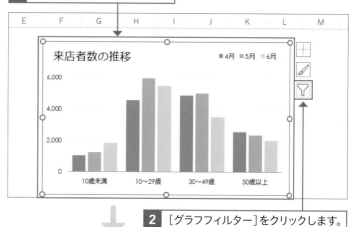

2 ［グラフフィルター］をクリックします。

3 非表示にしたい項目（ここでは［4月］）をクリックします。

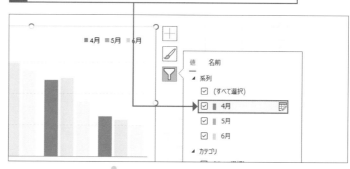

4 非表示にしたい項目がオフになりました。

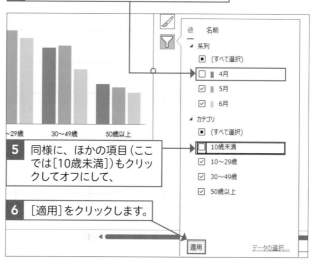

5 同様に、ほかの項目（ここでは［10歳未満］）もクリックしてオフにして、

6 ［適用］をクリックします。

📝 補足

項目にマウスポインターを合わせると

該当する項目だけがグラフ上で濃く表示され、どの項目に対して操作しようとしているのか確認できます。

📝 補足

［データの選択］をクリックすると

右下に表示されている［データの選択］をクリックすると、［データソースの選択］ダイアログボックス（128ページ参照）を表示できます。

[グラフフィルター] の
メニューを閉じるには

[グラフフィルター]を再度クリックする
とメニューを閉じることができます。

7 一部の項目がグラフ上で非表示になりました。

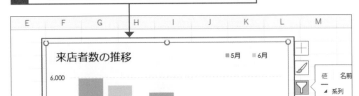

② [データソースの選択] ダイアログボックスでグラフのデータを絞り込む

💬 解説

[データソースの選択] ダイアロ
グボックスでできること

[データソースの選択]ダイアログボック
スでは、グラフに含めるデータを選択で
きるだけでなく、グラフの行／列を入れ
替えたり (138ページ参照)、ほかのシー
トの表を参照してグラフを作成したりで
きます (134ページ参照)。

1 グラフをクリックして選択し、

2 [グラフのデザイン]
タブをクリックして、

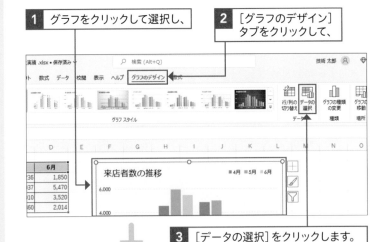

3 [データの選択]をクリックします。

4 [データソースの選択]ダイア
ログボックスが表示されます。

5 非表示にしたい項目を
クリックしてオフにし、

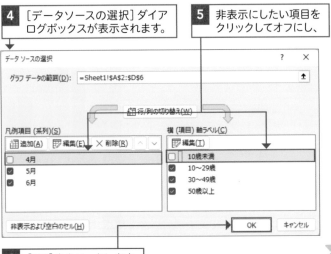

6 [OK]をクリックします。

データの選択範囲を
変更するには

再び[データソースの選択]ダイアログボックスを表示して変更します。グラフフィルター（127ページ参照）でも変更が可能です。

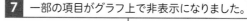

7 一部の項目がグラフ上で非表示になりました。

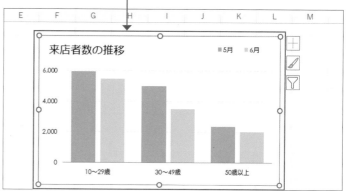

ヒント　**表の一部を選択してグラフを作成する**

あとからデータを絞り込まなくても、最初からグラフにしたいデータだけを部分的に選択してグラフを作成することもできます。たとえば手順**7**と同じグラフを作成したい場合は、次の手順で表を選択します。離れたセルを選択するには、Ctrlを押しながらクリックまたはドラッグするのがポイントです。

1 Ctrlを押しながらクリックまたはドラッグして、ここ（[A2][C2:D2][A4:A6][C4:D6]）を選択します。

	A	B	C	D	E
1	来店者数の推移				
2		4月	5月	6月	
3	10歳未満	1,025	1,236	1,850	
4	10～29歳	4,569	6,237	5,470	
5	30～49歳	4,850	5,010	3,520	
6	50歳以上	2,540	2,360	2,014	
7					

2 [挿入]タブをクリックして、

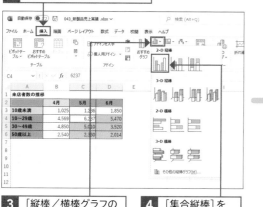

3 [縦棒／横棒グラフの挿入]をクリックし、

4 [集合縦棒]をクリックします。

5 グラフが作成されます。

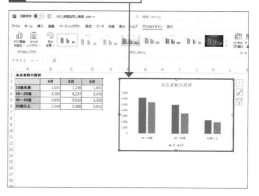

Section 44 非表示にした行や列の データをグラフに表示しよう

非表示セルの設定

練習▶044_年度別来場者数の推移.xlsx

▶ 非表示にしている表のデータもグラフに入れられる

グラフの元になっている表の行や列を非表示にすると、対応するグラフ上のデータ要素も非表示なります。非表示にした行や列を再表示すればグラフ上のデータ要素も再表示されますが、表の行や列を非表示にしたままでグラフ上にデータ要素を表示させることも可能です。

Before 非表示セルの設定前

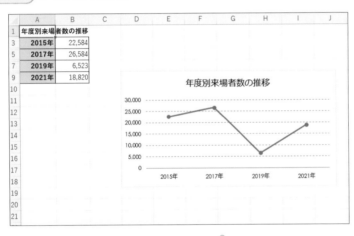

2014年、2016年、2018年、2020年の偶数年の行を非表示にすると、グラフでも偶数年のデータ要素が表示されなくなります。

After 非表示セルの設定後

非表示セルの設定を変更すると、非表示行を再表示しなくてもグラフにすべてのデータを表示できます。

① 表の一部を非表示にして、グラフの一部も非表示にする

 注意

表とグラフの配置に気を付ける

グラフが配置されている範囲にかかる行／列を非表示にすると、グラフのサイズが変わり表示が崩れてしまいます。グラフは非表示にする行／列にかからないよう配置しておくか、133ページを参照してセルに合わせてグラフのサイズが変更されないよう設定を変更しておきます。

 ヒント

非表示行を再表示する

非表示にした行を再表示するには、次の手順で操作します。非表示にした行を再表示すると、対応するグラフ上のデータ要素も再表示されます。

1 行番号をドラッグし、非表示行を含めて複数行を選択します。

2 選択した任意の行の行番号を右クリックし、

3 [再表示]をクリックします。

1 非表示にしたい行の行番号を Ctrl を押しながらクリックして選択します。

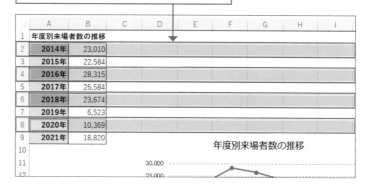

2 選択した任意の行の行番号を右クリックし、

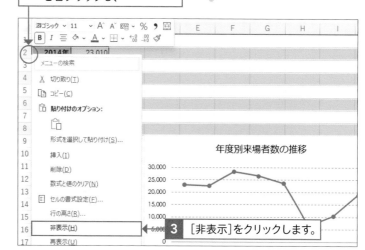

3 [非表示]をクリックします。

4 選択した行が非表示になり、

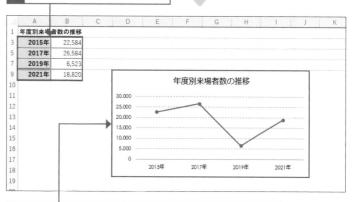

5 対応するグラフのデータ要素も非表示になりました。

② 非表示行を再表示せずに、非表示行のデータもグラフに表示する

ヒント

[非表示および空白セルの設定]　ダイアログボックスでできること

[非表示および空白セルの設定]ダイアログボックスでは、表の中にデータが入力されていない空白セルがあるため途切れてしまっている折れ線をつなげることができます。詳しくは208ページを参照してください。

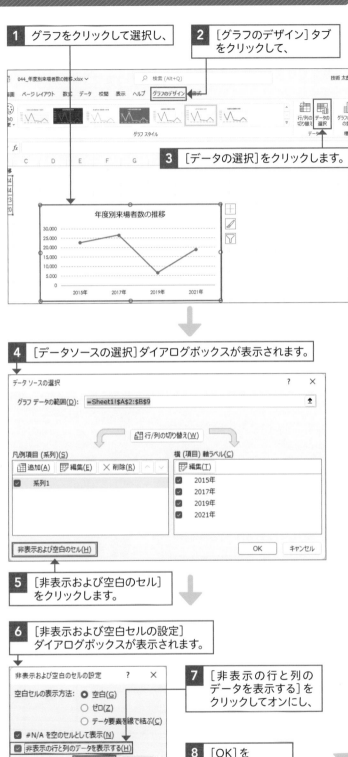

1 グラフをクリックして選択し、

2 [グラフのデザイン]タブをクリックして、

3 [データの選択]をクリックします。

年度別来場者数の推移

4 [データソースの選択]ダイアログボックスが表示されます。

データソースの選択

グラフデータの範囲(D)：　=Sheet1!$A$2:$B$9

行/列の切り替え(W)

凡例項目 (系列)(S)

追加(A)　編集(E)　削除(R)

☑ 系列1

横 (項目) 軸ラベル(C)

編集(T)

☑ 2015年
☑ 2017年
☑ 2019年
☑ 2021年

非表示および空白のセル(H)　　OK　キャンセル

5 [非表示および空白のセル]をクリックします。

6 [非表示および空白セルの設定]ダイアログボックスが表示されます。

非表示および空白のセルの設定　？　×

空白セルの表示方法：　● 空白(G)
　　　　　　　　　　　○ ゼロ(Z)
　　　　　　　　　　　○ データ要素を線で結ぶ(C)

☑ #N/A を空のセルとして表示(N)

☑ 非表示の行と列のデータを表示する(H)

OK　　キャンセル

7 [非表示の行と列のデータを表示する]をクリックしてオンにし、

8 [OK]をクリックします。

9 [データソースの選択]ダイアログボックスに戻ります。

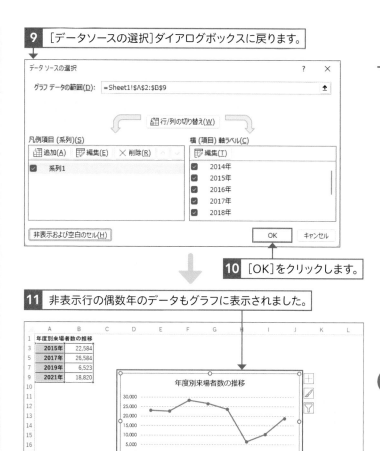

10 [OK]をクリックします。

11 非表示行の偶数年のデータもグラフに表示されました。

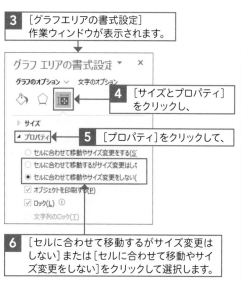

　グラフのサイズを固定する

グラフが配置されている範囲にかかる行/列を非表示にしたり、
高さや幅を変更したりすると、グラフのサイズが変わって表示が
崩れます。行/列の表示/非表示の切り替えや削除、高さ/幅の
変更に連動してグラフのサイズが変わらないようにしたいとき
は、次の手順でグラフの設定を変更しておきます。

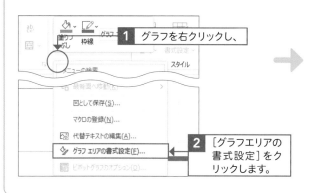

1 グラフを右クリックし、

2 [グラフエリアの
書式設定]をク
リックします。

3 [グラフエリアの書式設定]
作業ウィンドウが表示されます。

4 [サイズとプロパティ]
をクリックし、

5 [プロパティ]をクリックして、

○ セルに合わせて移動やサイズ変更をする(S
○ セルに合わせて移動するがサイズ変更はしな
● セルに合わせて移動やサイズ変更をしない(
☑ オブジェクトを印刷する(P)
☑ ロック(L)
文字列のロック(T)

6 [セルに合わせて移動するがサイズ変更は
しない]または[セルに合わせて移動やサイ
ズ変更をしない]をクリックして選択します。

長い項目名をグラフ上で改行しよう

元データの改行

練習▶045_9月度契約者数.xlsx

▶ 縦書きにしなくても長い項目名を見やすくできる

長い項目名を見やすくするために、項目名を縦書きに変更したり、グラフの表示上だけ短い項目名に変えて横書きで表示されるようにしたりする方法は86ページで解説しました。ほかにも、元データを編集してグラフ上の項目名を改行することで項目名を見やすくする方法もあります。

Before　項目名の改行前　　　　　　　　After　項目名の改行後

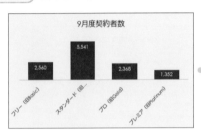
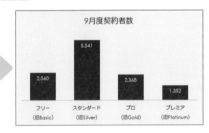

項目名を改行すると、グラフそのもののサイズも大きくなり、グラフ全体が見やすくなります。

① 元データを編集してグラフの項目名が改行されるようにする

補足

グラフのサイズを固定しておく

セル内で改行すると行の高さが広がるため、横に配置しているるグラフの大きさも縦に広がることがあります。グラフの大きさを保持したい場合は、グラフのサイズが変わらないよう設定を変更しておきます（133ページ参照）。

1 改行したい項目名が入力されたセルをダブルクリックし、改行したい位置にカーソルを移動して、

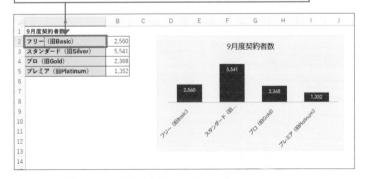

2 [Alt] を押しながら [Enter] を押します。

解説

セル内での改行

セル内で改行したいときには、Alt を押しながら Enter を押します。［ホーム］タブの［折り返して全体を表示する］をクリックしてセル内の項目名を2行で表示させても、セル内の文字が改行されたことにはなりません。

セル内の改行を削除する

セル内の改行を削除して1行に戻したい場合は、1行目の末尾にカーソルを移動して Delete を押します。

ここにカーソルを移して Delete を押します。2行目の先頭にカーソルを移動して、Back space を押してもかまいません。

	A	B	C
1	9月度契約者数		
2	フリー （旧Basic）	2,560	
3	スタンダード （旧Silver）	5,541	
4	プロ （旧Gold）	2,368	
5	プレミア （旧Platinum）	1,352	
6			

改行しても横書きにならないときは

改行してもなお項目名が長い場合は、横書きにならずに斜めに表示されたままになります。その場合は、フォントサイズを小さくするか、グラフの横幅を広げるなどして調整しましょう。

---

3 セル内で項目名が改行されたのを確認して Enter を押し、下のセルに移動します。

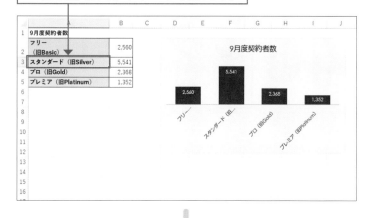

4 同様にセル内で改行し、さらに下のセルに移動します。

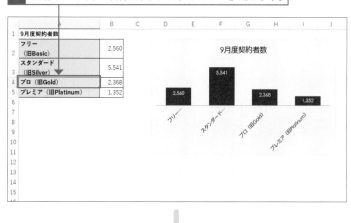

5 同様にすべての項目のセル内で改行すると、

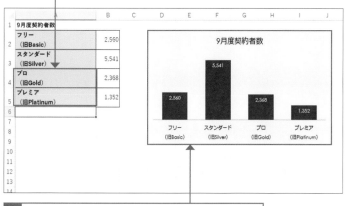

6 項目名が改行されて横書きになり、グラフ全体のバランスがよくなりました。

ほかのシートの表から グラフを作成しよう

データソースの選択

練習▶046_支店別契約件数.xlsx

▶ 別のシートのデータをグラフにしたり、離れた表のデータを追加したりしてみよう

カラーリファレンスをドラッグすると、グラフのデータ範囲を変更できます（50ページ参照）。ただし、データ範囲を別のシートの表に変更したり、離れた表のデータを追加したりすることはできません。カラーリファレンスのドラッグ操作で対応できない場合には、[データソースの選択] ダイアログボックスを使います。

Before データ範囲の変更・追加前

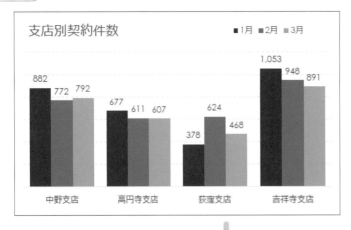

同じシート内の表を元に作ったグラフのデータ範囲を、

After データ範囲の変更・追加後

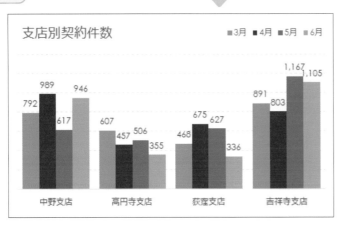

別シートの表に指定し直したり、離れた表のデータをグラフに追加したりできます。

① グラフのデータ範囲を別のシートの表に変更する

解説

[データの選択]を
クリックすると

[データソースの選択]ダイアログボックスが表示され、自動的に現在のグラフのデータ範囲が選択されます。このとき、[グラフデータの範囲]の数式もすべて選択されている状態です。このままの状態、または[グラフデータの範囲]の数式をすべて削除した状態で別シートのタブをクリックするようにします。

補足

右クリックで
ダイアログボックスを表示する

グラフ内の任意の要素を右クリックして[データの選択]をクリックしても、[データソースの選択]ダイアログボックスを表示できます。

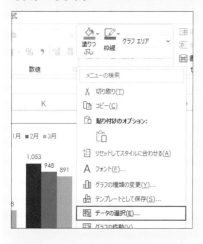

補足

間違ったデータ範囲に
変更してしまったときは

再び[データソースの選択]ダイアログボックスを表示し、正しいデータ範囲をドラッグし直します。

1 グラフをクリックして選択し、

2 [グラフのデザイン]タブをクリックして、

3 [データの選択]をクリックします。

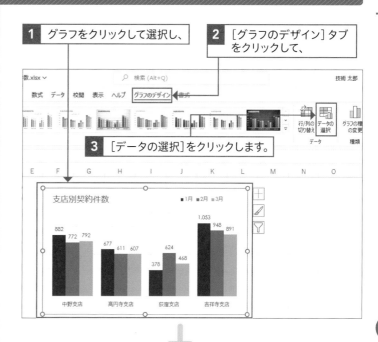

4 [データソースの選択]ダイアログボックスが表示されます。

5 [グラフデータの範囲]に現在のデータ範囲が表示されているのを確認し、

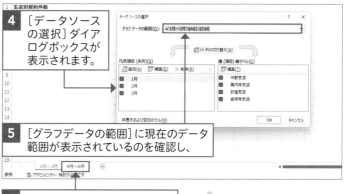

6 データ範囲にしたい表があるシートのタブをクリックします。

7 セル[A2]からセル[D6]までドラッグして表を選択し、

8 [グラフデータの範囲]がドラッグしたデータ範囲に変わったのを確認し、

9 [OK]をクリックします。

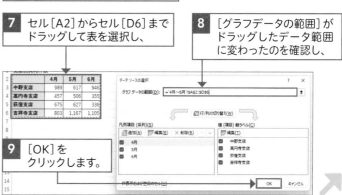

10 グラフのデータ範囲が変更され、「4月〜6月」シートの表を元にしたグラフになりました。

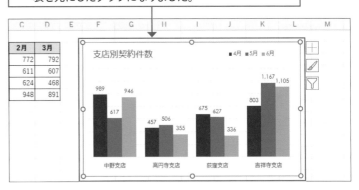

② [データソースの選択] ダイアログボックスでグラフにデータを追加する

ヒント

データ範囲を数式バーで確認／変更する

データ要素をクリックすると、数式バーにSERIES関数を使った数式が表示されます。SERIES関数はグラフのデータ範囲を指定する特殊な関数です。この数式の引数を手動で入力し直しても、グラフのデータ範囲を変更できます（153ページ参照）。

データ要素をクリックすると、数式バーにSERIES関数の数式が表示されます。

=SERIES('4月〜6月'!$B$2,'4月〜6月'!$A$3:$A$6,'4月〜6月'!$B$3:$B$6,1)

ヒント

ダイアログボックスでグラフの行／列を入れ替える

[データソースの選択]ダイアログボックスの[行／列の切り替え]をクリックしても、グラフの行／列を入れ替えられます。（46ページ参照）

1 グラフをクリックして選択し、

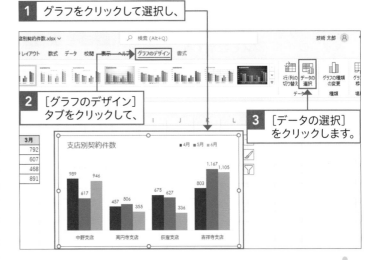

2 [グラフのデザイン]タブをクリックして、

3 [データの選択]をクリックします。

4 [データソースの選択]ダイアログボックスが表示されます。

5 「凡例項目（系列）」の[追加]をクリックします。

ヒント
コピー／貼り付けで
データを追加する

右の画面でセル[D2]からセル[D6]まで範囲選択してコピーし、51ページの手順でグラフに対して貼り付けても、グラフにデータを追加できます。

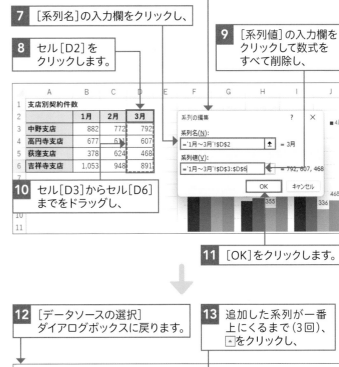

6 [系列の編集]ダイアログボックスが表示されます。

7 [系列名]の入力欄をクリックし、

8 セル[D2]をクリックします。

9 [系列値]の入力欄をクリックして数式をすべて削除し、

10 セル[D3]からセル[D6]までをドラッグし、

11 [OK]をクリックします。

補足
データ範囲が
複雑になると

データ範囲が複数のシートにまたがっていると、[データソースの選択]ダイアログボックスの[グラフデータの範囲]に数式が表示されなくなります。また、行／列の切り替えもできなくなります。

ヒント
系列の表示順を
変更する

[データソースの選択]ダイアログボックスの「凡例項目（系列）」にある△または▽をクリックすると、選択中の系列の順序を入れ替えることができます（172ページ参照）。

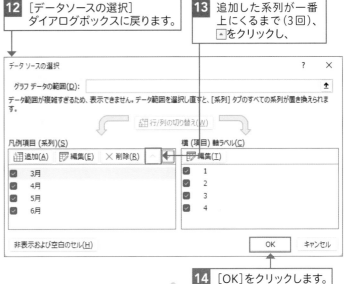

12 [データソースの選択]ダイアログボックスに戻ります。

13 追加した系列が一番上にくるまで（3回）、△をクリックし、

14 [OK]をクリックします。

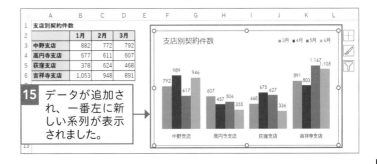

15 データが追加され、一番左に新しい系列が表示されました。

Section
47
複合グラフを作成しよう

複合グラフ／2軸グラフの作成

練習▶047_東京と他都市の平均降水量の比較.xlsx、047_東京の雨温図.xlsx

▶ 棒グラフと折れ線グラフを1つのグラフにまとめてみよう

Excelでは、比較の基準にする系列だけ折れ線グラフにし、比較対象となる系列を縦棒グラフにするなど、**異なる種類のグラフを1つにまとめた「複合グラフ」**を作成できます。また、気温と降水量など単位の異なるデータを1つのグラフにまとめる際に、**左右の2つの軸に系列を振り分けて表示する「2軸グラフ」**も作成できます。

Before 通常のグラフ

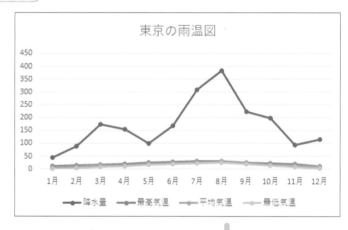

気温と降水量という異なる単位のデータから作成したグラフは、

After 2軸を使った複合グラフ

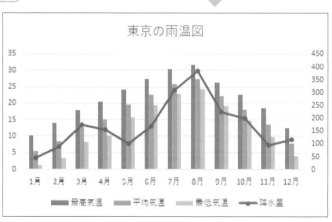

降水量を縦棒グラフに変更し、気温と降水量でそれぞれ軸を分けると見やすくなります。

① 複合グラフを作成する

1 グラフの元となる表を選択します。

2 [挿入]タブを
クリックして、

3 [複合グラフの挿入]を
クリックし、

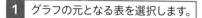
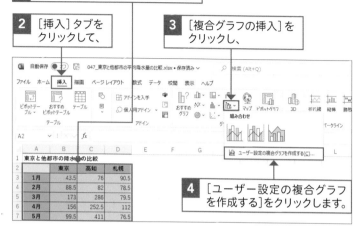

4 [ユーザー設定の複合グラフ
を作成する]をクリックします。

ヒント

**直接作成できる
複合グラフもある**

[挿入]タブの[複合グラフの作成]をクリックし、[集合縦棒 - 折れ線]、[集合縦棒 - 第2軸の折れ線]、[積み上げ面 - 集合縦棒]のいずれかをクリックすると、[グラフの挿入]ダイアログボックスを使わずに複合グラフを作成できます。

5 [グラフ種類の変更]ダイアログボックスが表示されます。

6 「東京」の☐をクリックし、

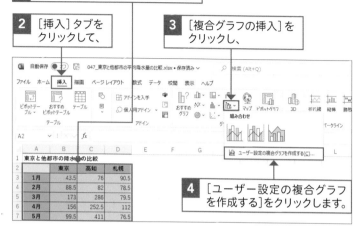

7 [マーカー付き折れ線]をクリックします。

8 手順**6**、**7**と同様の操作で、「札幌」のグラフの種類を[集合縦棒]に変更し、

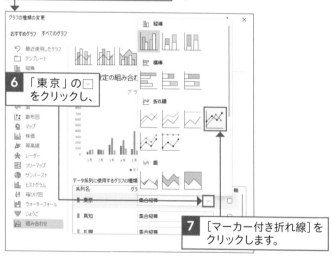

9 [OK]をクリックします。

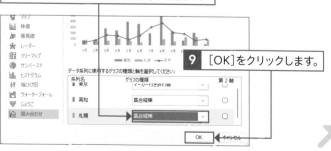

💬 **解説**

縦軸が1つの複合グラフ

縦軸が1つの複合グラフは、「基準値と個々の値」、「平均点と個々の点数」など、同じ単位のデータを扱いながらも1つの系列だけ差別化して見せたいときに使います。

10 比較の基準となる東京の系列が折れ線グラフ、比較の対象となる高知・札幌の系列が棒グラフになりました。

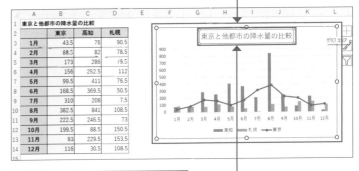

11 必要に応じてグラフタイトルを入力し、グラフを完成させます。

② 縦棒グラフを複合グラフにする

💡 **ヒント**

あとから複合グラフにする

144ページのヒントで解説しているように、先に縦棒グラフや折れ線グラフを作成してから、一部の系列を別の種類のグラフに変更することで複合グラフを作成する方法もあります。系列数が多い場合は、こちらの方法で作成するほうがかんたんです。

1 グラフの元となる表を選択します。

2 [挿入]タブをクリックして、

3 [縦棒]をクリックし、

4 [集合縦棒]をクリックします。

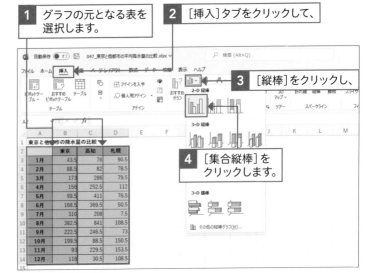

5 グラフの種類を変えたい系列を右クリックし、

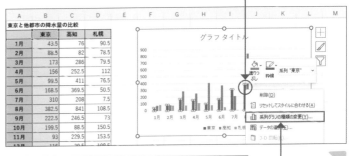

6 [系列グラフの種類の変更]をクリックします。

補足

[グラフの種類の変更] を使う

グラフの種類を変えたい系列をクリック
し、[グラフのデザイン]タブの[グラフ
の種類の変更]をクリックしても、[グラ
フの種類の変更]ダイアログボックスを
表示できます。

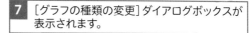

7 [グラフの種類の変更]ダイアログボックスが
表示されます。

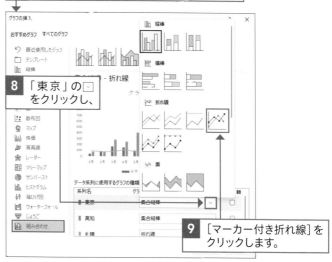

8 「東京」の⊡
をクリックし、

9 [マーカー付き折れ線]を
クリックします。

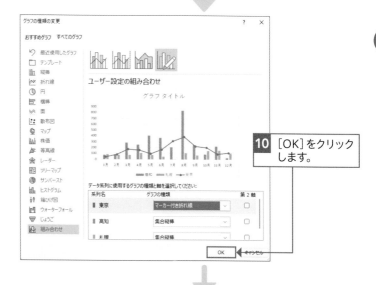

10 [OK]をクリック
します。

11 グラフタイトルを入力し、グラフを完成させます。

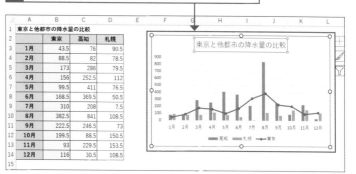

③ 2軸グラフを作る

🔍 重要用語

2軸グラフ

左右にそれぞれ別の縦軸が表示されているグラフのことです。一部の系列を第2軸に振り分けることにより、単位が異なるデータを1つのグラフの中にバランスよく収めることができます。

✏️ 補足

ボタンクリックで 2軸グラフを作る

手順 **4** で［集合縦棒-第2軸の折れ線］をクリックすると、一気に2軸グラフを作成できます。ただし、元となる表内でのデータの並び順によっては、目的の系列が第2軸にならなかったり、目的のグラフの種類にならなかったりすることがあります。その場合は、［グラフの種類の変更］ダイアログボックスで、グラフの種類や第2軸に設定する系列を変更します。

［集合縦棒-第2軸の折れ線］をクリックすると、2軸グラフを作成できます。

💬 解説

第1軸と第2軸の位置

第1軸は左または下に表示され、第2軸は右または上に表示されます。

---

1 グラフの元となる表を選択し、

2 ［挿入］タブをクリックして、

3 ［複合グラフの挿入］をクリックし、

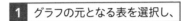

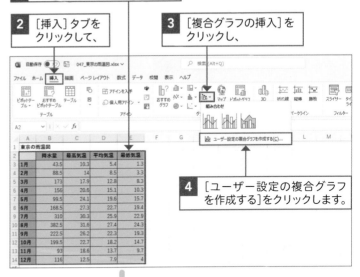

4 ［ユーザー設定の複合グラフを作成する］をクリックします。

5 ［グラフの挿入］ダイアログボックスが表示されます。

6 ［降水量］の □ をクリックし、

7 ［マーカー付き折れ線］をクリックします。

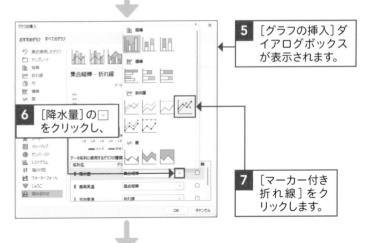

8 ［降水量］の［第2軸］をオンにします。

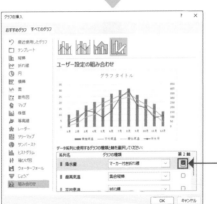

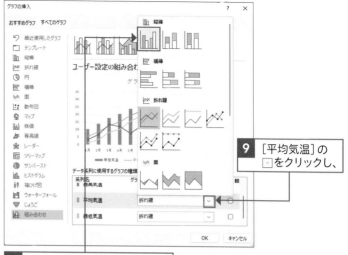

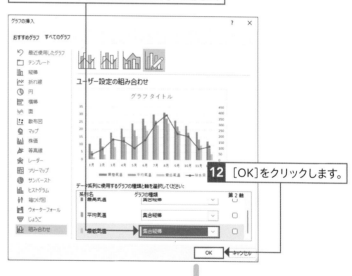

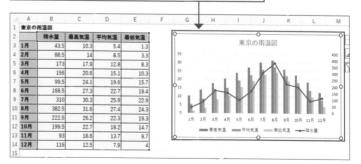

ヒント

通常のグラフから 2軸グラフを作る

系列数が多いデータから複合グラフを作成すると、各系列が思い通りのグラフの種類にならず、一つずつグラフの種類を変更するのに時間がかかることがあります。そんなときは、いったん折れ線グラフや縦棒グラフを作成し、特定の系列だけグラフの種類を変更しましょう。

9 ［平均気温］の ▽ をクリックし、

10 ［集合縦棒］をクリックします。

11 手順 **9**、**10** と同様の操作で、［最低気温］のグラフの種類を［集合縦棒］に変更し、

12 ［OK］をクリックします。

13 グラフタイトルを入力し、グラフを完成させます。

ピボットテーブル・ピボットグラフを作成しよう

ピボットグラフの作成

練習▶048_ミールキットお試し販売実績.xlsx

▶ ピボットテーブルの集計結果をピボットグラフにしよう

データの分析に欠かせない「**ピボットテーブル**」を使った集計結果を、グラフで視覚化したのが「**ピボットグラフ**」です。Excelでは、データベース形式の表から、ピボットテーブルとピボットグラフを同時に作成できます。

	A	B	C	D	E	F	G	H	I	J
1	ミールキットお試し販売実績									
2	商品名	注文経路	注文日	単価	数量	売上金額				
3	ファミリーセット	ネット	4月3日	3,800	1	3,800				
4	ファミリーセット	店頭	4月3日	3,800	1	3,800				
5	おひとりさまセット	ネット	4月3日	2,800	8	22,400				
6	ヘルシーセット	電話	4月3日	3,200	3	9,600				
7	おひとりさまセット	ネット	4月10日	2,800	4	11,200				
8	ヘルシーセット	店頭	4月10日	3,200	5	16,000				
9	おひとりさまセット	店頭	4月10日	2,800	4	11,200				
10	ヘルシーセット	電話	4月10日	3,200	2	6,400				
11	おひとりさまセット	ネット	4月17日	2,800	3	8,400				
12	ヘルシーセット	ネット	4月17日	3,200	5	16,000				
13	ファミリーセット	電話	4月17日	3,800	4	15,200				
14	ファミリーセット	店頭	4月17日	3,800	1	3,800				
15	おひとりさまセット	ネット	4月24日	2,800	3	8,400				
16	ヘルシーセット	ネット	4月24日	3,200	8	25,600				
17	おひとりさまセット	店頭	4月24日	2,800	4	11,200				
18	ヘルシーセット	店頭	4月24日	3,200	2	6,400				
19	おひとりさまセット	電話	5月1日	2,800	3	8,400				

1行目に見出し項目を入力し、2行目以降に1件のデータを1行として入力していく「データベース形式」の表は、そのままではうまくグラフに落とし込めません。

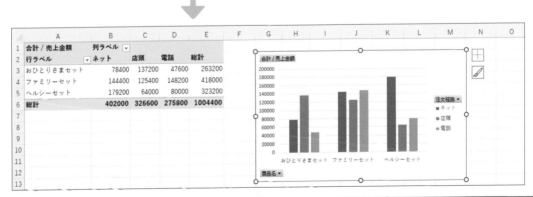

ピボットテーブルとピボットグラフを作成すると、データのクロス集計と集計結果の視覚化を同時に実現できます。

① ピボットグラフをピボットテーブルと同時に作成する

🔍 重要用語

ピボットテーブル／ピボットグラフ

データベース形式のデータをすばやくクロス集計し、それをグラフとして視覚化できる機能のことです。ピボットテーブルでは集計項目を入れ替えや計算方法の変更も容易で、さまざまな角度から導き出した集計結果をリアルタイムでピボットグラフに反映できます。

💡 ヒント

ピボットテーブルを作成する

表内の任意のセルをクリックし、[挿入]タブの[ピボットテーブル]をクリックすると、ピボットテーブルの土台が作成されます。このあとは、ピボットグラフの場合と同様の操作でピボットテーブルを作成できます。

💡 ヒント

ピボットグラフを作成すると

[ピボットグラフ分析]タブ、[デザイン]タブ、[書式]タブがリボンに追加されます。また、[ピボットグラフのフィールド]作業ウィンドウが表示されます。

1 表内の任意のセルをクリックし、 **2** [挿入]タブをクリックして、

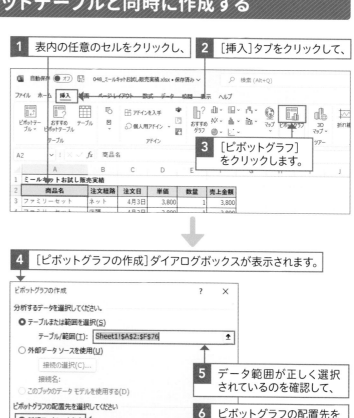

3 [ピボットグラフ]をクリックします。

4 [ピボットグラフの作成]ダイアログボックスが表示されます。

5 データ範囲が正しく選択されているのを確認して、

6 ピボットグラフの配置先をクリックして選択し、

7 [OK]をクリックします。

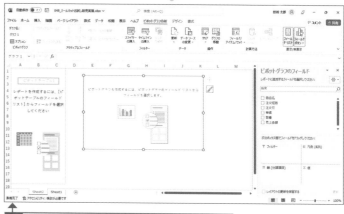

8 新しいワークシートにピボットテーブルとピボットグラフの土台が作成されました。

補足

ピボットテーブルから
ピボットグラフを作成する

作成済みのピボットテーブル内の任意の
セルをクリックし、[ピボットテーブル分
析]タブの[ピボットグラフ]をクリック
すると、[グラフの挿入]ダイアログボッ
クスが表示されます。ここでグラフの種
類を選び、ピボットグラフを作成します。

 補足

[挿入]タブからも
ピボットグラフを作れる

作成済みのピボットテーブル内の任意の
セルをクリックし、[挿入]タブの[ピボ
ットグラフ]をクリックして、[グラフの
挿入]ダイアログボックスからピボット
グラフを作成できます。

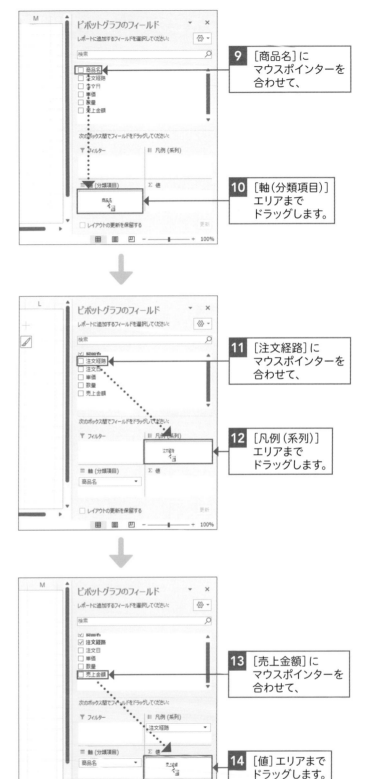

9 [商品名]に
マウスポインターを
合わせて、

10 [軸(分類項目)]
エリアまで
ドラッグします。

11 [注文経路]に
マウスポインターを
合わせて、

12 [凡例(系列)]
エリアまで
ドラッグします。

13 [売上金額]に
マウスポインターを
合わせて、

14 [値]エリアまで
ドラッグします。

15 ピボットテーブルとピボットグラフが作成されました。

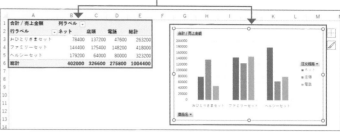

② ピボットグラフで表示する系列を絞り込む

🗨️ 解説

**ピボットグラフの
フィールドボタン**

ピボットグラフには、通常のグラフには
ない「フィールドボタン」が表示されま
す。[グラフの凡例フィールドボタン]ま
たは[グラフの軸フィールドボタン]をク
リックすると、グラフに表示する系列や
項目を絞り込むことができます。

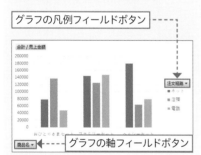

グラフの凡例フィールドボタン

グラフの軸フィールドボタン

💡 ヒント

**フィールドボタンを
非表示にする**

ピボットグラフを選択し、[ピボットグラ
フ分析]タブの[フィールドボタン]をク
リックすると、フィールドボタンの表示
／非表示を切り替えることができます。

1 凡例のフィールドボタンをクリックします。

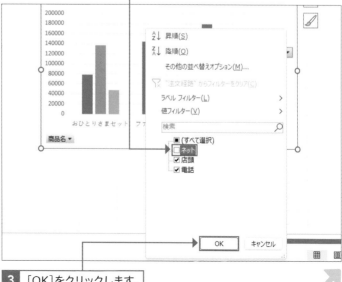

2 非表示にしたい系列(ここでは[ネット])の
チェックボックスをクリックしてオフにし、

3 [OK]をクリックします。

149

ヒント

ピボットグラフと ピボットテーブルは連動する

ピボットグラフとピボットグラフの表示は常に連動しています。どちらかで系列や項目の表示／非表示を切り替えると、一方でも表示／非表示が切り替わります。

4 ピボットグラフの「ネット」の系列が非表示になり、

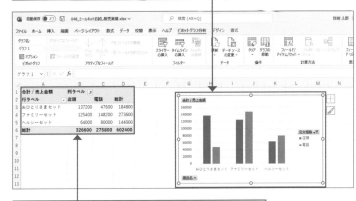

5 ピボットテーブルの表でも非表示になりました。

③ フィールドを削除／追加する

💬 **解説**

ピボットグラフの グラフボタン

通常のグラフと同様に、ピボットグラフを選択するとグラフボタンが表示されます。ただし、データの絞り込みにはピボットグラフ内のフィールドボタンを使うため、［グラフフィルター］（127ページ参照）は表示されません。

1 削除したいフィールドにマウスポインターを合わせて、

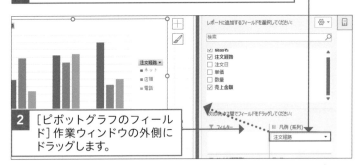

2 ［ピボットグラフのフィールド］作業ウィンドウの外側にドラッグします。

3 ピボットグラフからフィールドが削除され、

4 ピボットテーブルの表でも削除されました。

5 追加したい項目にマウスポインターを合わせて、

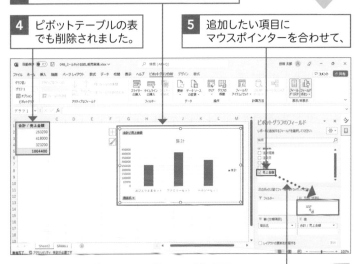

6 ［凡例（系列）］エリアまでドラッグすると、

7 ピボットグラフにフィールドが追加され、

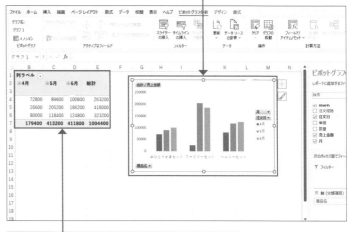

8 ピボットテーブルの表にも追加されました。

💡 **ヒント**

元データの変更を ピボットグラフに反映する

元データに変更を加えても、ピボットグラフやピボットテーブルに反映されません。データの変更をピボットグラフやピボットテーブルにも反映したい場合は、ピボットグラフまたはピボットテーブル内の任意のセルを選択し、[ピボットグラフ分析]タブの[更新]をクリックします。

💡 **ヒント**   **ピボットグラフのデザインを整える**

ピボットグラフを選択すると、[デザイン]タブ、[書式]タブが表示されます。これらを使って、グラフ要素の追加／配置の変更、グラフスタイルや色合い、レイアウトの変更などができます。

ピボットグラフを選択すると[デザイン]タブ、[書式]タブが表示されます。これらを使って、通常のグラフと同様にデザインや書式を変更できます。

グラフタイトルを追加し、全体のフォントと凡例の位置を変更し、フィールドボタンを非表示にしてグラフスタイルと色合いを変更した例です。ピボットグラフが、通常のグラフと同じようなデザインになります。

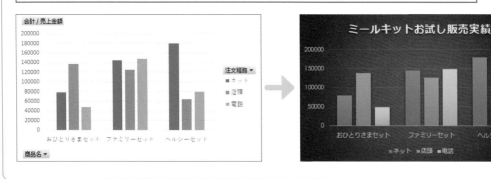

Section 49 データ範囲を 自動で変更しよう

SERIES関数／OFFSET関数の利用

練習▶049_利用者数の推移.xlsx

▶ 表に行を追加したら、自動的にグラフに反映されるようにできる！

随時新しいデータを追加していく表でグラフを作成するなら、追加したデータが自動的にグラフに反映されると便利です。SERIES関数とOFFSET関数、名前の定義の機能をうまく組み合わせて使い、自動的にグラフのデータ範囲が変わる特殊なグラフを作ってみましょう。

Before 通常のグラフ

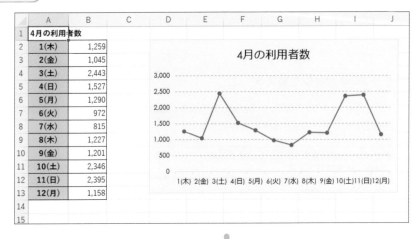

4月12日までのデータが折れ線グラフとして表示されています。

After データ範囲可変のグラフ

4月13日、14日のデータを追加すると、それがグラフにも自動的に反映されます。

💬 解説

このセクションで行うこと

グラフの元となる表に、4月13日、4月14日…とデータを足していったときに、グラフにも追加したデータの項目が自動的に反映されるようにします。

💡 ヒント

SERIES関数の引数の意味

手順 **2** の数式バーに表示されているSERIES関数の数式は、「=SERIES(,Sheet1!$A$2:$A$13,Sheet1!$B$2:$B$13,1)」です。1つ目の引数は系列名のセル番地ですが、このグラフは系列が1つなので省略されています。2つ目の引数は横軸ラベルのセル範囲で、[A2]～[A13]までのセル範囲を参照していることが分かります。3つ目の引数は数値データのセル範囲で、[B2]～[B13]までのセル範囲を参照していることが分かります。4つ目の引数は表示順です。このグラフでは系列が1つなので必然的に表示順は「1」となります。

1 系列をクリックします。

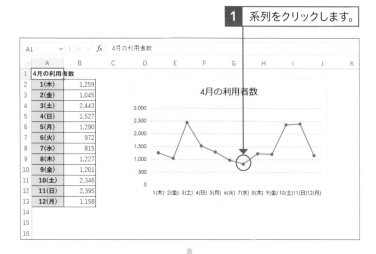

2 数式バーに、SERIES関数が表示されているのを確認します。

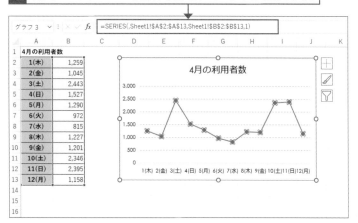

🔍 重要用語　SERIES関数とOFFSET関数

「SERIES関数」は、グラフのデータ範囲を指定する特殊な関数です。「OFFSET関数」は、基準となるセルまたはセル範囲から指定された行数と列数だけずらした位置にあるセル範囲の参照を返す関数です。この2つ関数と、「COUNT関数」を使った名前の定義のテクニックを組み合わせると、自動的にデータ範囲が変わるグラフを作成できます。

■ SERIES関数の書式
=SERIES(系列名のセル番地, 横軸ラベルのセル範囲, 数値データのセル範囲, 表示順)

■ OFFSET関数の書式
=OFFSET(基準, 行数, 列数, 高さ, 幅)

② 横軸ラベル、数値データの参照範囲に名前を定義する

🔍 重要用語

名前の定義

指定したセル範囲に名前を付けることを「名前の定義」といいます。名前を定義すると、セル参照を使用する数式の意味が分かりやすくなります。

💡 ヒント

名前の定義を管理する

[名前の管理]ダイアログボックスには、追加した名前の定義が一覧で表示されます。ここで任意の名前の定義を選択して[編集]や[削除]をクリックすると、名前の定義の参照範囲を変更したり、名前の定義を削除したりできます。なお、手順②で[名前の定義]をクリックすると、[名前の管理]ダイアログボックスを表示せず、直接[新しい名前]ダイアログボックスを表示することができます。

✏️ 補足

参照範囲に指定した数式の意味

横軸ラベルのセル範囲として指定した数式は、「=OFFSET($A$2,0,0,COUNT($B:$B),1)」です。これは、セル[A2]から、A列の数値データが入力されている最終行までのセル範囲を返す数式です。データを削除／追加するごとに最終行は変動するため、COUNT関数で最終行を導き出せるよう工夫しています。なお、数式中の最初の引数のセル参照は絶対参照にします。

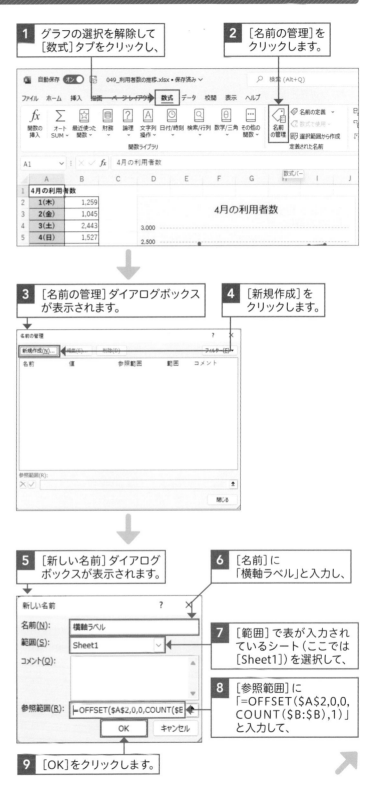

1 グラフの選択を解除して[数式]タブをクリックし、

2 [名前の管理]をクリックします。

3 [名前の管理]ダイアログボックスが表示されます。

4 [新規作成]をクリックします。

5 [新しい名前]ダイアログボックスが表示されます。

6 [名前]に「横軸ラベル」と入力し、

7 [範囲]で表が入力されているシート(ここでは[Sheet1])を選択して、

8 [参照範囲]に「=OFFSET($A$2,0,0,COUNT($B:$B),1)」と入力して、

9 [OK]をクリックします。

重要用語

COUNT関数

数値が入力されているセルの数を数える関数です。前ページの手順 **8** で入力した数式では、「COUNT($B:$B)」とすることで、数値データが入力されているB行のセルの数を数え、その数をOFFSET関数の4つ目の引数である「高さ」として使っています。

なお、B列に余計な数値データが入力されていると、COUNT関数がそのセルの数まで数えてしまい、思いどおりの結果が得られなくなります。COUNT関数で参照する列には、表のほかに数値を入力しないようにしましょう。

参照範囲を変更する

[新しい名前]ダイアログボックスで[参照範囲]の数式を修正すると、名前の定義の参照範囲を変更できます。また、[名前の管理]ダイアログボックス内にある[参照範囲]の数式を修正し、☑をクリックしても名前の定義の参照範囲を変更できます。

参照範囲(R):

✕	☑	=OFFS

参照範囲を修正し、ここをクリックします。

参照範囲の数式には
シート名が追加される

[新しい名前]ダイアログボックスの[参照範囲]に数式を入力する際、「=OFFSET($B$2,0,0,COUNT($B:$B),1)」のようにシート名を付けずにセル範囲を指定していても、定義された参照範囲には、「=OFFSET(Sheet1!$B$2,0,0,COUNT(Sheet1!$B:$B),1)」とシート名が追加されます。

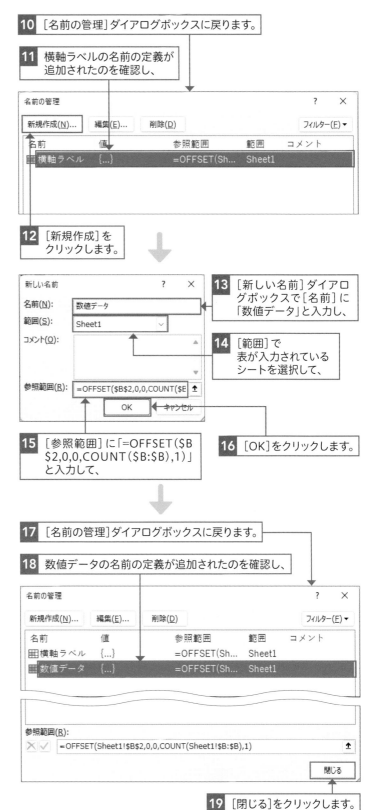

10 [名前の管理]ダイアログボックスに戻ります。

11 横軸ラベルの名前の定義が追加されたのを確認し、

12 [新規作成]をクリックします。

13 [新しい名前]ダイアログボックスで[名前]に「数値データ」と入力し、

14 [範囲]で表が入力されているシートを選択して、

15 [参照範囲]に「=OFFSET($B$2,0,0,COUNT($B:$B),1)」と入力して、

16 [OK]をクリックします。

17 [名前の管理]ダイアログボックスに戻ります。

18 数値データの名前の定義が追加されたのを確認し、

19 [閉じる]をクリックします。

③ SERIES関数の引数を定義した名前に書き換える

⚠ 注意

関数の書き換え前と参照範囲が変わってしまったら

SERIES関数の引数を書き換えたあと、グラフのデータ範囲が変わってしまった場合は、名前の定義が間違っています。名前の定義で参照範囲を正しく設定し直しましょう。

⚠ 注意

表には空白セルを含めない

表にデータを追加していく際、表の中に空白セルが含まれていると、思いどおりのグラフになりません。表には空白セルを作らないようにしましょう。

💡 ヒント

データが自動で追加されないよう戻すには

系列をクリックして選択し、カラーリファレンスを任意の範囲まで広げて元に戻す操作をすると、SERIES関数を書き換える前の状態に戻すことができます。

---

1 系列をクリックし、

2 数式バーで、SERIES関数の2つ目の引数のセル参照部分（$A$2:$A$13）を選択します。

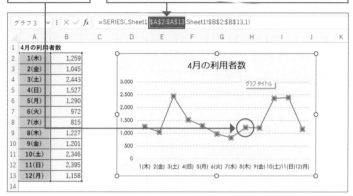

3 選択したセル参照部分を「横軸ラベル」に書き換えます。

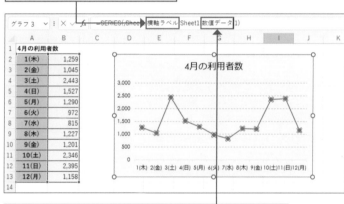

4 同様に、SERIES関数の3つ目の引数のセル参照部分（$B$2:$B$13）を「数値データ」に書き換えます。

5 表にデータを追加すると、

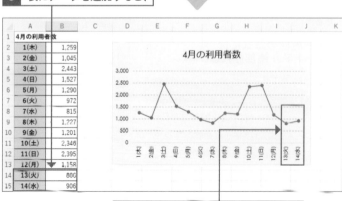

6 グラフにもデータが追加されます。

第 **5** 章

棒グラフでデータの大小や割合の比較を見せよう

棒グラフについて知ろう

▶ 棒グラフとは

金額や人数、個数など量的なデータの大小や割合を比較するのに適しているのが棒グラフで、大きく「縦棒グラフ」と「横棒グラフ」の2種類があります。さらに、「縦棒グラフ」「横棒グラフ」には「集合」「積み上げ」「100%積み上げ」の3つのタイプがあります。

●集合縦棒グラフ／集合横棒グラフ

棒グラフの中でも、最も頻繁に利用されているのが「集合縦棒／横棒グラフ」です。棒の大きさ（長さ）でデータの大小を比較できるグラフで、縦棒、横棒のどちらを使うかはグラフを配置するスペースのサイズや、項目数や項目名の長さのバランスなどによって決めます。一般的に、「4月」「5月」などの時間的な意味を持つ項目を並べる場合は縦棒グラフ、項目が多い、あるいは項目名が長い場合は横棒グラフが使われる傾向があります。

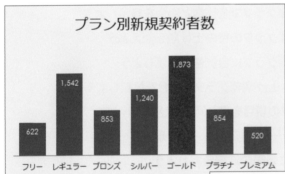

集合縦棒グラフは、グラフの大小を比較する際に使う使用頻度の高いグラフです。一部の系列だけ色を変えて強調したりすることも可能です。

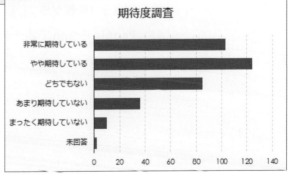

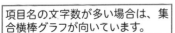
項目名の文字数が多い場合は、集合横棒グラフが向いています。

●積み上げ縦棒グラフ／積み上げ横棒グラフ

全体のデータの大小を比較しつつ、各項目の内訳を見たいときには「積み上げ棒／横棒グラフ」を使います。集合縦棒／横棒グラフは1本の棒につき1系列ですが、積み上げ棒／横棒グラフの棒には複数の系列が含まれ、各系列は色の違うブロックとして表現されます。

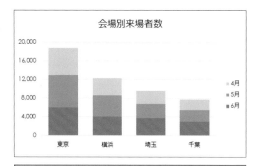

積み上げ縦棒グラフや積み上げ横棒グラフvは、全体量の大小を比較できるだけでなく、構成比率を見るのに適しています。積み上げの順序も変えられます。

●100%積み上げ縦棒グラフ／100%積み上げ横棒グラフ

「100%積み上げ縦棒／横棒グラフ」は構成比率の比較のために用いられるグラフで、円グラフと似た用途で使います。各系列を色の違うブロックとして表現する点は積み上げ縦棒／横棒グラフと同じですが、100%積み上げ縦棒／横棒グラフは棒の長さがすべて等しく、数値軸の形式はパーセンテージとなります。また、100%積み上げ横棒グラフは「帯グラフ」と呼ばれることもあります。

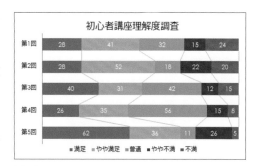

100%積み上げ横棒グラフは、構成比率の比較をするのに向いているグラフです。

●3-Dグラフ

集合縦棒／横棒グラフ、積み上げ縦棒／横棒グラフ、100%積み上げ縦棒／横棒グラフともに3-D形式も用意されています。また、奥行きも使って表現する3-D縦棒グラフも作成できますが、遠近感による歪みが特定のデータだけを誇張し、誤解を与える恐れがあるため、正確性が求められる資料には用いないほうがよいでしょう（337ページ参照）。

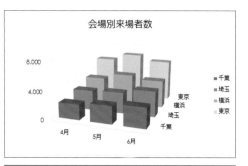

3-Dグラフは、誤解を生むことがあるため、正確性が求められる資料には使用しません。

棒を太くしよう

要素の間隔の変更

練習▶050_セミナー参加者数.xlsx

▶ 棒は太めにして見やすくしよう

縦棒／横棒グラフの棒は、太さを自由に変えられます。棒の太さは、[データ系列の書式設定]作業ウィンドウにある[要素の間隔]で調整します。空白が多くグラフがスカスカして見えるときや、棒が細すぎてデータラベルが見づらいときなどは、棒を太くしてみましょう。

Before 棒の太さの変更前

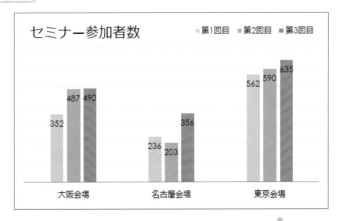

棒が細くてデータラベルが窮屈で見づらいグラフは、

After 棒の太さの変更後

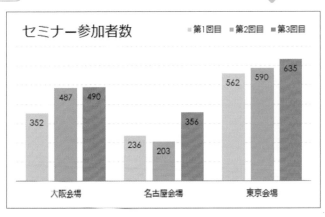

棒を太くするとメリハリが出て見やすくなります。

① 要素の間隔を変更して棒を太くする

🗨 解説

系列の重なりと要素の間隔を調整する

複数のデータ系列を持つグラフで棒を太くし過ぎると、項目ごとのまとまりが判別しづらくなります。適度に要素の間隔を調整し棒を太くしたら、系列の重なりの度合いも調整して、項目同士の間隔が狭くなりすぎないようにしましょう。

💡 ヒント

棒を重ねる

[データ系列の書式設定]作業ウィンドウで[系列の重なり]の数値を正の値に変更すると、同じ項目内の棒を重ねて見せることができます。棒の色に透明度を設定すると(167ページ参照)、重なりの効果をより際立たせられます。

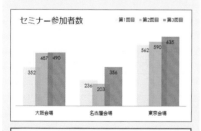

[系列の重なり]を「20%」、塗りつぶしの[透明度]を「30%」に設定した例です。

1 任意の棒(データ系列)を右クリックし、

2 [データ系列の書式設定]をクリックします。

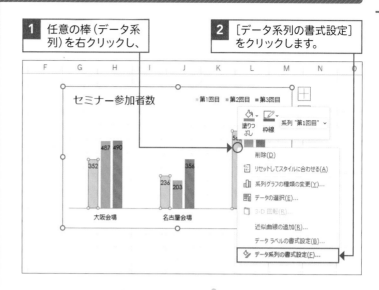

3 [データ系列の書式設定]作業ウィンドウが表示されます。

4 [系列の重なり]に今より少し大きい値を入力するか、スライダーを右方向に少しドラッグします。

5 [要素の間隔]に現在より小さい値を入力するか、スライダーを左方向にドラッグします。

6 棒が太くなりました。

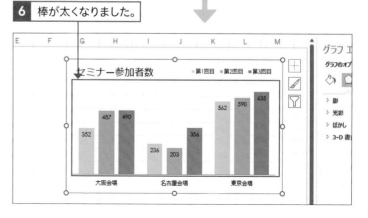

51

目立たせたい棒の色を変えよう

データ要素の書式設定

練習▶051_プラン別新規契約者数.xlsx

▶ 棒の色は系列ごとだけでなく、棒ごとでも変更できる

通常、同じ系列の棒はすべて同じ色で表現されますが、**特定の棒だけ手動で色を変更する**こともできます。特定の棒の色を変えたいときは、系列全体ではなく系列内の特定のデータ要素を選択してから塗りつぶしの設定を変更するのがポイントです。

Before 棒の色の変更前

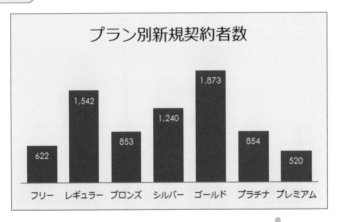

特に強調したい棒（データ要素）があるときは、

After 棒の色の変更後

手動で色を変えて目立たせましょう。

① 特定のデータ要素の塗りつぶしの色を変更する

特定の棒(データ要素)を選択する

棒(データ要素)を1回クリックすると、その棒(データ要素)を含むデータ系列全体が選択されます。その状態で特定の棒(データ要素)をもう1回クリックすると、クリックした棒(データ要素)だけを選択できます。

塗りつぶしの色の変更方法

棒(データ要素)を右クリックし、ミニツールバーの[図形の塗りつぶし]をクリックしても、塗りつぶしの色を変更できます。また、棒(データ要素)を右クリックして[データ要素の書式設定]をクリックし、[グラフエリアの書式設定]作業ウィンドウでも塗りつぶしの色を変更することもできます。

一覧にない色に変更するには

手順④で[その他の塗りつぶしの色]をクリックすると、[色の設定]ダイアログボックスが表示されます。[標準]タブではクリック操作で、[ユーザー設定]タブではRGB値またはHSL値の指定で、自分好みの色を選択できます。

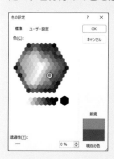

[標準]タブでは、クリック操作で好みの色を選択できます。

1 色を変えたい棒(データ要素)を2回クリックして選択します。

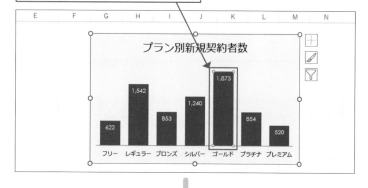

2 [書式]タブをクリックし、 **3** [図形の塗りつぶし]をクリックし、

4 色(ここでは[赤])をクリックします。

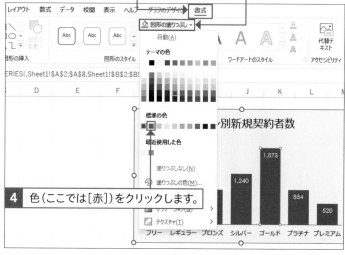

5 選択している棒(データ要素)の色が変わりました。

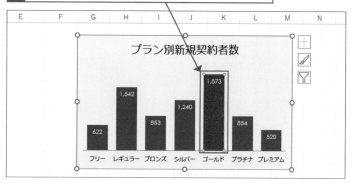

棒にグラデーションを設定しよう

データ要素の書式設定

📁 練習▶052_店舗別新規顧客数.xlsx

▶ 棒にグラデーションを設定してデザインのアクセントにしよう

棒にグラデーションを設定し、グラフの視覚的インパクトを強めてみましょう。縦方向にグラデーションを設定すると、値の伸びを感じさせる勢いのあるグラフになります。横方向にグラデーションを設定すると、円柱のような立体感を演出できます。グラデーションはグラフエリアやプロットエリアの背景にも適用できます。

Before 棒を単色で塗りつぶしたグラフ

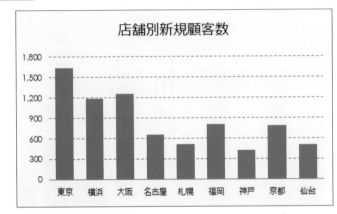

棒（データ要素）の塗りつぶしを単色からグラデーションに変更すると、

After 棒をグラデーションで塗りつぶしたグラフ

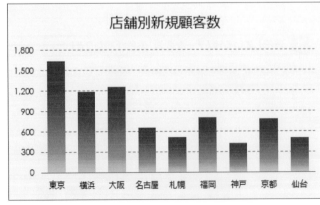

値の伸びを感じさせるインパクトのあるデザインになります。

① 棒にグラデーションを設定する

 ヒント

グラデーションの種類を変更する

[データ系列の書式設定] 作業ウィンドウで [種類] の⤓をクリックすると、グラデーションの種類を「線形」「放射」「四角」「パス」の中から選ぶことができます。

 解説

グラデーションの分岐点とは

グラデーションのバーの上に点在しているマークが分岐点です。分岐点にはそれぞれ異なる色を設定することができ、2〜10個の範囲で追加したり削除したりできます。分岐点を増やすと、複雑なグラデーションを作成できます。また、ドラッグして位置を動かすと、隣の分岐点の色と混ざり合うポイントを調整できます。

分岐点を追加するには、バーの上をクリックするか、🗐をクリックします。分岐点を削除するには、削除したい分岐点をクリックして選択してから🗐をクリックします。

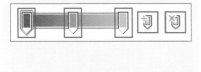

1 データ系列を右クリックし、

2 [データ系列の書式設定] をクリックします。

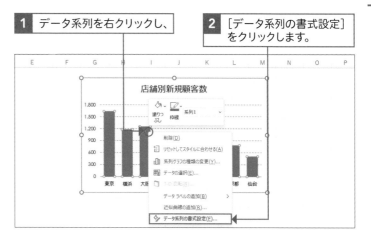

3 [データ系列の書式設定] 作業ウィンドウが表示されます。

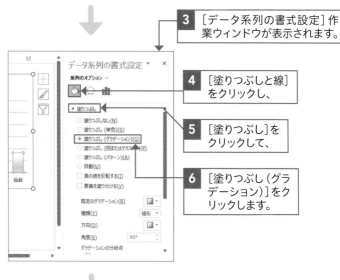

4 [塗りつぶしと線] をクリックし、

5 [塗りつぶし] をクリックして、

6 [塗りつぶし (グラデーション)] をクリックします。

7 画面をスクロールして [既定のグラデーション] をクリックし、

8 グラデーションの種類 (ここでは [中間グラデーション−アクセント2]) をクリックします。

ヒント

グラデーションで棒を円柱のように見せる

[データ系列の書式設定]作業ウィンドウで[方向]を「右方向」か「左方向」に変更すると、グラデーションの方向が水平方向に変わります。この状態で両端の分岐点を濃い色、中央の分岐点を薄い色に設定すると、棒を円柱のように見せることができます。

[方向]を「右方向」か「左方向」に変更し、左右の分岐点を濃い色、中央の分岐点を薄い色に設定すると、

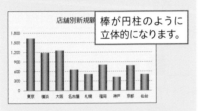

棒が円柱のように立体的になります。

ヒント

グラデーションの一部を透明にする

[データ系列の書式設定]作業ウィンドウで[透明度]を「100%」に変更すると、分岐点の色を透明にすることができます。

透明にしたい分岐点をクリックして選択し、スライダーをドラッグするか値を入力し直して[透明度]を「100%」にします。

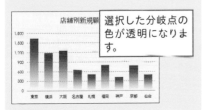

選択した分岐点の色が透明になります。

9 棒にグラデーションが設定されました。

10 [方向]をクリックして、

11 グラデーションの方向の種類(ここでは[下方向])をクリックします。

12 グラデーションの方向が変わりました。

13 左端の分岐点をクリックして選択し、

14 [色]をクリックして、

15 一覧で色をクリックします。

16 中央の分岐点を[位置]が「80%」になる位置までドラッグします。

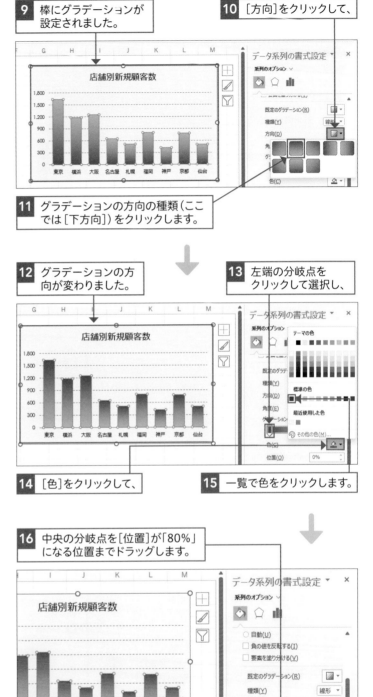

ヒント

棒の塗りつぶしに透明度を設定する

［データ系列の書式設定］作業ウィンドウで、［透明度］の値を変更すると、棒を半透明にできます。

［透明度］の値を変更します。「0%」にすると透過なしになり、「100%」にすると完全な透明になります。

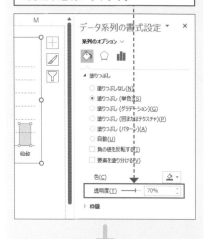

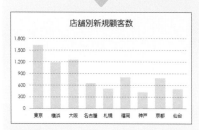

透明度を設定すると、棒を重ねたときなどに（161ページ参照）その効果が分かりやすくなります。

17 右端の分岐点をクリックして選択し、

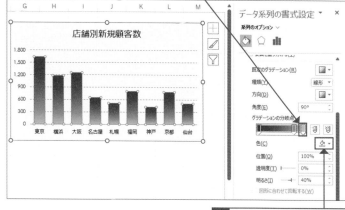

18 ［色］をクリックします。

19 一覧で色をクリックします。

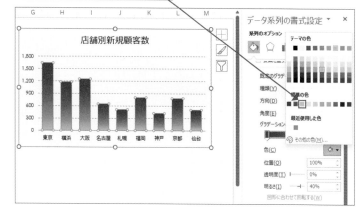

20 グラデーションの色が変わりました。

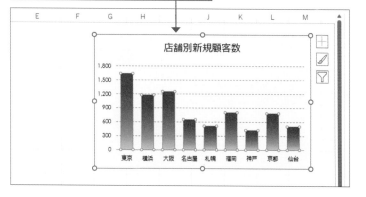

データラベルの位置を調整しよう

データラベル／引き出し線の書式設定

練習▶053_コース別契約者数.xlsx

▶ 棒の内側、外側など、好きな位置にデータラベルを表示しよう

値を数字で明示するデータラベルは、棒の内側や外側など好きな位置に表示できます。また、データラベルを手動でドラッグして動かすと、データラベルと棒を結ぶ引き出し線を表示することができます。引き出し線の色や形状も、自由に変更することが可能です。

Before データラベルの位置の変更前

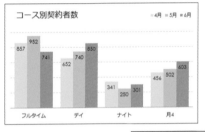

After データラベルの位置の変更後

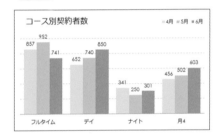

棒の内側に配置されているデータラベルを棒の外側に移動したり、データラベルを移動して棒まで引き出し線を付けたりすることもできます。

① データラベルの位置を変更する

✎ 補足

グラフボタンでデータラベルの位置を変更する

グラフを選択すると表示されるグラフボタンの [グラフ要素] をクリックしても、データラベルの位置を変更できます。

[グラフ要素]をクリックしても変更できます。

1 グラフをクリックして選択します。

2 [グラフのデザイン]タブをクリックして、

3 [グラフ要素を追加]をクリックし、

4 [データラベル]→[外側]をクリックします。

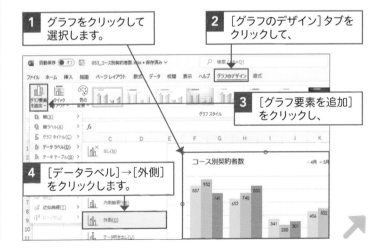

5 データラベルの位置が棒の外側に変更されました。

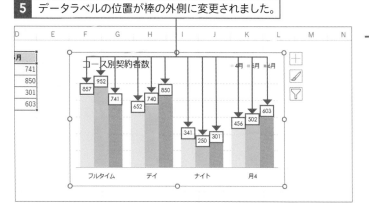

ヒント

データラベルに系列名や分類名を表示する

データラベルには、「4月」「5月」のように系列名を表示したり、「フルタイム」「デイ」のように分類（項目）名を表示したりすることもできます。系列名の表示方法については、212ページを参照してください。

② データラベルを手動で移動する

1 移動したいデータラベルをクリックして選択し、

2 もう一度クリックしてドラッグします。

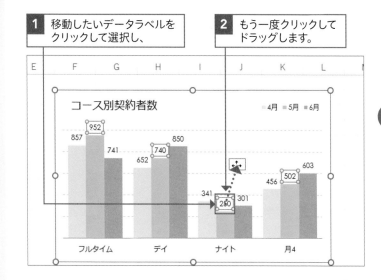

3 データラベルが移動し、データラベルと棒（データ要素）を結ぶ引き出し線が表示されました。

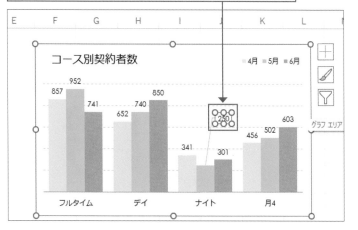

ヒント

引き出し線の書式を変更する

引き出し線を右クリックして［引き出し線の書式設定］をクリックすると、［引き出し線の書式設定］作業ウィンドウが表示されます。ここで、引き出し線の色や太さ、線種などを変更したり、引き出し線の始点や終点に矢印を付けたりすることができます。

引き出し線の書式を変更できます。

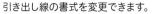

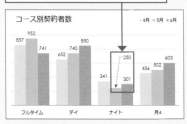

54

積み上げ棒グラフで全体数と割合を表示しよう

積み上げ棒グラフの作成

練習▶054_店舗別会員数.xlsx

▶ データの大小と構成比率を同時に見るなら積み上げ棒グラフ

項目の**全体量の大小を比較しつつ、それぞれの項目の構成比率を見る**のに適しているのが**積み上げ縦棒／横棒グラフ**です。縦棒、横棒、どちらを使うかは、グラフを配置するスペースのサイズや項目数や項目名の長さのバランスなどによって決めましょう。その際、凡例の位置も見づらくならないよう調整します。

Before 集合縦棒グラフ

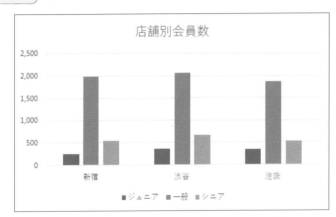

集合縦棒グラフは、系列ごとに色の異なる棒（データ要素）でグラフを構成します。

After 積み上げ棒グラフ

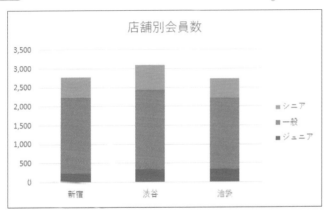

積み上げ縦棒グラフでは、系列を色の異なるブロックで表現し、それを積み上げることで項目全体を1本の棒で示します。

① 積み上げ棒グラフを作成する

 ヒント

おすすめグラフから積み上げ縦棒グラフを作成する

手順**3**で[おすすめグラフ]をクリックすると、[グラフの挿入]ダイアログボックスが表示されます。ここで積み上げ棒グラフをクリックして作成することもできます。

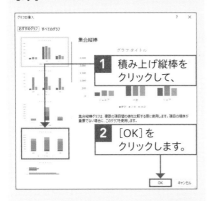

1 積み上げ縦棒をクリックして、

2 [OK]をクリックします。

1 セル[A2]からセル[D5]までドラッグして表を選択します。

2 [挿入]タブをクリックして、

3 [縦棒／横棒グラフの挿入]をクリックし、

4 [積み上げ縦棒]をクリックします。

5 積み上げ縦棒グラフが作成されました。

6 必要に応じてグラフタイトルを入力します。

7 [グラフのデザイン]タブをクリックして、

8 [グラフ要素を追加]をクリックし、

9 [凡例]→[右]をクリックします。

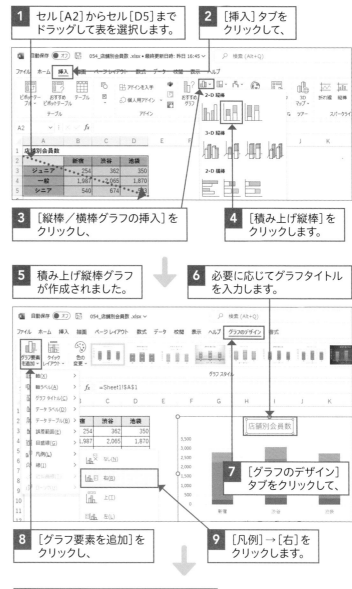

10 凡例がグラフの右側に移動しました。

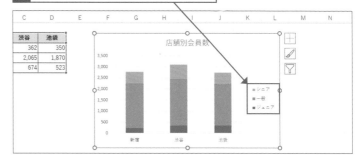

 解説

凡例の位置

積み上げ縦棒グラフの場合、凡例は下でなく右側に表示したほうが、系列と色との対応が見やすくなります。

積み上げ棒グラフの積み上げ順を変えよう

系列の順序の変更

練習▶055_会場別来場者.xlsx

▶ 積み上げ順を表と同じにしたいときは、系列の順序を変更しよう

表の列見出しが系列名になる表から積み上げ縦棒グラフを作ると、表の並び順とグラフの系列の積み上げ順の見た目が逆になります。表の並び順とグラフのデータ系列の積み上げ順を同じにしたいときは、[データソースの選択] ダイアログボックスで系列の順序を入れ替えます。

Before 系列の順序の変更前

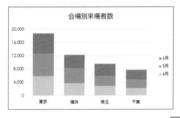

After 系列の順序の変更後

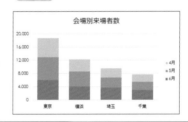

上から「6月」「5月」「4月」と並んでいる積み上げ縦棒グラフの積み上げ順を、上から「4月」「5月」「6月」と並ぶように変更できます。

① 系列の順序を変更する

💡 ヒント

[データソースの選択] ダイアログボックスを表示すると

系列の順序を変更するだけでなく、グラフにするデータを絞り込んだり、グラフのデータ範囲をほかのシートの表に変更したりできます (137ページ参照)。

1 グラフをクリックして選択し、

2 [グラフのデザイン] タブをクリックして、

3 [データの選択] をクリックします。

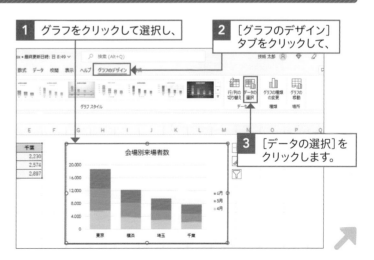

積み上げ横棒グラフの場合

積み上げ横棒グラフを作成すると、系列は表と同じ順序で並びます。ただし、項目は表と逆の順序で並びます。積み上げ横棒グラフの項目の並び順の変更方法は、180ページで解説しています。

	東京	横浜	埼玉	千葉
4月	5,870	3,658	2,854	2,230
5月	6,840	4,523	3,025	2,574
6月	6,002	4,003	3,690	2,897

この表を元に、行見出しが系列（凡例）、列見出しが軸の項目名になる積み上げ横棒グラフを作成すると、

系列は表と同じ順序で並びますが、項目が表とは逆の順序で並びます。

系列の順序の変更を 3-D縦棒グラフに応用する

3-D縦棒グラフでは、手前に値の大きい系列があると、奥の系列が見づらくなります。このような場合は、値の小さい系列が手前にくるように系列の順序を入れ替えると見やすくなります。

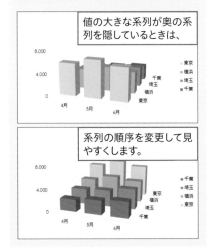

値の大きな系列が奥の系列を隠しているときは、

系列の順序を変更して見やすくします。

---

4 ［データソースの選択］ダイアログボックスが表示されます。

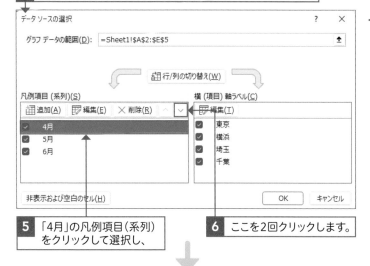

5 「4月」の凡例項目（系列）をクリックして選択し、

6 ここを2回クリックします。

7 「4月」の凡例項目（系列）が一番下に移動しました。

8 同様に、「5月」の凡例項目（系列）を中央に移動し、

9 ［OK］をクリックします。

10 系列の順序が変わり、表と同じ並び順になりました。

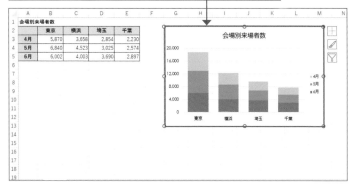

積み上げ棒グラフに合計値を表示しよう

合計値のデータラベルの追加

📁 練習▶056_成約件数.xlsx

▶ 積み上げ縦棒グラフに、項目全体の合計値を示すデータラベルを追加しよう

積み上げ縦棒グラフにデータラベルを追加しても、項目全体の合計値は表示されません。そこで、合計値のデータをグラフに追加し、データラベルやデータ要素、軸の書式の設定を工夫して、合計値を表示させてみましょう。このテクニックは、積み上げ横棒グラフにも応用できます。

Before 合計値の表示前

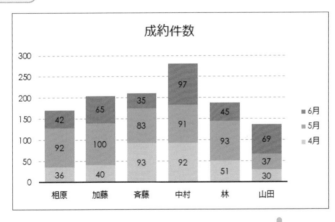

積み上げ縦棒グラフにデータラベルを追加しても、合計値は表示されません。

After 合計値の表示後

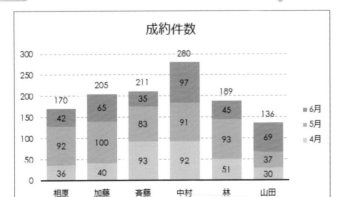

合計値の系列をグラフに追加し、塗りつぶしの色や軸の書式を変更すると、合計値のデータラベルをグラフに表示できます。

時短

すばやく合計値を求める

合計したい値と合計値を表示させたいセルをすべて選択して［ホーム］タブの［オートSUM］をクリックすると、いっぺんに各合計値を求めることができます。

このようにドラッグして範囲選択し、［ホーム］タブの［オートSUM］をクリックします。

1 グラフの軸の最大値を確認しておきます。

2 グラフの元となる表に合計値を追加します。

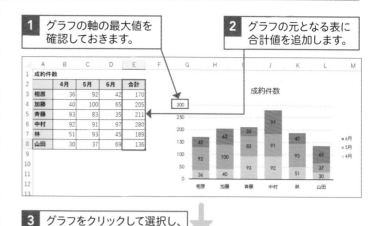

3 グラフをクリックして選択し、

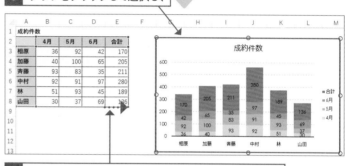

4 カラーリファレンスの右下のハンドルをドラッグして、合計値のデータをグラフのデータ範囲に含めます。

5 合計値のデータがグラフに追加されました。

6 追加された系列のデータラベルをクリックして選択します。

7 ［グラフのデザイン］タブをクリックして、

ヒント

グラフにデータを追加する方法

追加した合計値と見出しを範囲選択してコピーし、グラフをクリックして貼り付けの操作を行っても、グラフに合計値のデータを追加できます（51ページ参照）。また、［データソースの選択］ダイアログボックスでグラフに合計値のデータを追加することもできます（128ページ参照）。

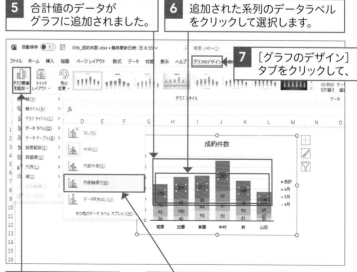

8 ［グラフ要素を追加］をクリックし、

9 ［データラベル］→［内側軸寄り］をクリックします。

ヒント

合計値のデータラベルだけを表示する

データラベルを表示しているグラフに新たな系列を追加すると、データラベルも自動的に追加されます。合計値のデータラベルだけを表示したい場合は、グラフのデータラベルをすべて非表示にしておき、手順11のように合計値のデータ系列だけを選択した状態で、[グラフのデザイン] タブの [データ要素の追加] をクリックして、[データラベル] → [内側軸寄り] をクリックします。

ヒント

合計値のデータ系列を非表示にするには

グラフに追加した合計値のデータ系列そのものを非表示にすると、合計値のデータラベルも表示されなくなってしまいます。ここでは、合計値のデータ系列の塗りつぶしを透明にすることで、非表示に見せるテクニックを使います。

10 合計値のデータラベルの位置が変わりました。

11 合計値のデータ系列をクリックして選択します。

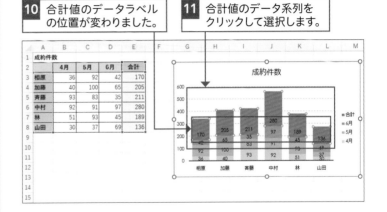

12 [書式] タブをクリックし、

13 [図形の塗りつぶし] をクリックして、

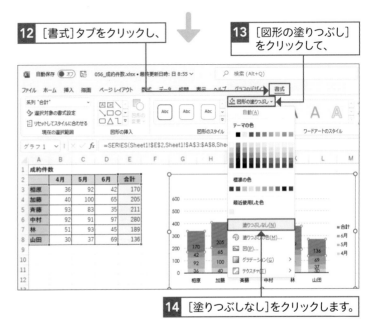

14 [塗りつぶしなし] をクリックします。

② 縦軸の最大値を変更し、一部の凡例項目を削除する

解説

軸の最大値を調整する理由

合計値のデータ系列の塗りつぶしを非表示にしても、グラフの縦軸は合計値のデータ系列を含めた数にもとづいて自動的に調整され、それ以外のデータ系列は短くなります。これを合計値のデータを含める前と同じ棒の長さに戻すために、軸の最大値を調整します。

1 縦軸を右クリックし、

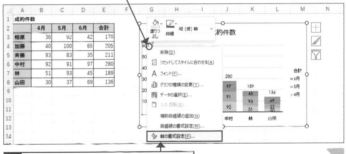

2 [軸の書式設定] をクリックします。

補足

軸の最大値は変更前の数値にする

軸の最大値には、最初に確認しておいた軸の最大値を入力します。

---

3 ［軸の書式設定］作業ウィンドウが表示されます。

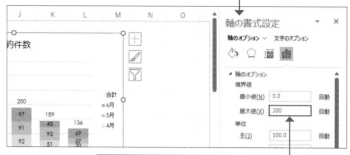

4 ［最大値］を175ページの手順**1**で確認した最大値と同じ値（ここでは「300」）に変更します。

5 縦軸の最大値が変更されました。

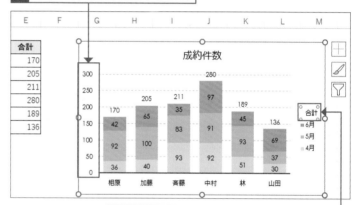

ヒント

一部の凡例項目を削除する

合計値のデータ系列を透明にして非表示にしても、合計値の凡例項目は残ります。不要な凡例項目は、手動で削除します。

---

6 「合計」の凡例項目を2回クリックして選択し、Delete を押します。

7 「合計」の凡例項目が削除されました。

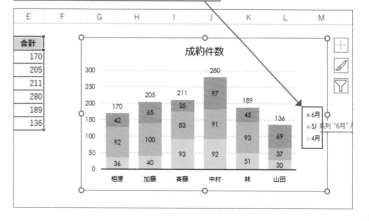

ヒント

積み上げ横棒グラフでの応用

同様の操作で、積み上げ横棒グラフにも合計値のデータラベルを表示できます。

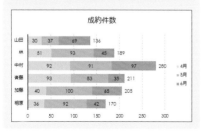

177

57

100%積み上げ横棒グラフで割合を比較しよう

100%積み上げ棒グラフの作成

練習▶057_セミナー満足度調査.xlsx

▶ 系列の構成比率を比較するのに適しているのが100%積み上げ横棒グラフ

円グラフと同様に、構成比率の比較をしたいときに使われるのが100%積み上げ縦棒／横棒グラフです。特に、比較する項目数が多い場合や項目名が長い場合に好んで使われるのが100%積み上げ横棒グラフで、別名「帯グラフ」とも呼ばれます。

Before 積み上げ横棒グラフ

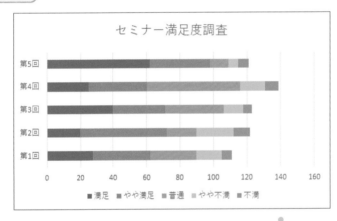

色の異なるブロックを系列とし、横に並べて1本の棒を構成するのが積み上げ横棒グラフです。

After 100%積み上げ横棒グラフ

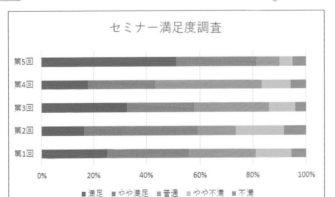

100%積み上げ横棒グラフの長さはいずれも同じで、数値軸の形式はパーセンテージになります。

① 積み上げ棒グラフを作成する

1 セル[A2]からセル[F7]までドラッグして表を選択します。

2 [挿入]タブをクリックして、

3 [縦棒／横棒グラフの挿入]をクリックし、

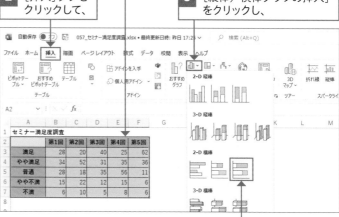

4 [100％積み上げ横棒]をクリックします。

💬 解説

項目の並び順

100％積み上げ横棒グラフや積み上げ横棒グラフを作成すると、項目の並び順は表の見た目とは逆になります。グラフの項目を表と同じ並び順にする方法については、172ページを参照してください。

💡 ヒント

データラベルをパーセンテージで表示するには

100％積み上げ縦棒／横棒グラフでは、円グラフのようにデータラベルをパーセンテージ表示にできません（222ページ参照）。パーセンテージのデータラベルを表示したい場合は、データの形式を数値からパーセンテージに置き換えた表を別に作成し、その表からグラフを作成します。

	第1回	第2回	第3回	第4回	第5回
満足	25%	16%	33%	18%	51%
やや満足	31%	43%	25%	25%	30%
普通	25%	15%	28%	40%	9%
やや不満	14%	18%	10%	11%	5%
不満	5%	8%	4%	6%	5%

5 100％積み上げ横棒グラフが作成されました。

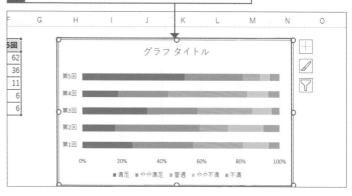

6 必要に応じてグラフタイトルを入力し、グラフを完成させます。

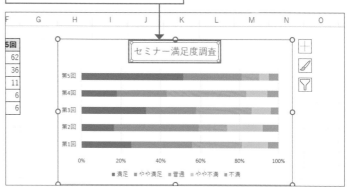

横棒グラフの項目を
表と同じ並び順にしよう

軸の反転

練習▶058_期待度調査.xlsx

▶ 横棒のグラフの項目は、軸を反転させて表と同じ並び順にする

表の列見出しが項目に並ぶ横棒グラフを作ると、グラフの項目の順序は表の見た目の並び順とは逆になります。グラフの項目を表と同じ並び順にしたいときは、[軸の書式設定]作業ウィンドウで軸を反転させ、横軸との交点の位置を変更する設定をします。

Before 軸の反転前

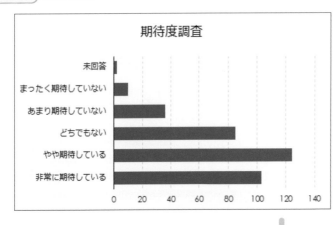

「非常に期待している」が一番上の行に入力されている表から横棒グラフを作成すると、「非常に期待している」は一番下になってしまいます。

After 軸の反転後

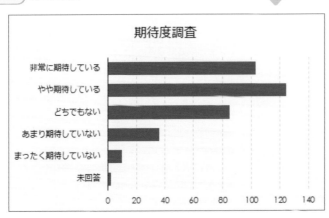

「非常に期待している」が一番上にくるようにしたいときは、軸を反転させます。

① 軸を反転する

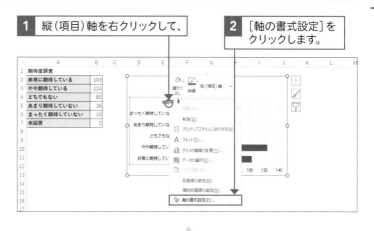

1 縦（項目）軸を右クリックして、

2 ［軸の書式設定］を クリックします。

💬 解説

横軸の交点の設定を 変更しないと

項目の並び順は逆になりますが、横（数値）軸が表の1つ目の項目（「非常に期待している」）と連動してグラフの上側に移動してしまいます。表の最後の項目（「未回答」）側に横（数値）軸を表示させたいときは、［横軸の交点］の設定を［最大項目］に変更します。

💡 ヒント

縦（項目）軸の項目名を 右側に表示する

手順 **5** までの設定に加え、［ラベルの位置］を［上端／右端］に変更すると、縦（項目）軸の項目名を右側に表示できます。

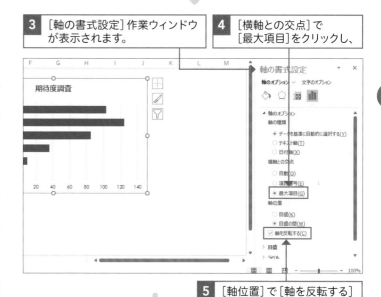

3 ［軸の書式設定］作業ウィンドウ が表示されます。

4 ［横軸との交点］で ［最大項目］をクリックし、

5 ［軸位置］で［軸を反転する］ をクリックしてオンにします。

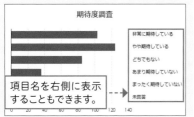

項目名を右側に表示することもできます。

6 項目の並び順が逆になりました。

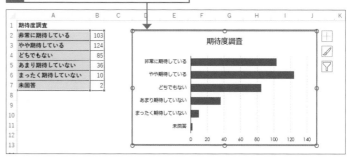

区分線でデータの変化を一目で示そう

区分線の追加

練習▶059_初心者講座理解度調査.xlsx

▶ 区分線を追加するとデータの変化が分かりやすくなる

積み上げ縦棒／横棒グラフ、または100%積み上げ縦棒／横棒グラフで系列ごとのデータの変化を分かりやすくしたいときは、**区分線を追加**しましょう。隣り合う項目の系列の境目同士が線で結ばれ、データの変化が一目で読み取れるようになります。

Before 区分線の追加前

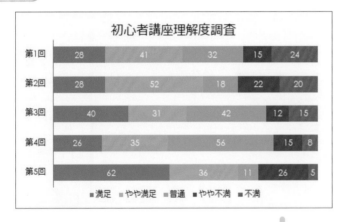

区分線がないと各系列同士のデータの変化がよく分かりません。

After 区分線の追加後

区分線を追加すると、系列ごとの値の伸びが一目で分かるようになります。

① 区分線を追加する

1	グラフをクリックして選択し、

2	[グラフのデザイン]タブをクリックします。

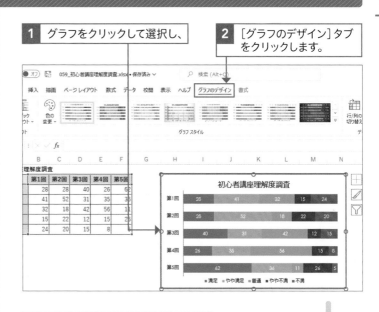

ヒント

区分線の色や形状を変更する

追加された区分線をクリックして選択し、[書式]タブの[図形の枠線]をクリックすると、区分線の色や線種、太さなどを変更することができます。

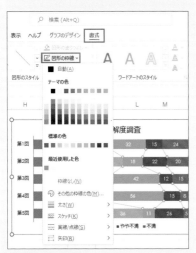

3	[グラフ要素を追加]をクリックし、

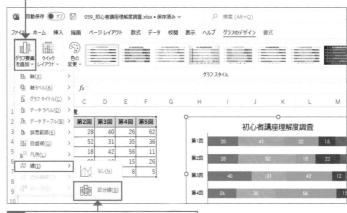

4	[線]→[区分線]をクリックします。

5	グラフに区分線が追加されました。

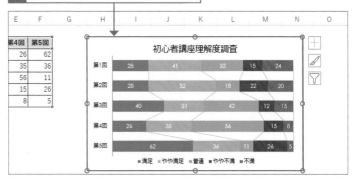

⚠️ 注意

3-D形式のグラフには区分線を追加できない

3-D 積み上げ縦棒／横棒グラフや3-D 100%積み上げ縦棒／横棒グラフには区分線を追加することはできません。

Section

60 棒の途中に省略の波線を入れよう

波線画像の追加／軸の表示形式の変更

📁 練習▶060_店員別販売数.xlsx

▶ 波線の画像をグラフに追加して、一部の目盛の範囲を省いて見せよう

グラフの中に突出した値があると、それ以外の項目のデータの大小を比較するのが難しくなります。そのような場合は、**グラフの中に省略の波線画像を追加して、一部の目盛の範囲を省いて見せる**ようにしましょう。これを実現するためには、軸の表示形式をコントロールするテクニックを用います。

Before 波線画像の追加前

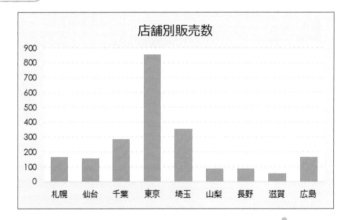

「東京」の値だけが突出しているため、ほかの人の値の差異が見づらくなっています。

After 波線画像の追加後

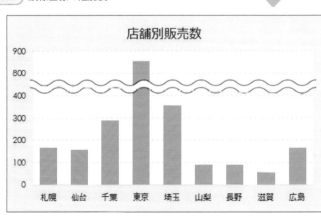

波線画像を追加して、「500」から「700」までの範囲を省略すると、「東京」以外の値の差異が見やすくなります。

① 波線画像追加用のグラフを準備する

💬 解説

波線画像追加用の
グラフの値

波線画像を追加するためだけのグラフを別途作成するため、グラフのデータ範囲をコピーし、突出した値の数値だけを変更します。

ここでは、突出した「東京」の値を「856」から「556」に書き換えることで、あとから「500」～「700」までの目盛の範囲を省略できるようにします。書き換える仮の値は、元の値から1000単位、500単位、100単位など区切りのよい値をマイナスし、なおかつその他の値とほどよい差がつく数にするのがポイントです。

💡 ヒント

グラフのデータ範囲の
変更

カラーリファレンスの外枠をドラッグすると、かんたんにグラフのデータ範囲を変更できます（50ページ参照）。

1 グラフのデータ範囲（セル[B2]～セル[B10]）を列[C]に丸ごとコピーし、

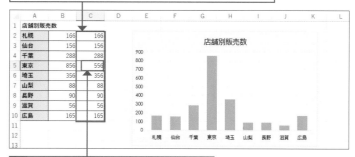

2 突出した「東京」の値（セル[C5]）を「856」から「556」に書き換えます。

3 グラフをクリックして選択し、

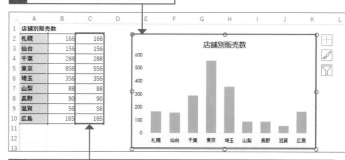

4 カラーリファレンスの外枠をドラッグして、手順**1** **2**でコピー・書き換えした範囲（セル[C2]～セル[C10]）に指定し直します。

② 波線画像を追加する

✨ 応用技

挿入する波線を
Excelで描く

曲線を使って描いた波線をコピーし、1本を太めの黒、1本をやや細めの白にして白い波線を黒い波線の上に重ねると、省略の波線になります。曲線で波線を描くときは、セルの枠線の交点を目印にクリックしながら描くとかんたんです。

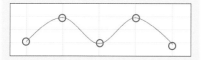

1 グラフが選択されている状態のまま[挿入]タブをクリックし、

2 [図]→[画像]→[このデバイス]をクリックします。

解説

グラフを選択した状態で 波線画像を挿入する

ワークシート上に挿入した波線画像を単にグラフの上に重ねることもできますが、その場合、波線画像はグラフに組み込まれません。グラフと一緒に移動したり印刷したりしたいなら、グラフを選択した状態で波線画像を挿入します（103ページ参照）。

 補足

波線画像は あらかじめ準備しておく

Excel上で波線画像を描くことも可能ですが（185ページ参照）、あらかじめ用意した波線画像を挿入するとスムーズです。

💡 ヒント

波線画像の位置

波線画像は、上から数えて2つ目の目盛ラベルの下あたりに配置します。

---

3 ［図の挿入］ダイアログボックスが表示されます。

4 波線画像が保存されているフォルダーを選択し、

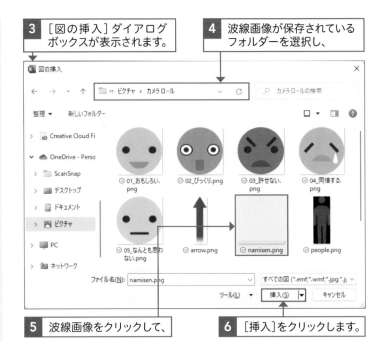

5 波線画像をクリックして、

6 ［挿入］をクリックします。

7 波線画像が挿入されました。

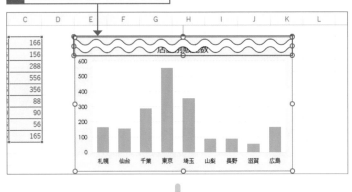

8 波線画像の位置やサイズを調整します。

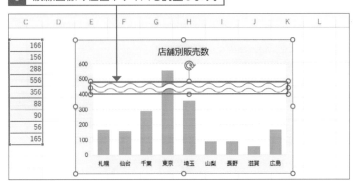

③ 軸の表示形式を変更する

解説

軸の書式設定を変更する理由

目盛ラベルを変更しないと、省略の対象となるデータ要素の数値を正しく表せません。ここでは、上から1番目、2番目の目盛ラベルの数値を強制的に「500」から「800」、「600」から「900」に置き換えるために軸の表示形式を変更します。

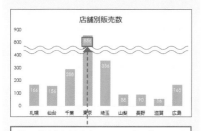補足

表示形式の書式

追加した表示形式の書式「[=500]"800";[=600]"900";0」は、値が500のときは800と表示し、値が600のときは900と表示する」という意味の書式です。

ヒント

データラベルの値を変更する

データラベルを追加すると、仮に入力した値で表示されます。その場合は、仮に入力した値のデータラベルを2回クリックして選択し、元の値に手動で入力し直します。

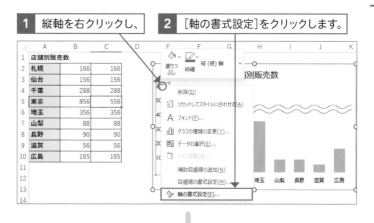

| 1 | 縦軸を右クリックし、 |
| 2 | [軸の書式設定]をクリックします。 |

| 3 | [軸の書式設定]作業ウィンドウが表示されます。 |

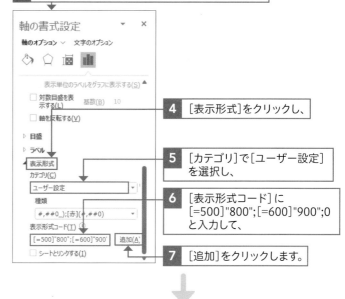

4	[表示形式]をクリックし、
5	[カテゴリ]で[ユーザー設定]を選択し、
6	[表示形式コード]に[=500]"800";[=600]"900";0と入力して、
7	[追加]をクリックします。

| 8 | 波線画像より上の目盛が「800」と「900」に変更されました。 |

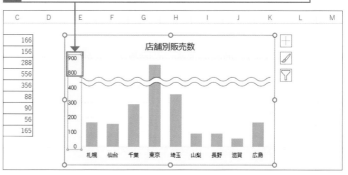

仮の値が表示されているデータラベルだけ、手動で入力し直します。

Section

61 | 棒グラフを絵グラフにしよう

データ要素の塗りつぶし

練習▶061_新サービス満足度.xlsx

▶ 絵グラフで遊んでみよう

見た目で遊びたい資料にグラフを用いる場合は、棒グラフを絵グラフにして**大胆なデザインに**してみましょう。絵グラフの元にする画像ファイルさえ用意しておけば、棒の塗りつぶしを変更する要領で絵グラフにできます。画像ファイルを積み重ねて表示するか、引き伸ばして使うかも自由に設定できます。

Before | 単色塗りつぶしの棒グラフ

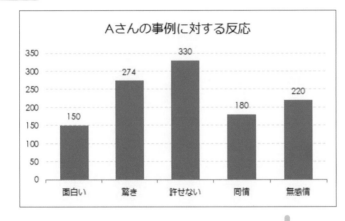

単色で塗りつぶされたシンプルな棒グラフを、

After | 絵グラフにした棒グラフ

画像ファイルを使って絵グラフにし、キャッチーな印象に変えてみましょう。

① 棒の塗りつぶしの設定を変更する

1 絵グラフにしたいデータ要素を2回クリックして選択します。

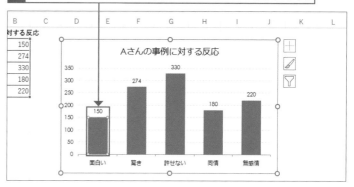

補足

**[書式]タブから
操作する**

データ要素を選択し、[書式]タブの
[図形の塗りつぶし]→[図]から図での
塗りつぶしを設定することもできます。

ヒント

**ワークシート上の図形で塗りつ
ぶす**

ワークシート上に描いた図形をコピーし
てから手順 **1** ～ **7** の操作をし、次ページ
の手順 **8** で[クリップボード]をクリッ
クすると、コピーした図形でデータ要素
を塗りつぶすことができます。

ヒント

**オンライン画像で
塗りつぶす**

次ページの手順 **10** で[オンライン]をク
リックすると、オンラインで検索した画
像で棒を塗りつぶすことができます。

検索した画像で
棒を塗りつぶせます。

---

2 選択したデータ要素を
右クリックし、

3 [データ要素の書式設定]を
クリックします。

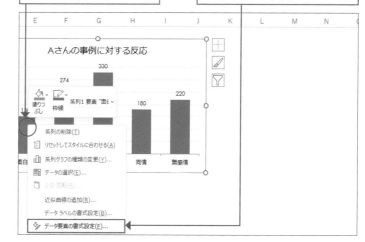

4 [データ要素の書式設定]作業
ウィンドウが表示されます。

5 [塗りつぶしと線]
をクリックします。

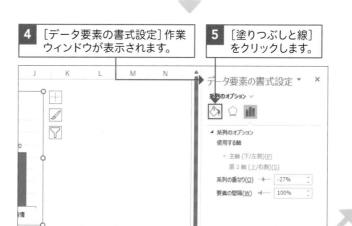

ヒント

[引き伸ばし]で塗りつぶすと

次ページの手順15で[積み重ね]を選択せず、[引き伸ばし]が選択された状態のままにすると、画像が棒の縦いっぱいに引き伸ばされます。引き伸ばしに向いたデザインの画像を使うと、積み重ねるのとは違う効果が得られます。

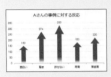

たとえば、矢印の画像を引き伸ばして使うと、値が上昇していくイメージを表現できます。

ヒント

画像1個が表す値を決めるには

次ページの手順15で[積み重ね]に設定していると、棒の横幅に画像がフィットするように画像が積み重ねられていくので、画像の縦横比や棒の太さによって画像1個が表すデータの値がバラバラになります。たとえば、画像1個で「50」を表し、値が「150」なら画像が3個表示されるようにしたい場合は、[拡大縮小と積み重ね]をクリックして選択し、[単位/図]に「50」と入力します。

この例では、画像1個がどのくらいの値を表しているのか正確には読み取れません。

[拡大縮小と積み重ね]に設定して[単位/図]に「50」と入力すると、「150」の値に対して画像が3個表示されます。その際、画像の縦横比は自動的に調整されます。

---

6 [塗りつぶし]をクリックします。

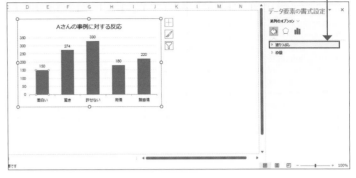

7 [塗りつぶし(図またはテクスチャ)]をクリックし、

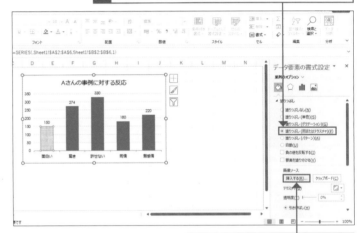

8 [挿入する]をクリックします。

9 [図の挿入]画面が表示されます。

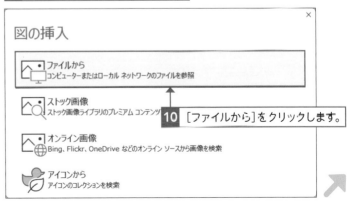

図の挿入

ファイルから
コンピューターまたはローカル ネットワークのファイルを参照

ストック画像
ストック画像ライブラリのプレミアム コンテンツ

オンライン画像
Bing、Flickr、OneDrive などのオンライン ソースから画像を検索

10 [ファイルから]をクリックします。

アイコンから
アイコンのコレクションを検索

ヒント

画像が切れないように積み重ねる

画像を積み重ねて絵グラフにする場合、データの値によっては画像が切れて表示されます。画像が切れないようにしたいときは、[拡大縮小と積み重ね]をクリックして選択し、[単位/図]にデータの値を画像の数で割った数値を入力します。数が割りきれなかった場合は、小数点第4位くらいで四捨五入した値を入力すれば、ほぼ画像が切れずに表示されます。

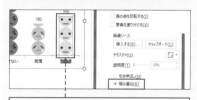

たとえば、「220」の値を積み重ねで表示したとき、4個目の画像が切れてしまったら、

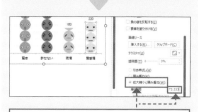

[拡大縮小と積み重ね]をクリックして選択し、「220」を表示したい画像の個数で割った数(「73.333」)を[単位/図]に入力します。

解説

絵グラフを元に戻す

[データ要素の書式設定]作業ウィンドウで[塗りつぶしと線]→[塗りつぶし]をクリックし、[自動]をクリックします。手動で単色の塗りやグラデーションを設定していた場合は、[塗りつぶし(単色)]、[塗りつぶし(グラデーション)]などをクリックして、塗りつぶしの設定をやり直します。

11 [図の挿入]ダイアログボックスが表示されます。

12 画像が保存されているフォルダーを選択し、

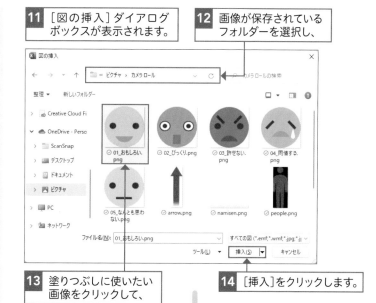

13 塗りつぶしに使いたい画像をクリックして、

14 [挿入]をクリックします。

15 [データ要素の書式設定]作業ウィンドウをスクロールし、[積み重ね]をクリックします。

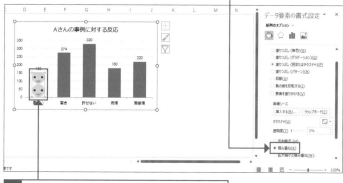

16 データ要素が画像で塗りつぶされました。

17 同様に、ほかのデータ要素も画像での塗りつぶしを設定します。

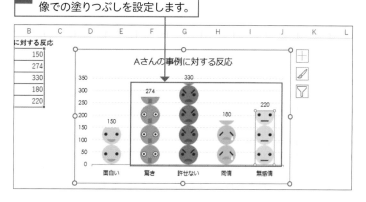

191

Section 62

People Graphで絵グラフを作ろう

People Graphの作成

練習▶062_来場者数データ.xlsx

▶ People Graphで絵グラフが作れる

Excelなどの Office 製品には、「**アドイン**」と呼ばれる拡張機能が用意されています。「People Graph」は、Excelで使えるアドインの一つで、これを利用するとかんたんな操作で鮮やかな絵グラフを作成することができます。

Before　通常の絵グラフ

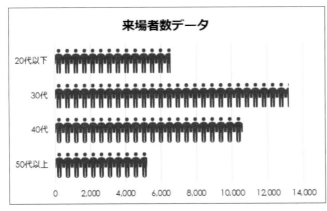

手動で作ると
やや面倒な絵グラフも、

After　People Graphで作成した絵グラフ

来場者数データ

6,580　20代以下

13,200　30代

10,608　40代

5,230　50代以上

People Graph を使えば
かんたんに作成できます。

① People Graphで絵グラフを作成する

🔍 重要用語

People Graph

数回のクリックとドラッグの操作だけで、データを絵グラフとして表示できるExcelのアドインです。グラフの種類、テーマ、図形がそれぞれ数種類ずつ用意されており、これらを自由に組み合わせることで鮮やかなデザインの絵グラフをかんたんに作成できます。

💡 ヒント

グラフの種類を変更する

手順 5 で[データ]の右にある[設定]をクリックして[種類]をクリックすると、グラフの種類の一覧が表示されます。ここで好みの種類をクリックすると、People Graphの種類を変更できます。

使いたい種類をクリックすると、

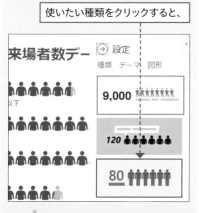

グラフの種類が変わります。

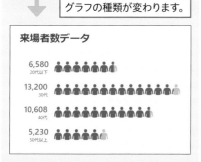

| 1 | [挿入]タブをクリックし、 |
| 2 | [People Graph]をクリックします。 |

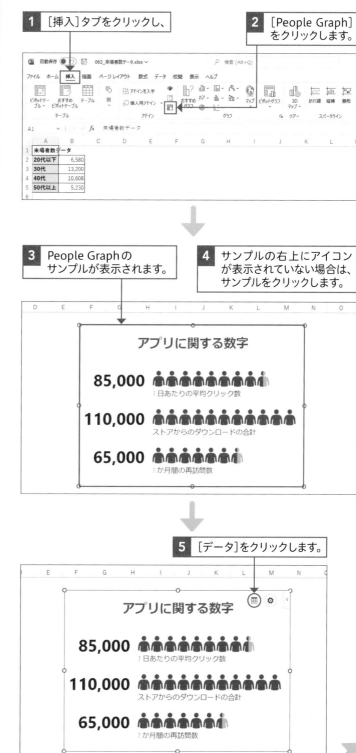

| 3 | People Graphのサンプルが表示されます。 |
| 4 | サンプルの右上にアイコンが表示されていない場合は、サンプルをクリックします。 |

| 5 | [データ]をクリックします。 |

グラフの図形を変更する

[データ] の右にある [設定] をクリックして [図形] をクリックすると、絵グラフに使える図形の一覧が表示されます。ここで好みの図形をクリックすると、People Graphの図形を変更できます。

グラフのテーマを変更する

[データ] の右にある [設定] をクリックして [テーマ] をクリックすると、絵グラフに設定できるテーマの一覧が表示されます。ここで好みのテーマをクリックすると、People Graphのテーマを変更できます。

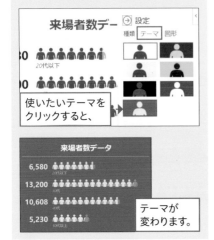

6 タイトルを入力し直し、　**7** [データの選択] をクリックします。

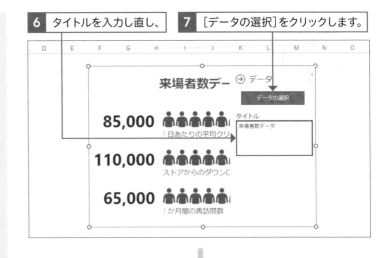

8 データ範囲（ここではセル [A2] からセル [B5]）をドラッグして選択し、

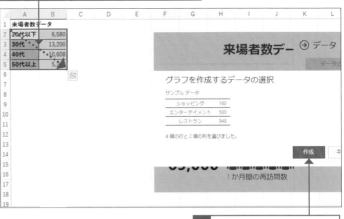

9 [作成] をクリックします。

10 People Graphが作成されました。

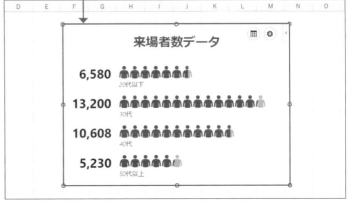

第 **6** 章

折れ線グラフや面グラフで
データの推移を見せよう

折れ線グラフ／面グラフについて

折れ線グラフとは

時間の経過とともに値がどのように推移したか、その変化の様子や傾向を見たいときに使うのが折れ線グラフや面グラフです。Excel では「折れ線グラフ」「積み上げ折れ線グラフ」「100% 積み上げ折れ線グラフ」が作成でき、それぞれマーカーなしのタイプか、マーカー付きのタイプかを選べます。

●折れ線グラフ／マーカー付き折れ線グラフ

折れ線グラフには、値を示す「マーカー」と呼ばれる小さな印を表示できます。マーカーを表示したほうがデータの値を読み取りやすく、一般的にはマーカー付き折れ線グラフがよく使われます。Excel では、折れ線の太さや色、マーカーの種類やサイズなども自由にカスタマイズできます。

折れ線グラフではマーカー付きのタイプがよく使われます。

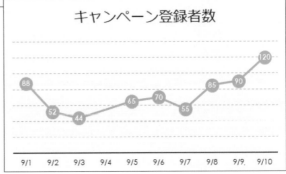

6

折れ線グラフや面グラフでデータの推移を見せよう

▶ 面グラフとは

折れ線グラフと同様に、時間の経過にともなう値の推移やその変化の様子や傾向を見たいときに使うのが面グラフです。面グラフには「面グラフ」「積み上げ面グラフ」「100%積み上げ面グラフ」の3種類があります。

●面グラフ

折れ線グラフの線から横軸にかけての領域を塗りつぶしたのが「面グラフ」です。塗りつぶしの効果によりデータを強く明示でき、項目ごとの比率や総量を同時に表せるという特徴があります。一方で、背面に値の小さいデータ系列が配置されると、前面のデータ系列に覆われて見えなくなるという弱点があります。系列の順序や透明度の設定を調整して、見やすくなるように工夫しましょう。

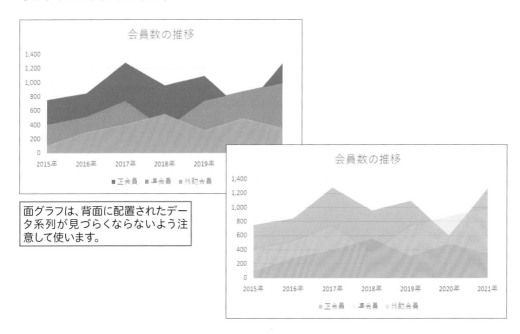

面グラフは、背面に配置されたデータ系列が見づらくならないよう注意して使います。

●積み上げ面グラフ

データの推移とともに各項目の構成比を見たいときに使うのが「積み上げ面グラフ」です。積み上げ棒グラフと同じ用途で使われるグラフですが、よりデータの推移の傾向を読み取りやすいのが特徴です。

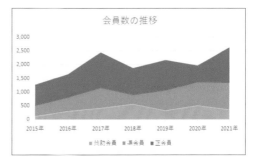

折れ線を太くしよう

線の書式設定

練習▶063_2021年 登録者数の推移.xlsx

▶ 折れ線を太くして見やすくしよう

プレゼンテーションなど、大きなスクリーンでグラフを表示するときには、**折れ線の太さがある程度太い方が見やすくなります。**折れ線の太さの変更方法を覚えて、メリハリのあるグラフ作りをしましょう。

Before 折れ線の太さの変更前

手持ちの資料で使うなら、折れ線はこの程度の太さでも十分ですが、

After 折れ線の太さの変更後

大画面で表示するなら、ある程度折れ線を太くするとインパクトを強められます。

① 折れ線の太さを変更する

ヒント

一部分の折れ線の書式を変更する

折れ線をクリックして選択した状態で、さらに一部の折れ線をクリックすると、その部分の折れ線だけを選択できます。この状態で[書式]タブの[図形の枠線]→[実線／点線]をクリックすると、一部分の折れ線だけを点線にできます。予測データを表すときなどに効果的です。

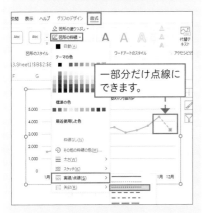

一部分だけ点線にできます。

ヒント

折れ線の詳細を設定する

折れ線を右クリックして[データ系列の書式設定]をクリックすると、[データ系列の書式設定]作業ウィンドウが表示されます。ここで[塗りつぶしと線]をクリックして[線]をクリックすると、折れ線の詳細な書式を設定できます。

折れ線をグラデーションにしたり、6ptより太い線にしたりできます。

---

1 折れ線（データ系列）をクリックして選択します。

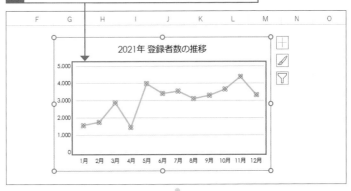

2 [書式]タブをクリックし、

3 [図形の枠線]をクリックして、

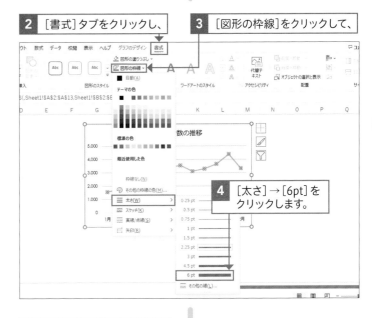

4 [太さ]→[6pt]をクリックします。

5 折れ線が太くなりました。

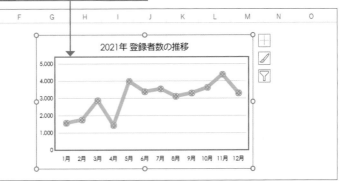

マーカーを目立たせよう

マーカーの書式設定

練習▶064_売上高の推移.xlsx

▶ マーカーの種類やサイズを変えて目立たせよう

折れ線グラフで値を読み取るときの目印になる**マーカー**は、**塗りつぶしや輪郭の色を変えられるだけでなく、種類やサイズを変更することもできます**。また、特に目立たせたいマーカーを画像に置き換えることもできるので試してみましょう。

Before マーカーの変更前

小さな丸で表示されたマーカーを目立たせたいときは、

After マーカーの変更後

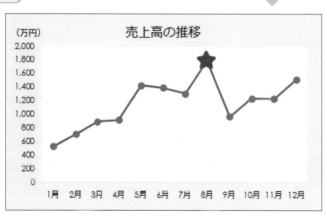

種類やサイズ、塗りつぶしや輪郭の色を変更したり、特定のマーカーだけを画像に置き換えたりします。

① マーカーの種類やサイズ、塗りつぶしや輪郭の色を変更する

💬 解説

マーカーが表示されていないときは

「マーカー付き折れ線」にグラフの種類を変更するとマーカーを表示できます。グラフの種類の変更方法は、48ページを参照してください。

💡 ヒント

一部の系列だけマーカーなしにするには

手順**6**で[なし]をクリックすると、選択中の系列のマーカーだけをなしにすることができます。再びマーカーを付けたいときは、[自動]または[組み込み]をクリックします。

1 折れ線(データ系列)を右クリックし、

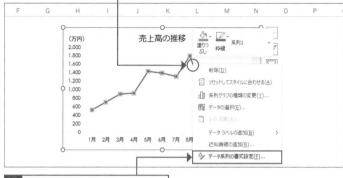

2 [データ系列の書式設定]をクリックします。

3 [データ系列の書式設定]作業ウィンドウが表示されます。

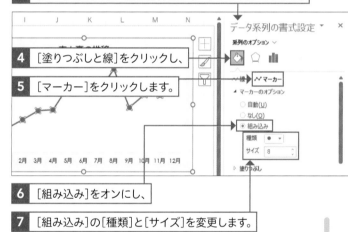

4 [塗りつぶしと線]をクリックし、

5 [マーカー]をクリックします。

6 [組み込み]をオンにし、

7 [組み込み]の[種類]と[サイズ]を変更します。

8 [塗りつぶし]をクリックします。

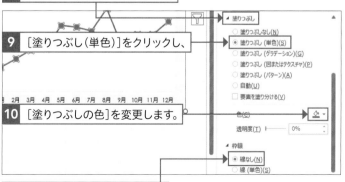

9 [塗りつぶし(単色)]をクリックし、

10 [塗りつぶしの色]を変更します。

11 [枠線なし]をクリックします。

② 特定のマーカーだけ画像に置き換える

解説

複数の系列がある折れ線グラフ

複数の系列がある折れ線グラフでは、マーカーの種類を系列ごとに変えると、それぞれの系列の値を判別しやすくなります。グラフをモノクロで印刷する場合など、色で系列を判別しづらいときには、マーカーの種類を変えてみましょう。

マーカーの種類を変えると、モノクロで印刷しても系列を判別しやすくなります。

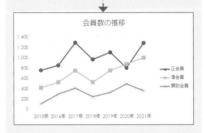

ヒント

特定のマーカーを選択する

マーカーを1回クリックすると、折れ線（データ系列）全体が選択されます。この状態で特定のマーカーをクリックすると、クリックしたマーカーだけを選択できます。

1 折れ線（データ系列）を選択した状態で特定のマーカーをクリックします。

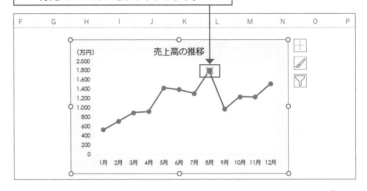

2 選択したマーカーを右クリックし、

3 ［データ要素の書式設定］をクリックします。

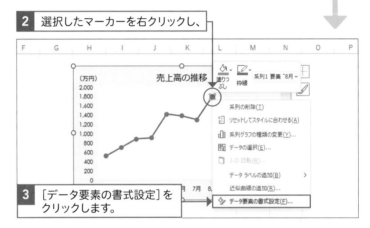

4 ［データ要素の書式設定］作業ウィンドウが表示されます。

5 ［塗りつぶしと線］をクリックします。

6 ［マーカー］をクリックし、

7 ［組み込み］をオンにします。

8 ［種類］の▼をクリックし、

9 一番下の🖾をクリックします。

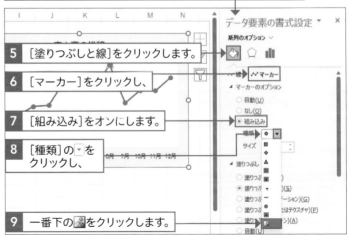

ヒント

コピー／貼り付けでマーカーを図形やアイコン、画像に置き換える

ワークシート上に描いた図形やアイコンをコピーしてから折れ線（データ系列）をクリックして貼り付けの操作を行うと、コピーした図形やアイコンでマーカーを置き換えることができます。手順 **1** のように特定のマーカーだけ選択した状態で貼り付けの操作を行えば、特定のマーカーだけコピーした図形やアイコンで置き換えられます。

また、アイコンにしたい画像をあらかじめワークシート内に挿入しておけば、同様のコピー／貼り付けの操作でマーカーを画像に置き換えることも可能です。

1 図形やアイコンを選択し、Ctrl を押しながら C を押してコピーします。

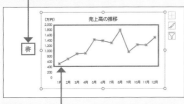

2 折れ線（データ系列）をクリックして選択し、Ctrl を押しながら V を押します。

3 マーカーが置き換わりました。

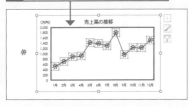

10 ［図の挿入］画面が表示されます。

11 ［ファイルから］をクリックします。

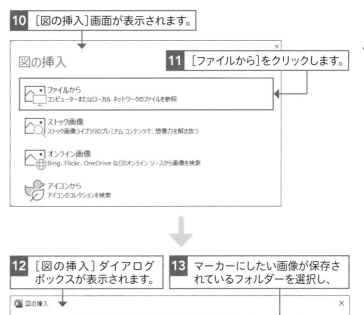

12 ［図の挿入］ダイアログボックスが表示されます。

13 マーカーにしたい画像が保存されているフォルダーを選択し、

14 マーカーにしたい画像をクリックして、

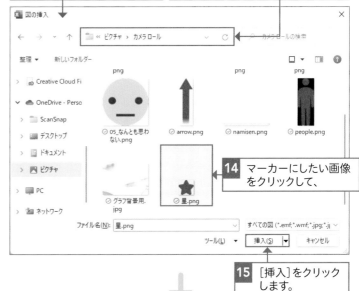

15 ［挿入］をクリックします。

16 マーカーが画像に置き換わりました。

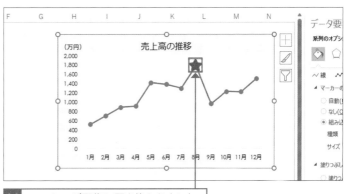

降下線や高低線を追加しよう

降下線／高低線の追加

練習▶065_月間利用者数.xlsx

▶ 降下線／高低線を追加して、データを読み取りやすくしよう

項目数が多く、値と項目の対応が見づらいときは、**降下線**を追加してみましょう。折れ線の頂点（マーカー）と項目名が線で結ばれ、対応関係が見やすくなります。また、系列同士の値の差異をはっきり見せたい場合は、最も高い値（マーカー）と最も低い値（マーカー）を結ぶ**高低線**を追加します。

降下線を追加したグラフ

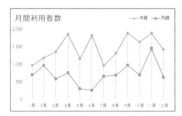

降下線を追加すると、値と項目名の対応関係が見やすくなります。

高低線を追加したグラフ

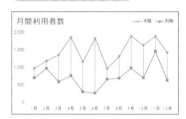

高低線を追加すると系列同士の差異を比較しやすくなります。

① 降下線を追加する

🔍 重要用語

降下線／高低線

折れ線の頂点から横軸に向けて垂直に引いた線を「降下線」といいます。また、同じ項目の最も高い値から最も低い値を垂直で結ぶ線を「高低線」といいます。

1 グラフをクリックして選択します。

2 ［グラフのデザイン］タブをクリックして、

3 ［グラフ要素を追加］をクリックし、

4 ［線］→［降下線］をクリックします。

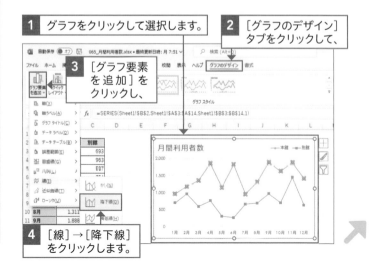

ヒント

**降下線の書式を
変更する**

降下線を右クリックして［降下線の書式設定］をクリックすると、［降下線の書式設定］作業ウィンドウが表示されます。ここで、降下線の色や太さ、種類などを変更できます。

5 降下線が追加されました。

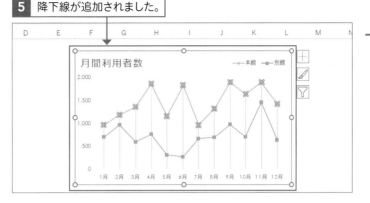

② 高低線を追加する

補足

**面グラフに高低線は
追加できない**

面グラフ（216ページ参照）には、高低線を追加できません。降下線は追加できます。

1 グラフをクリックして選択します。

2 ［グラフのデザイン］タブをクリックして、

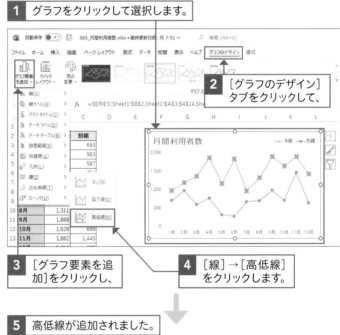

3 ［グラフ要素を追加］をクリックし、

4 ［線］→［高低線］をクリックします。

5 高低線が追加されました。

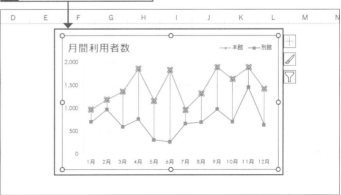

ヒント

**高低線の書式を
変更する**

高低線を右クリックして［高低線の書式設定］をクリックすると、［高低線の書式設定］作業ウィンドウが表示されます。ここで、高低線の色を変更したり、始点と終点を矢印に変更したりできます。

縦軸の目盛線上に
マーカーを表示しよう

目盛線の書式設定

練習▶066_来店者数の推移.xlsx

▶ 縦軸の目盛線上にマーカーを表示すると、値が読み取りやすくなる

縦軸の目盛線を追加し（92ページ参照）、その線上にマーカーが表示されるよう設定を変更すると、降下線を追加するのと同様に、値と項目の対応を見やすくできます。目盛線とマーカーの位置関係は、[目盛線の書式設定]作業ウィンドウで変更します。

Before 目盛線の書式設定変更前

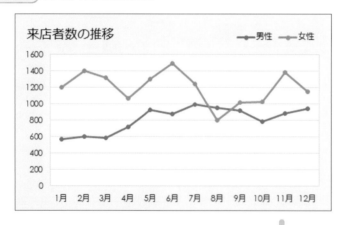

縦軸の目盛線がないと、マーカーと項目の対応関係が見づらいことがあります。

After 目盛線の書式設定変更後

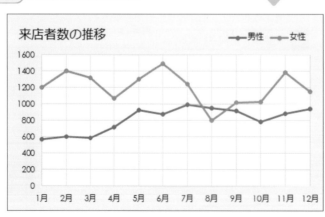

縦軸の目盛線を表示し、なおかつ縦軸の目盛線上にマーカーを表示すると、マーカーと項目名との対応関係が見やすくなります。

① 縦軸の目盛線を追加し、マーカーとの位置関係を変更する

💬 解説

グラフボタンで縦軸の目盛線を追加する

グラフを選択してグラフボタンの[グラフ要素]をクリックしても、縦軸の目盛線をグラフに追加できます。縦軸の目盛線と補助目盛線など、複数の目盛線を一度に追加したいときは、[グラフ要素]から操作したほうがスムーズです（78ページ参照）。

1 グラフをクリックして選択します。

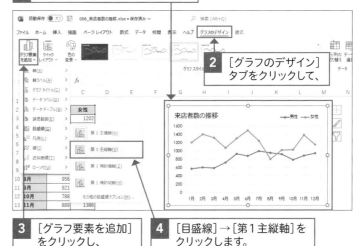

2 [グラフのデザイン]タブをクリックして、

3 [グラフ要素を追加]をクリックし、

4 [目盛線]→[第1主縦軸]をクリックします。

5 縦軸の目盛線が表示されました。

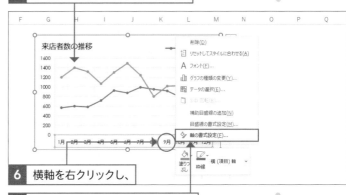

6 横軸を右クリックし、

7 [軸の書式設定]をクリックします。

💡 ヒント

折れ線の左右に余白を設ける

横軸の軸位置を[目盛]にすると、折れ線はプロットエリアいっぱいに描画され、折れ線の左右に余白はなくなります。どうしても折れ線の左右に余白を設けたい場合は、グラフの元となる表の1行目（または1列目）と最終行（または最終列）に空白行（または空白列）を作り、それをデータ範囲に含めてグラフを作成します。

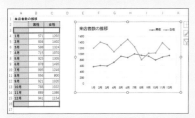

空白行をデータ範囲に含めると、折れ線の左右に余白を設けられます。

8 [軸の書式設定]作業ウィンドウが表示されます。

9 [軸位置]で[目盛]をクリックして選択すると、

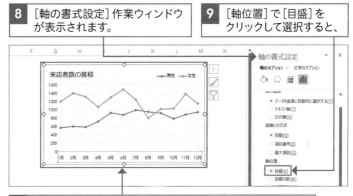

10 縦軸の目盛線上にマーカーが表示されるようになりました。

データがなく
途切れた折れ線を結ぼう

空白セルの設定

練習▶0067_キャンペーン登録者数.xlsx

▶ 途切れた折れ線はつなげることができる

グラフの元になっている表に空白セルがあると、**空白セルに該当する部分がグラフに表示されず、折れ線が途切れてしまいます**。空白セルがあっても折れ線をつなげて表示したいときは、空白セルに対する設定を変更します。

Before 空白セルがある表から作成したグラフ

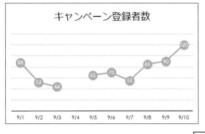

After 空白セルの設定を変更したグラフ

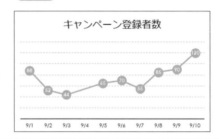

空白セルに対する設定を変更すると、グラフの元となる表に空白セルがあっても、折れ線をつなげることができます。

① 空白セルの設定を変更する

💡 ヒント

**元データを調整して
途切れた折れ線を結ぶ**

グラフの元となる表の空白セルに「＃N/A」と入力しておくと、折れ線を途切れさせずにつなげることができます。「＃N/A」は使用する値がないということを意味するエラー値です。

9/3	44
9/4	#N/A
9/5	65

1 グラフをクリックして選択し、

2 ［グラフのデザイン］
タブをクリックして、

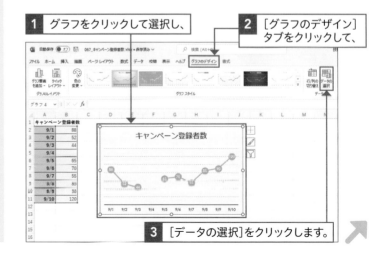

3 ［データの選択］をクリックします。

ヒント

空白セルのデータを「0」と見なす

[非表示および空白セルの設定]ダイアログボックスで[ゼロ]を選択すると、空白セルの値を「0」と見なし、途切れていた折れ線を結ぶことができます。

1 [非表示および空白セルの設定]ダイアログボックスで[ゼロ]をクリックし、

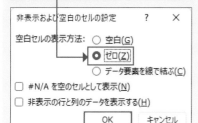

2 [OK]をクリックします。

3 [データソースの選択]ダイアログボックスに戻ったら、[OK]をクリックします。

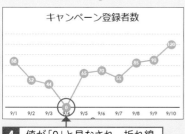

4 値が「0」と見なされ、折れ線グラフがつながります。

4 [データソースの選択]ダイアログボックスが表示されます。

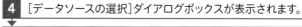

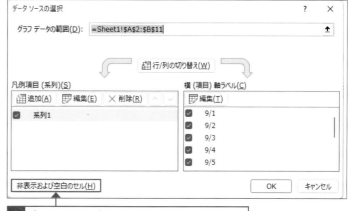

5 [非表示および空白のセル]をクリックします。

6 [非表示および空白セルの設定]ダイアログボックスが表示されます。

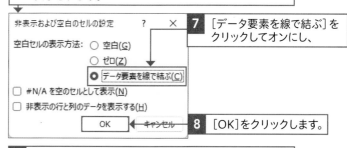

7 [データ要素を線で結ぶ]をクリックしてオンにし、

8 [OK]をクリックします。

9 [データソースの選択]ダイアログボックスに戻ったら、[OK]をクリックします。

10 途切れていた折れ線がつながりました。

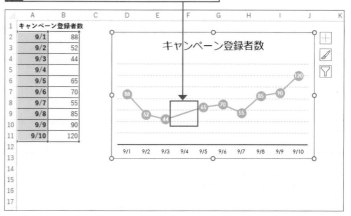

折れ線をなめらかな線にしよう

スムージングの設定

📁 練習▶068_在籍者数の推移.xlsx

▶ 折れ線をなめらかにして、データの傾向を読み解こう

通常の折れ線グラフでは、値（マーカー）と値（マーカー）は直線で結ばれます。値の差が大きければ折れ線の角は鋭角になりますが、**スムージングを設定すると値（マーカー）と値（マーカー）をなめらかな曲線で結ぶ**ことができます。データの推移の傾向を読み解くヒントがほしいときなどに利用しましょう。

Before) スムージングの設定前

通常の折れ線グラフでは、値（マーカー）と値（マーカー）は直線で結ばれます。

After) スムージングの設定後

スムージングを設定すると、値（マーカー）と値（マーカー）はなめらかな曲線で結ばれ、データの推移の傾向が読み取りやすくなります。

① スムージングを設定する

**折れ線を
よりなめらかに見せる**

マーカーなしの折れ線グラフにすると、スムージングを設定した折れ線をよりなめらかに見せることができます。

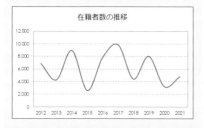

1 折れ線（データ系列）を右クリックし、

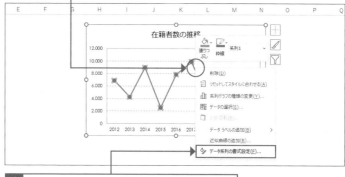

2 ［データ系列の書式設定］をクリックします。

3 ［データ系列の書式設定］作業ウィンドウが表示されます。

4 ［塗りつぶしと線］をクリックします。

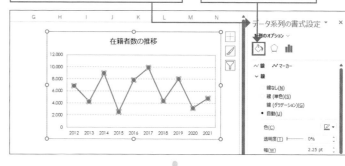

5 ［スムージング］をクリックしてオンにすると、

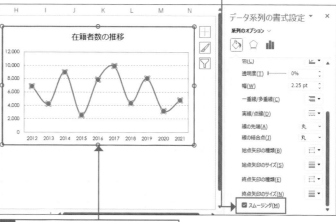

6 折れ線がなめらかになりました。

補足

**面グラフは
スムージングできない**

面グラフ（216ページ参照）では、スムージングを設定することはできません。

69 折れ線に系列名を追加しよう

データラベルの追加／データラベルの書式設定

📁 練習▶069_月別来客数.xlsx

▶ 凡例を表示せずに、直接折れ線に系列名を表示しよう

折れ線の色と系列の対応を凡例で表示せずに、直接折れ線に系列名を表示してみましょう。
系列名はデータラベルを使って表示します。このとき、特定の値（データ要素）だけにデータ
ラベルを表示させるのがポイントです。吹き出しのデータラベルに系列名を表示することもで
きます。

Before 系列名の表示前（凡例あり）

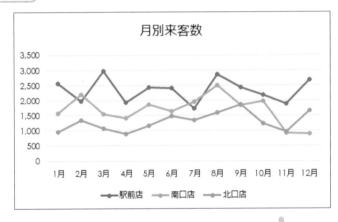

凡例を見ると折れ線の色と系
列の対応を確認できます。

After 系列名の表示後（凡例なし）

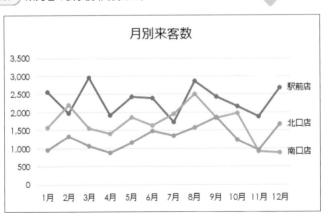

凡例を表示せず、折れ線に直
接系列名を表示して対応関係
を明示することもできます。

① 最後の項目に系列名のデータラベルを追加する

1 最後の項目のマーカーを2回クリックして選択します。

2 [グラフのデザイン]タブをクリックして、

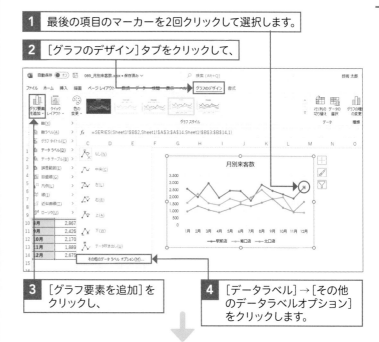

3 [グラフ要素を追加]を
クリックし、

4 [データラベル] → [その他
のデータラベルオプション]
をクリックします。

5 [データラベルの書式設定]
作業ウィンドウが表示され
ます。

6 [ラベルの内容]で[系列名]
をクリックしてオンにし、

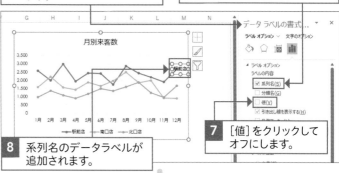

7 [値]をクリックして
オフにします。

8 系列名のデータラベルが
追加されます。

9 同様にほかの系列の最後の項目にも
系列名のデータラベルを追加し、

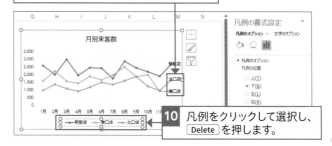

10 凡例をクリックして選択し、
Delete を押します。

11 凡例が削除されたらプロットエリアの幅を調整し、データラベルとデータ系列が重ならないようにします。

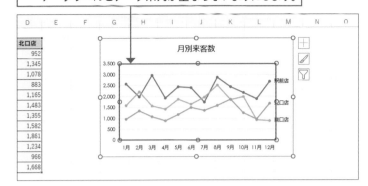

ヒント

[ラベルの内容]が表示されないときは

[ラベルオプション]をクリックして、さらに[ラベルオプション]をクリックします。

② レイアウトの変更から系列名のデータラベルを表示する

ヒント

任意の位置に系列名のデータラベルを追加する

それぞれの系列の最後の項目ではなく、任意の項目のマーカーにデータラベルを追加することもできます。また、[ラベルの内容]で[引き出し線を表示する]をオンにしておくと、ラベルをドラッグして移動したときに、折れ線とデータラベルを結ぶ引き出し線も表示できます。

データラベルをドラッグすると、

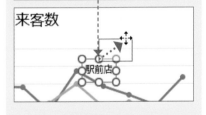

引き出し線が表示されます。

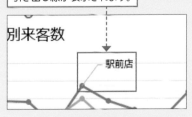

1 グラフをクリックして選択します。

2 [グラフのデザイン]タブをクリックして、

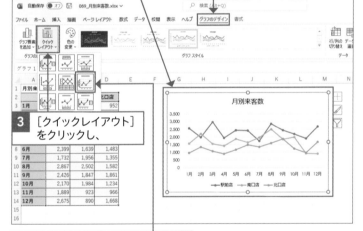

3 [クイックレイアウト]をクリックし、

4 [レイアウト6]をクリックします。

5 グラフのレイアウトが変更されました。

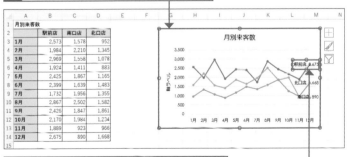

6 1つ目のデータラベルを2回クリックして編集できる状態にします。

ヒント

吹き出しで系列名を表示する

吹き出しのデータラベルにも系列名を表示できます。

1 特定のデータマーカーを選択し、

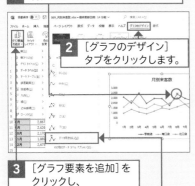

2 [グラフのデザイン] タブをクリックします。

3 [グラフ要素を追加] をクリックし、

4 [データラベル] → [データ吹き出し] をクリックします。

5 データラベルを選択してからダブルクリックし、[データラベルの書式設定] 作業ウィンドウの [ラベルの内容] で [系列名] だけオンにして、

6 必要に応じて [ラベルの位置] の設定も変更します。

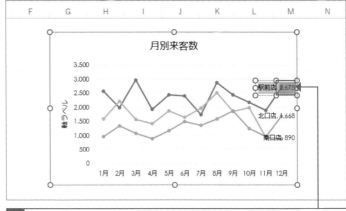

7 系列名より後ろ (,2,675) をドラッグして選択し、Delete を押します。

8 同様にほかの系列のデータラベルも系列名以外を削除し、

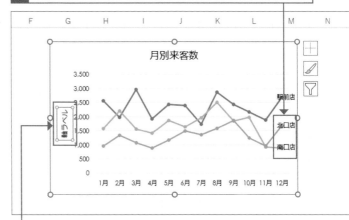

9 軸ラベルをクリックして選択し、Delete を押します。

10 軸ラベルが削除されたらプロットエリアの幅を調整し、データラベルとデータ系列が重ならないようにします。

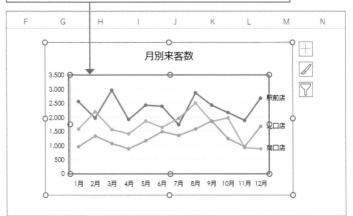

Section

70

面グラフでデータの推移を視覚的に示そう

面グラフの作成

📁 練習▶070_会員数の推移.xlsx

▶ データの推移を明確に見せたいときは面グラフを使おう

折れ線グラフの線から横軸にかけての領域を塗りつぶしたのが面グラフです。塗りつぶしの効果により、データの推移をより明確に示せる点に特徴があります。ただし、値の小さいデータ系列が背面に配置されると前面のデータ系列に覆われてしまうので、系列の順序に注意して使いましょう。

Before 折れ線グラフ

データの推移は折れ線で示されます。

After 3-D 折れ線グラフ

折れ線の線から横軸までの領域が塗りつぶされた面グラフにすると、データの推移が視覚的に明確になります。ただし、背面に隠れて見えない値もあります。

① 面グラフを作成する

解説

面グラフのメリット／デメリット

面グラフは折れ線で挟まれた領域を塗りつぶすことから、データの推移を明確に示したいときや、項目ごとの比率や総量を同時に表したいときに適しています。ただし、背面に隠れた値が読み取りづらいというデメリットがあります。できる限り背面に値の大きいデータ系列を配置し、前面に値の小さいデータ系列を配置し、見やすい面グラフになるようにしましょう。

| 1 | セル[A2]からセル[D9]までドラッグして表を選択します。 |

| 2 | [挿入]タブをクリックして、 |

| 3 | [折れ線／面グラフの挿入]をクリックし、 |

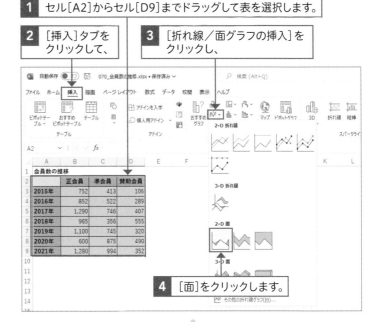

| 4 | [面]をクリックします。 |

| 5 | 面グラフが作成されました。 |

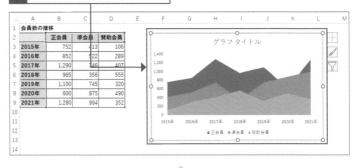

| 6 | 必要に応じてグラフタイトルを入力し、グラフを完成させます。 |

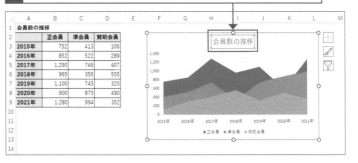

補足

その他の面グラフ

Excelでは、積み上げ面グラフと100%積み上げ面グラフも作成できます。積み上げ面グラフは、積み上げ縦棒／横棒グラフと同様にデータの推移と全体量を把握したいときによく使われるグラフです。100%積み上げ面グラフは見やすさの点で100%積み上げ縦棒／横棒グラフに劣り、使用の頻度は低い傾向にあります。

② 面グラフを見やすくする

💡ヒント

**3-D面グラフで背面の
データ系列を見せる**

3-D面グラフに変更すると、背面（奥）に配置されたデータ系列が見やすくなります。この場合も奥に値の大きいデータ系列、手前に値の小さいデータ系列が配置されるようにします。

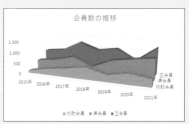

3-D面グラフに変更すると、通常の面グラフでは隠れていたデータ系列の頂点が見えるようになる場合があります。

⚠️注意

**2-D面グラフを
3-D面グラフにすると**

小さい値の系列が前面に配置された2-D形式の面グラフを3-D面グラフに変更すると、最前面に配置されていたデータ系列が最も奥に配置されます。手前に値の大きいデータ系列が配置されてグラフが見づらい場合は、系列の順序を変更します。系列の順序の変更方法は、172ページを参照してください。

1 最背面のデータ系列を右クリックし、

2 ［データ系列の書式設定］をクリックします。

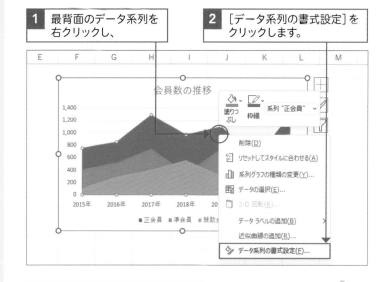

3 ［データ系列の書式設定］作業ウィンドウが表示されます。

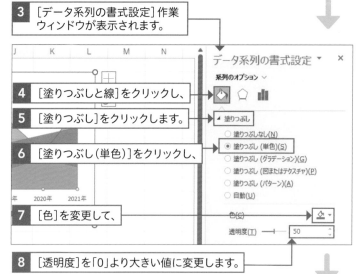

4 ［塗りつぶしと線］をクリックし、

5 ［塗りつぶし］をクリックします。

6 ［塗りつぶし（単色）］をクリックし、

7 ［色］を変更して、

8 ［透明度］を「0」より大きい値に変更します。

9 最背面のデータ系列が半透明になりました。

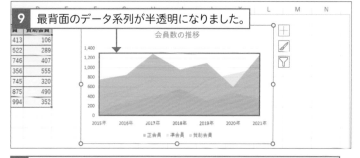

10 同様にほかのデータ系列にも透明度を設定すると、隠れていたデータ系列の頂点が透けて見えるようになります。

第 **7** 章

円グラフやドーナツグラフで
データの割合を見せよう

円グラフ／ドーナツグラフについて知ろう

▶ 円グラフとは

項目の構成比率、内訳を示したいときに用いるのが円グラフです。円グラフで扱えるデータの系列は1つのみで、値は基本的にパーセンテージで表します。

●円グラフ

構成比率や内訳を見るのに最も多用されているのが円グラフです。項目数が多くなると見づらくなるため、値の小さい項目は「その他」としてまとめます。円グラフには棒グラフや折れ線グラフのように縦軸・横軸はありません。凡例はなるべく用いずデータラベルを追加して、見やすく編集しましょう。

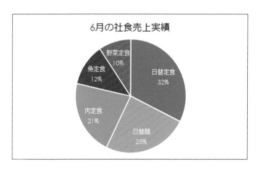

構成比、内訳を示す代表的なグラフが円グラフです。

●補助円グラフ付き円グラフ／補助縦棒付き円グラフ

特定の項目の内訳を、補助円グラフまたは補助縦棒で示すこともできます。これを「補助円グラフ付き円グラフ」「補助縦棒付き円グラフ」といいます。いずれも、Excelのグラフの種類に組み込まれているので、補助円グラフ／補助縦棒用のデータさえ用意しておけばかんたんに作成できます。

補助円グラフまたは補助縦棒付きの円グラフなら、特定の項目の内訳を示せます。

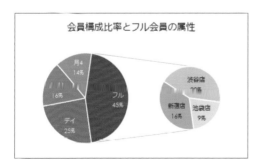

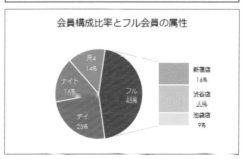

ドーナツグラフやサンバーストズは、円グラフとは異なり複数の系列を扱うことができ、データの割合と階層構造を見せるのに役立ちます。ただし、円グラフ同様、項目や系列の数が増えると見づらくなります。見やすさが損なわれない範囲で利用しましょう。

●ドーナツグラフ

ドーナツグラフは、その名の通り円の中央に穴が開いたドーナツ状のグラフです。円グラフとはことなり複数の系列を扱えるほか、スピードメータのようなスタイリッシュな見た目にできるのも特徴です。

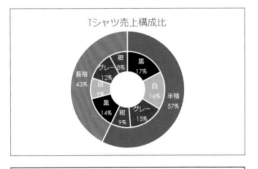

ドーナツグラフなら、割合とともに階層構造を示すことができます。

ドーナツグラフを編集すると、スピードメーターのようなグラフも作成できます。

●サンバースト図

階層化されたデータをドーナツ状のグラフで示したのが「サンバースト図」です。ドーナツグラフよりも比較的簡単に作成できるのが利点ですが、データ系列の色を項目ごとに変えたり、表の並び順と同じ順序で表示したり、データラベルにパーセンテージを表示したりすることはできません。

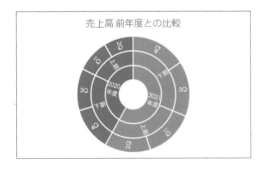

データラベルは自動で追加されるので、グラフの作成に時間がかかりません。色数も少なく見やすい一方、ドーナツグラフのように細かな編集はできません。

項目と割合を
見やすく示そう

データラベルの追加

📁 練習▶071_6月の社食売上実績.xlsx

▶ 円グラフでは凡例は使わずデータラベルでパーセンテージと項目名を示す

円グラフを初期設定で作成すると、自動的に凡例がグラフ下に表示されます。このままでは
凡例とグラフの対応をいちいち読み取る必要があり、一目で内容を判断するのが難しくなっ
てしまいます。項目名とパーセンテージはデータラベルとして円グラフに組み込み、見やすく
整えましょう。

Before 凡例を使った円グラフ

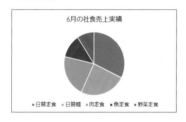

After 凡例を削除し、データラベルを追加した円グラフ

データラベルに項目名とパーセンテージを表示する
と、一目で内容がわかる円グラフになります。

① 項目名とパーセンテージのデータラベルを追加する

💡 **ヒント**

**クイックレイアウトで
データラベルを追加する**

[グラフのデザイン]タブの[クイックレイアウト]をクリックし、[レイアウト1]
をクリックすると、項目名とパーセンテージのデータラベルを追加すると同時
に、凡例を非表示にできます（229ページ参照）。

1 グラフをクリックして選択します。

2 [グラフのデザイン]タブをクリックします。

3 [グラフ要素を選択]をクリックし、

4 [データラベル]→[その他のデータラベルオプション]をクリックします。

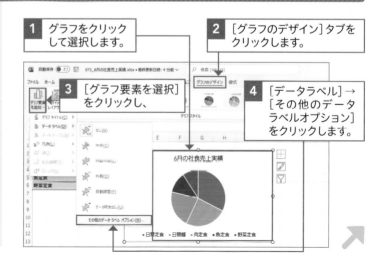

円グラフを大きくするには

プロットエリアを選択し、四隅のハンドルを外側に向けてドラッグすると、円グラフを大きくできます。

データラベルのフォントの色を変更する

データ要素の塗りつぶしの色が濃い場合は、データラベルのフォントの色を白など薄い色に変更すると見やすくなります。フォントの色は、データラベルを選択した状態で、[ホーム]タブの[フォントの色]をクリックするか、[書式]タブの[文字の塗りつぶし]をクリックすると変更できます。

データラベルの位置を調整する

データラベルの位置が項目の境目に重なって見づらいときは、データラベル全体をクリックして選択してから特定のデータラベルをさらにクリックして選択し、それぞれ個別にドラッグして位置を調整しましょう。

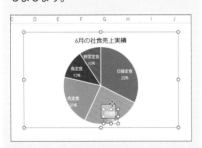

2回のクリックで特定のデータラベルを選択できます。

---

5 [データラベルの書式設定]作業ウィンドウが表示されます。

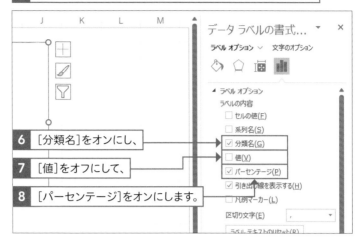

6 [分類名]をオンにし、

7 [値]をオフにして、

8 [パーセンテージ]をオンにします。

9 データラベルが追加されます。

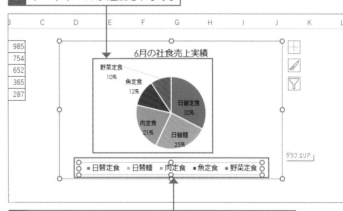

10 凡例をクリックして選択し、Delete を押して削除します。

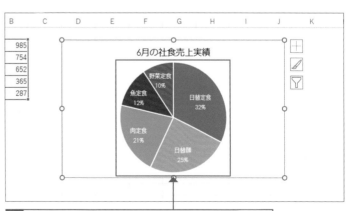

11 必要に応じてデータラベルの位置やフォントの色、プロットサイズの大きさを変更します。

注目させたい要素を切り出して強調しよう

データ要素の切り出し

練習▶072_新製品の評価ポイント_完成.xlsx

▶ データ要素を切り出し、色も変えて目立たせよう

円グラフの中で特に**目立たせたい項目（データ要素）**があるときは、パイやピザのように切り出して見せると効果的です。項目（データ要素）の切り出しは、ドラッグ操作でかんたんに行えます。また、切り出した項目（データ要素）の塗りつぶしの色を変更すると、よりいっそう目立たせることができます。

Before 項目（データ要素）の切り出し前

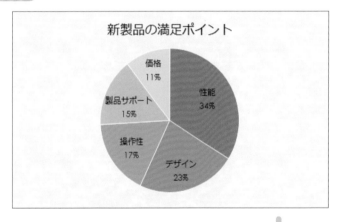

たとえば、「製品サポート」のシェアが高まったことを伝えたい場合は、

After 項目（データ要素）の切り出し後

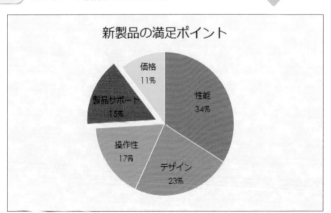

「製品サポート」の項目（データ要素）だけ切り出して、塗りつぶしの色を変えると効果的です。

① 特定の項目（データ要素）を切り出す

 補足

数値を指定して切り出す

特定のデータ要素を選択して右クリックし、[データ要素の書式設定]作業ウィンドウで、数値を指定してデータ要素を切り出すこともできます。

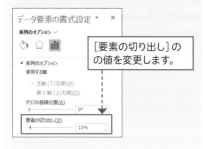

[要素の切り出し]の値を変更します。

 ヒント

すべての項目（データ要素）を切り離す

特定の項目（データ要素）ではなく、円グラフ全体（データ系列）を右クリックして[データ系列の書式設定]をクリックすると、[データ系列の書式設定]作業ウィンドウが表示されます。ここで[円の切り出し]の値を変更すると、すべての項目（データ要素）を切り離すができます。

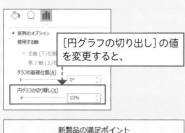

[円グラフの切り出し]の値を変更すると、

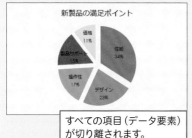

すべての項目（データ要素）が切り離されます。

1 特定の項目（データ要素）を2回クリックして選択します。

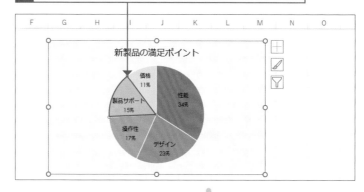

2 外側に向けてドラッグします。

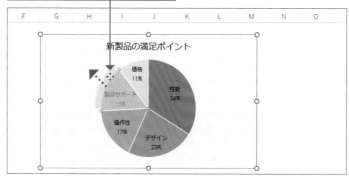

3 [書式]タブをクリックし、

4 [図形の塗りつぶし]をクリックして、

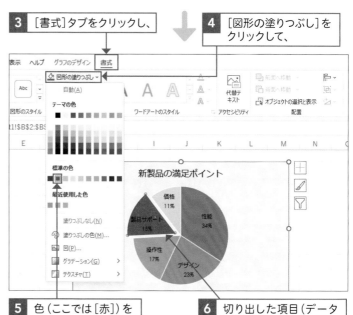

5 色（ここでは[赤]）をクリックすると、

6 切り出した項目（データ要素）の色が変わります。

73

円グラフを回転させよう

グラフの基線位置の変更

練習▶073_見守りサービスの業界シェア.xlsx

▶ 円を回転させて特定の項目(データ要素)を思い通りの位置に配置しよう

円グラフは、値の大きい順から順番に並べた表を元に作成するのが一般的です。このとき、値の大きい項目(データ要素)から0度の位置を基線にして時計回りに並びます。並び順を変えるには表の並び順を変えることになりますが、**円グラフを回転させることで、強調したい項目の位置を変更する**こともできます。

Before　円グラフの回転前

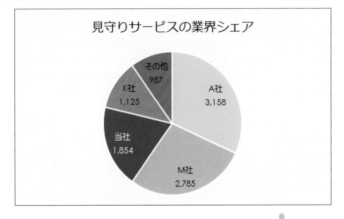

自社の項目を0度の位置に表示したいときは、

After　円グラフの回転後

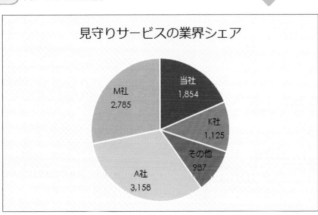

基線位置を変更して、円グラフを回転させます。

① 基線位置を変更する

 解説

大きい項目(データ要素)から並べるのが基本

円グラフでは、値の大きい項目(データ要素)から値の小さい項目(データ要素)へと順番に並べるのが基本です。値の小さい項目が0度の基線位置に配置されると不安定な印象となるため、元となる表を値の降順で並べ替えてから円グラフを作成するようにします。

ヒント

項目(データ要素)の並び順を入れ替える

円グラフの項目(データ要素)の並び順は、自由に入れ替えることができません。目的とする並び順がある場合は、グラフの元となる表の並び順を入れ替えます。

注意

3-D円グラフを回転させて使わない

手前に配置された項目(データ要素)が最も目立ちます。データの誇張につながるので、このような使用はなるべく避けましょう。

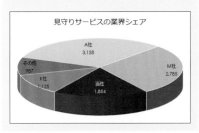

1 データ要素を右クリックし、

2 [データ系列の書式設定]をクリックします。

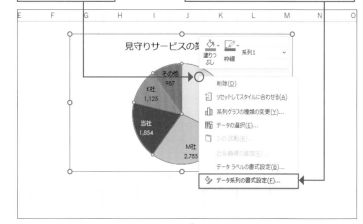

3 [データ系列の書式設定]作業ウィンドウが表示されます。

4 [グラフの基線位置]のスライダーをドラッグしておおよその位置まで回転させます。

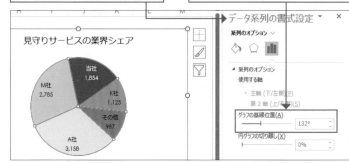

5 [グラフの基線位置]の ⌃ または ⌄ をクリックし、目的のデータ要素が0度の位置にくるよう微調整します。

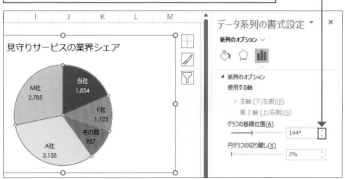

Section 74 データの内訳を 小さい円グラフで示そう

補助円グラフ付き円グラフ／補助縦棒グラフ付き円グラフ

練習▶074_会員構成比率とフル会員の属性.xlsx

▶ 特定の項目の内訳を小さな円グラフや積み上げ縦棒グラフで示そう

特定の項目（データ要素）の内訳を、小さな円グラフ（補助円グラフ）または積み上げ縦棒（補助縦棒）で示すことができます。これを「補助円グラフ付き円グラフ」「補助縦棒グラフ付き円グラフ」といいます。作成の際には、大きな円グラフとは別に補助円グラフまたは補助縦棒グラフ用の表も用意しておきます。

Before 通常の円グラフ

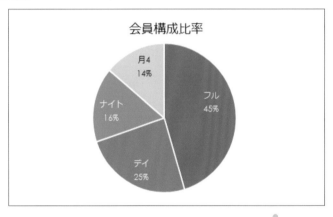

DVDの内訳を掘り下げて見せたいときは、

After 補助円グラフ付き円グラフ

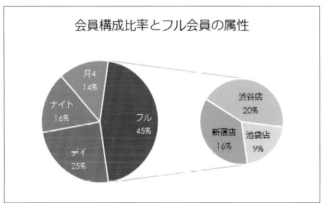

補助円グラフで細目を示すことができます。

① 補助円グラフ付き円グラフを作成する

補足

データ範囲を
選択するときのポイント

補助円グラフ／補助縦棒グラフ付き円グラフを作成する際は、補助円グラフ／補助縦棒グラフで内訳を示したい項目はデータ範囲に含めないようにします。ここでは、「フル」の内訳を補助円で示したいので、「フル」を除く表の範囲を選択しています。

1 Ctrl を押しながらこのようにドラッグし、内訳を示したい項目（データ要素）を除くデータを範囲選択します。

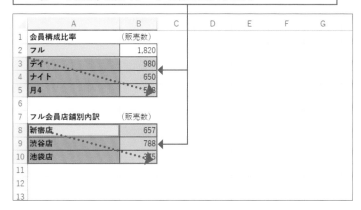

2 ［挿入］タブをクリックし、

3 ［円またはドーナツグラフの挿入］をクリックして、

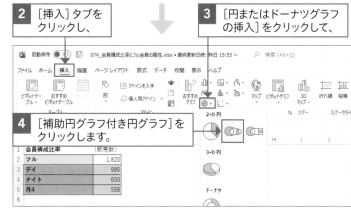

4 ［補助円グラフ付き円グラフ］をクリックします。

ヒント

クイックレイアウトでデータ
ラベルを追加する

［グラフのデザイン］タブの［クイックレイアウト］をクリックし、［レイアウト1］をクリックすると、項目名とパーセンテージのデータラベルの追加と凡例を非表示を同時に行えるので便利です。

5 補助円グラフ付き円グラフが作成されました。

6 ［グラフのデザイン］タブをクリックし、

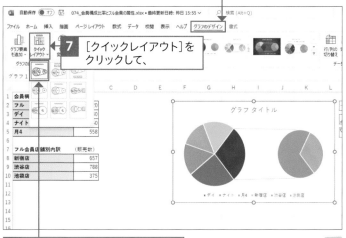

7 ［クイックレイアウト］をクリックして、

8 ［レイアウト1］をクリックします。

💬 解説

内訳を示す項目は「その他」として表示される

補助円／補助縦棒グラフ付き円グラフを作成した直後は、内訳を示す対象となる項目は「その他」として表示されます。この項目名を、手動で「フル」に変更します。

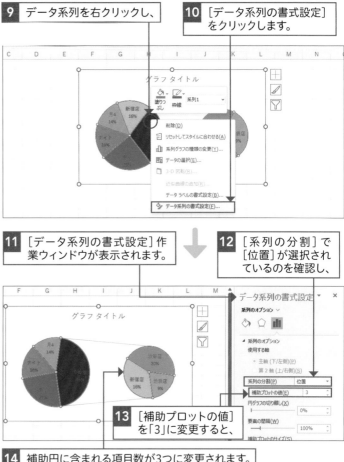

9 データ系列を右クリックし、

10 ［データ系列の書式設定］をクリックします。

11 ［データ系列の書式設定］作業ウィンドウが表示されます。

12 ［系列の分割］で［位置］が選択されているのを確認し、

13 ［補助プロットの値］を「3」に変更すると、

14 補助円に含まれる項目数が3つに変更されます。

② データラベルの内容や色を調整する

💬 解説

データラベルを見やすくする

データ要素の塗りつぶしの色とデータラベルの文字の色が似ている場合は、文字が見やすくなるよう文字の色を変更します。文字の色は、［書式］タブの［文字の塗りつぶし］でも変更できます。

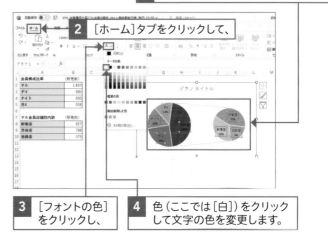

1 データラベルをクリックして選択します。

2 ［ホーム］タブをクリックして、

3 ［フォントの色］をクリックし、

4 色（ここでは［白］）をクリックして文字の色を変更します。

ヒント

補助縦棒グラフ付き円グラフを作成する

表を選択して［挿入］タブをクリックし、［円またはドーナツグラフの挿入］→［補助縦棒グラフ付き円］をクリックすると、補助縦棒付き円グラフを作成できます。

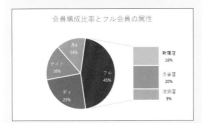

補助円グラフ付き円グラフの場合と同様の操作で、補助縦棒グラフ付き円グラフも作成できます。

ヒント

補助円グラフの大きさや位置を調整する

データ系列を右クリックして［データ系列の書式設定］をクリックし、［データ系列の書式設定］作業ウィンドウで、補助円グラフの大きさや位置も調整できます。

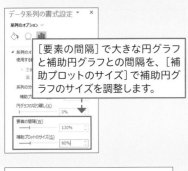

［要素の間隔］で大きな円グラフと補助円グラフとの間隔を、［補助プロットのサイズ］で補助円グラフのサイズを調整します。

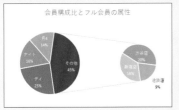

補助円グラフが小さくなり、大きな円グラフとの間隔が開きました。

---

5 「その他」をドラッグして選択します。

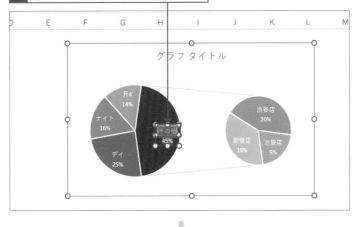

6 「フル」と入力し直します。

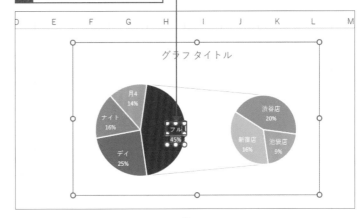

7 必要に応じてほかのデータラベルの文字の色も変更し、

8 グラフタイトルを入力してグラフを完成させます。

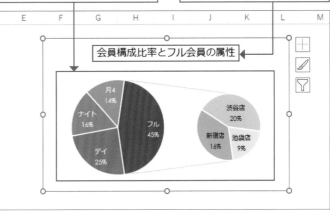

75 ドーナツ状の円グラフを作ろう

ドーナツグラフの作成

📁 練習▶075_商品売上構成比.xlsx

▶ 複数系列を扱えるドーナツグラフなら、大分類と小分類の内訳を同時に示せる

ドーナツグラフは、文字通り円の中央に穴があいたドーナツ状のグラフです。円グラフと同じく構成比を示すのに使うグラフですが、1系列のデータしか扱えない円グラフとは異なり、複数の系列のデータを扱うことができます。**大分類と小分類の内訳を示して階層構造を見せたい**ときに利用しましょう。

Before 円グラフ

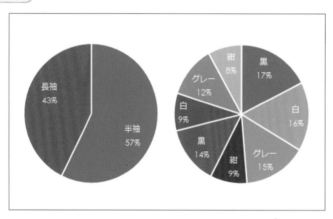

このような大分類と小分類を示す2つの円グラフを、

After ドーナツグラフ

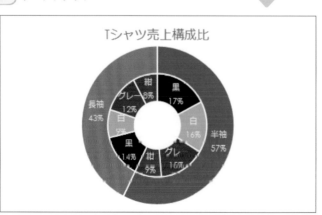

ドーナツグラフなら1つのグラフとしてまとめることができます。

① ドーナツグラフを作成する

💬 解説

ドーナツグラフは 2系列程度がおすすめ

ドーナツグラフでは複数の系列を扱えますが、3系列以上になるとかなり見づらくなります。3系列以上を扱う場合は、サンバースト図（252ページ参照）や100%積み上げ縦棒／横棒グラフの利用も検討しましょう。

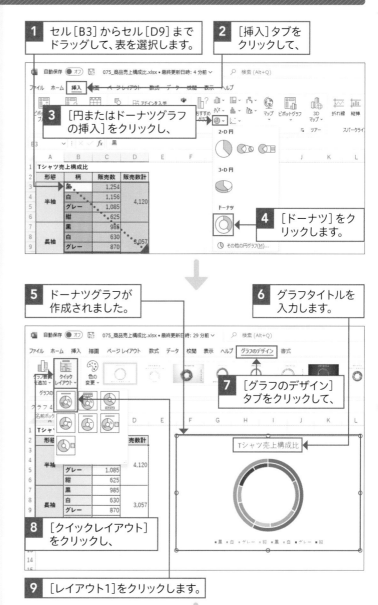

1 セル［B3］からセル［D9］までドラッグして、表を選択します。

2 ［挿入］タブをクリックして、

3 ［円またはドーナツグラフの挿入］をクリックし、

4 ［ドーナツ］をクリックします。

5 ドーナツグラフが作成されました。

6 グラフタイトルを入力します。

7 ［グラフのデザイン］タブをクリックして、

8 ［クイックレイアウト］をクリックし、

9 ［レイアウト1］をクリックします。

💡 ヒント

プロットエリアの サイズを調整する

項目名とパーセンテージのデータラベルが窮屈にならないよう、ドーナツグラフのサイズをできる限り大きく調整します。ドーナツグラフのサイズは、プロットエリアを選択し、四隅のハンドルを外側に向けてドラッグすると拡大できます。その際、［Ctrl］を押しながらドラッグすると、中心を基点にプロットエリアを拡大できます。

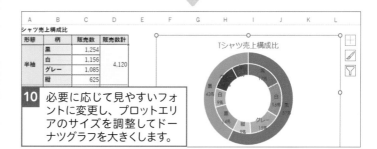

10 必要に応じて見やすいフォントに変更し、プロットエリアのサイズを調整してドーナツグラフを大きくします。

② ドーナツグラフの穴のサイズを変更する

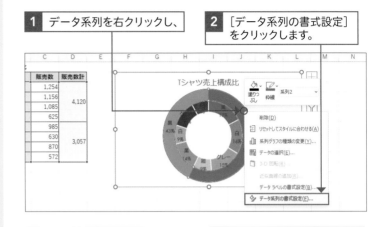

1 データ系列を右クリックし、

2 [データ系列の書式設定]をクリックします。

3 [データ系列の書式設定]作業ウィンドウが表示されます。

4 [ドーナツの穴の大きさ]のスライダーをドラッグするか数値を変更すると、

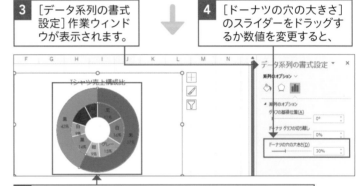

5 リアルタイムでドーナツグラフの穴のサイズが変わります。

ⓥ ヒント

ドーナツグラフを切り離す

[データ系列の書式設定] 作業ウィンドウで [ドーナツグラフの切り離し] のスライダーをドラッグするか数値を変更すると、外側の系列の項目を切り離すことができます。ただし、内側の項目を切り離すことはできません。

③ データラベルを編集する

🗨 解説

データラベルは系列ごとに編集する

内側の系列のデータラベルと外側の系列のデータラベルを同時に編集することはできません。データラベルは系列ごとに編集します。なお、データラベルのフォントの色は、[書式] タブの [文字の塗りつぶし] でも変更できます。

1 内側の系列のデータラベルをクリックして選択し、

2 [ホーム]タブをクリックして、

3 [フォントの色]でフォントの色を変更します。

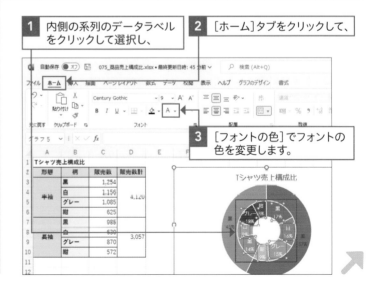

ヒント

データラベルの位置

ドーナツグラフのデータラベルは、円グラフのように内側、外側といった位置の指定ができません。データラベルの位置を調整したいときは、手動でドラッグします。このとき、ドーナツグラフの外側にデータラベルをドラッグすると引き出し線が表示されます。

ヒント

外側の系列のデータ
ラベルを編集する

外側の系列のデータラベルには、グラフの元になっている表の小分類の1項目が項目名として表示されているので、大分類の項目名に手動で修正します。修正したいデータラベルを2回クリックして選択し、修正したい文字列をドラッグして選択してから文字を入力し直しましょう。

補足

データ要素の色を
変更する

[書式]タブの[図形の塗りつぶし]をクリックしてもデータ要素の塗りつぶしの色を変更できます。

4 同様に、外側の系列のデータラベルの書式を変更し、項目名をそれぞれ「半袖」「長袖」に修正します。

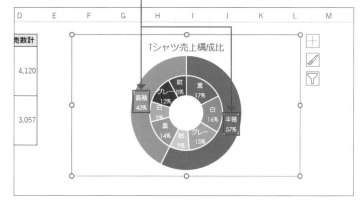

5 特定のデータ要素を2回クリックして選択します。

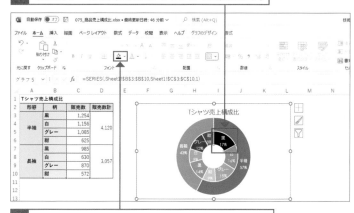

6 [塗りつぶしの色]で塗りつぶしの色を変更します。

7 同様にほかの系列のデータ要素の塗りつぶしの色を変更します。

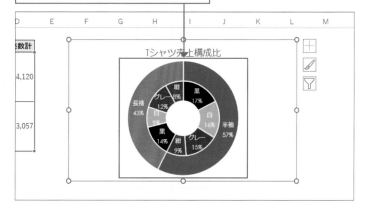

Section

76 | スピードメーターのような グラフを作ろう

ドーナツグラフの編集

練習▶076_アンケート結果.xlsx

▶ ドーナツグラフを編集すると、スピードメーターのようなグラフが作れる

ドーナツグラフを編集すると、スピードメーターのようなスタイリッシュなグラフを作成できます。ドーナツの穴の大きさを大きくし、その中にパーセンテージやグラフの内容を示す文字などを配置するのがポイントです。ドーナツの穴の中に配置する文字は、テキストボックスを使って入力します。

Before　初期設定で作成したドーナツグラフ

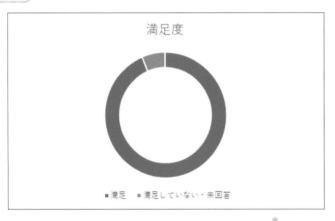

通常のドーナツグラフではパッと見ただけで伝わりにくい情報も、

After　編集後のドーナツグラフ

スピードメーターのようなデザインにして、わかりやすいグラフにできます。

1 ドーナツグラフの形や色を変更する

 ヒント

グラフタイトルや凡例の削除

初期設定でドーナツグラフを作成すると、グラフタイトルと凡例も表示されます。それぞれクリックして選択し、Delete を押して削除します。

グラフタイトルと凡例は削除します。

1 ドーナツグラフを作成し、タイトルと凡例を削除しておきます。

2 データ系列を右クリックし、

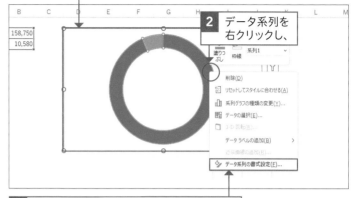

3 [データ系列の書式設定]をクリックします。

4 [データ系列の書式設定]作業ウィンドウが表示されます。

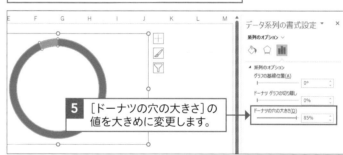

5 [ドーナツの穴の大きさ]の値を大きめに変更します。

 解説

データ要素ごとに色を変更する

項目(データ要素)全体をクリックして選択してから特定の項目(データ要素)をさらにクリックして選択すると、それぞれの項目(データ要素)ごとに塗りつぶしの色や線の設定を変更できます。

6 [書式]タブをクリックし、

7 [図形の塗りつぶし]でデータ要素ごとに塗りつぶしの色を変更し、

8 [図形の枠線]で線なしに変更します。

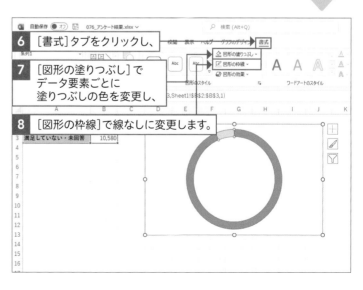

② ドーナツの穴の中にテキストを入力する

ヒント

グラフを選択した状態で
テキストボックスを描画する

テキストボックスは、グラフが選択されている状態で描画します。グラフが選択されていない状態でテキストボックスを描画すると、テキストボックスはグラフの中に組み込まれず、グラフとバラバラで扱うことになるので注意しましょう。

1 [挿入]タブをクリックします。

2 [テキスト]をクリックして、

3 ここをクリックし、

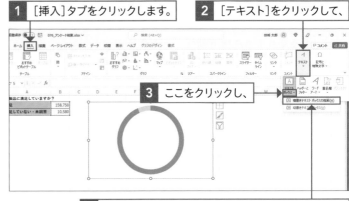

4 [横書きテキストボックスの描画]をクリックします。

5 グラフが選択された状態のままグラフ上でドラッグし、テキストボックスを描画します。

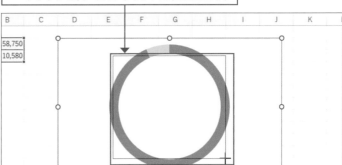

6 [ホーム]タブをクリックし、

ヒント

バランス良く文字を入力する

文字は項目（データ要素）と同じ色にしたり、数字のフォントサイズだけを大きくしたりして、バランス良く入力します。太めで数字が読みやすいフォントに変更するのもポイントです。
フォントもフォントの色、サイズも、すべて[ホーム]タブで変更できます。

7 好みのフォント、フォントサイズ、色で文字を入力したら、文字列全体を選択して、

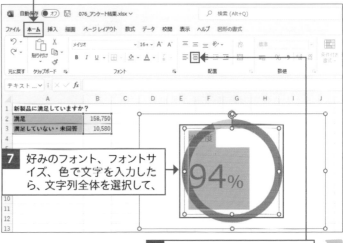

8 [中央揃え]をクリックします。

解説

テキストボックス内の行間の調整

テキストボックス内の文字の行間の変更は、[段落]ダイアログボックスで行います。行間を狭めたい場合は[行間]を固定値に変更し、[間隔]の値を調整します。

9 下の行の文字列を選択して右クリックし、

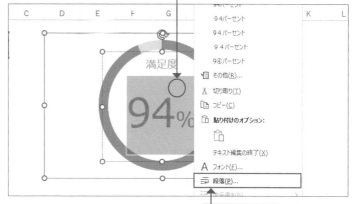

10 [段落]をクリックします。

11 [段落]ダイアログボックスが表示されます。

12 [行間]を[固定値]に変更し、

13 [間隔]をやや小さめの値に変更して、

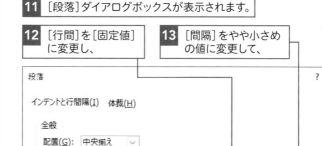

14 [OK]をクリックします。

ヒント

図形に文字を入力して加工する

[挿入]タブの[図]→[図形]から円や四角形を描画し、描画した図形を選択したままキーボードで文字を入力すると、図形の中に文字を入力することができます。この方法を使って円の中に文字を入力して円グラフの中央に配置すると、手順**15**で完成したグラフと似たようなグラフを作成できます。

文字を入力した円には塗りつぶしも設定できます。

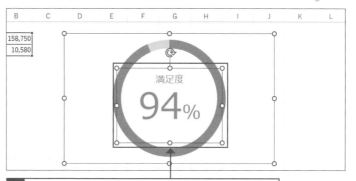

15 必要に応じてテキストボックスの位置を調整します。

円グラフとドーナツ
グラフを組み合わせよう

複合グラフ

練習▶077_販売経路の内訳.xlsx

▶ 一部の項目だけ細目を見せる円グラフも作れる

円グラフとドーナツグラフの複合グラフを加工すると、**円グラフの一部の項目だけをドーナツグラフのように階層構造で見せる**ことができます。たとえば、販売経路を「店頭」と「店頭以外」で大きく大別して見せながら、「店頭以外」の販売経路だけを詳細に見せたいという場合に有効です。

Before ドーナツグラフの場合

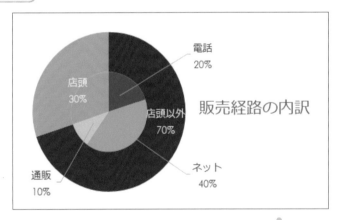

ドーナツグラフでは「店頭」の項目だけをきれいに1階層で見せることができず、「店頭以外」の詳細は内側の円として表現さるため見づらくなります。

After 円グラフとドーナツグラフの複合グラフの場合

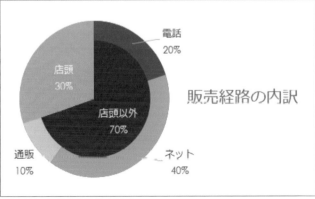

複合グラフにすると、「店頭」の項目をきれいに1階層として見せることができます。「店頭以外」の詳細は外側の円として表垻され、見やすく内容が伝わりやすいグラフになります。

解説

表の作り方

グラフの元となる表には、パーセンテージで値を入力しておきます。また、外側の円で表現したいデータと、内側の円で表現したいデータを別の列に入力するようにします。

店頭or店頭以外	店頭以外	70%	
	店頭	30%	
店頭以外の内訳	電話		20%
	ネット		40%
	通販		10%
	店頭		30%

内側の円と外側の円で表現したいデータを別の列に入力します。

グラフタイトルの位置の調整

グラフタイトルはクリックして選択してドラッグすれば、グラフの横に配置できます。円グラフはプロットエリアの幅が狭いので、グラフの横にグラフタイトルを配置するのもおすすめです（340ページ参照）。

1 表のこの部分を選択します。

2 [挿入]タブをクリックして、

3 [複合グラフの挿入]をクリックし、

4 [ユーザー設定の複合グラフを作成する]をクリックします。

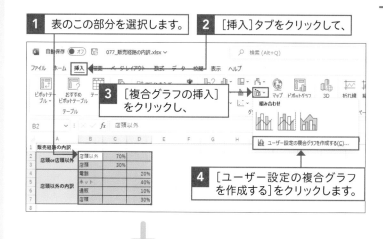

5 [グラフの挿入]ダイアログボックスが表示されます。

6 系列1のグラフの種類を[円]、系列2のグラフの種類を[ドーナツ]にし、

7 系列1の[第2軸]をオフ、系列2の[第2軸]をオンにして、

8 [OK]をクリックします。

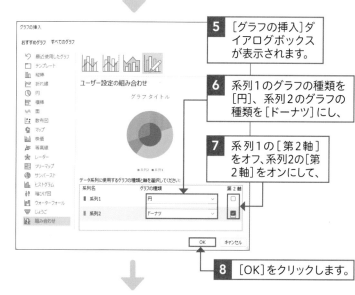

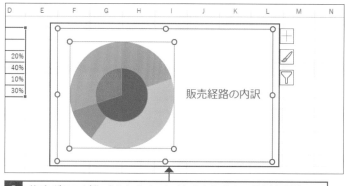

9 複合グラフが作成されます。タイトルを入力して凡例を削除し、プロットエリアやグラフタイトルの位置やサイズを調整したら、必要に応じてフォントも変更しておきます。

② 外側の円のデータ系列にデータラベルを表示する

1 外側の円のデータ系列を右クリックし、

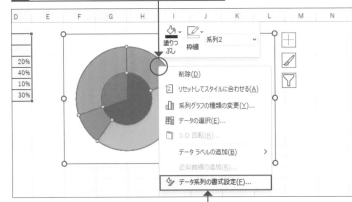

2 [データ系列の書式設定]をクリックします。

3 [データ系列の書式設定]作業ウィンドウが表示されます。

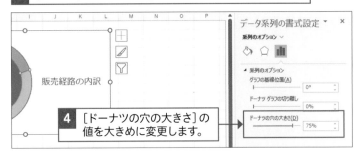

4 [ドーナツの穴の大きさ]の値を大きめに変更します。

5 外側の円のデータ系列が選択された状態のまま[グラフのデザイン]タブをクリックします。

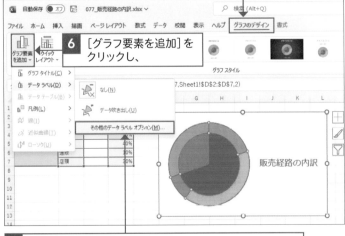

6 [グラフ要素を追加]をクリックし、

7 [データラベル]→[その他のデータラベルオプション]をクリックします。

 解説

外側の円の面積の変更

外側の円をどのくらいの面積で表示させるかは、[データ系列の書式設定]作業ウィンドウの[ドーナツの穴の大きさ]で設定します。数字が大きいほど、外側の円の面積は小さくなります。

 ヒント

[データラベルの書式設定]作業ウィンドウを表示する

ここでは吹き出し以外の形式で外側の円にデータラベルを追加したいので、[データラベルの書式設定]作業ウィンドウを表示します。

引き出し線の表示

[引き出し線を表示する]は初期設定でオンになっています。このあと、データラベルを移動したときに引き出し線を表示させたいので、ここではオンにしたままにしておきます。

特定のデータラベルを選択／移動する

データラベル全体が選択された状態で、特定のデータラベルをクリックすると、そのデータラベルだけを選択できます。特定のデータラベルだけが選択された状態でドラッグすると、データラベルの位置を個別に調整できます。

8 [データラベルの書式設定]作業ウィンドウが表示されます。

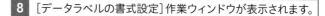

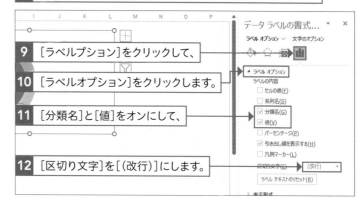

9 [ラベルプション]をクリックして、

10 [ラベルオプション]をクリックします。

11 [分類名]と[値]をオンにして、

12 [区切り文字]を[(改行)]にします。

13 [ホーム]タブをクリックします。

14 必要に応じて[フォントサイズ]でフォントサイズを変更します。

15 「電話」「ネット」「通販」のデータラベルを、それぞれ個別に選択してドラッグし、位置を調整します。

16 「店頭」のデータラベルを選択し、Delete を押して削除します。

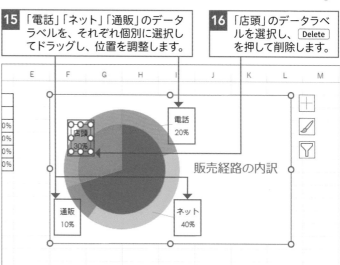

③ 内側の円のデータ系列にデータラベルを表示する

1 内側の円のデータ系列をクリックします。

2 [グラフのデザイン]タブをクリックします。

3 [グラフ要素を選択]をクリックし、

4 [データラベル]→[その他のデータラベルオプション]をクリックします。

5 [データラベルの書式設定]作業ウィンドウが表示されます。

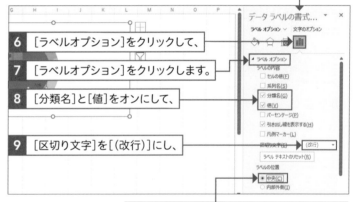

6 [ラベルオプション]をクリックして、

7 [ラベルオプション]をクリックします。

8 [分類名]と[値]をオンにして、

9 [区切り文字]を[(改行)]にし、

10 [ラベルの位置]で[中央]をオンにします。

11 [ホーム]タブをクリックします。

12 必要に応じて、[フォントサイズ]や[フォントの色]でフォントサイズやフォントの色を変更します。

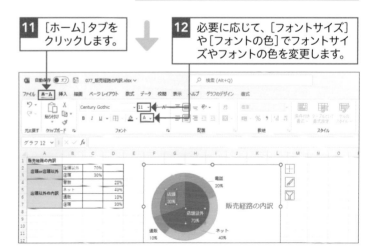

ヒント

ラベルの内容を複数表示する場合

複数のラベルの内容を「,(コンマ)」「;(セミコロン)」「.(ピリオド)」またはスペースで区切って表示させることができるほか、内容ごとに改行して表示させることができます。

7

補足

データラベルのフォントの色

項目(データ要素)の塗りつぶしの色が濃い場合は、データラベルのフォントの色を白に変更すると見やすくなります。

④ 項目(データ要素)の塗りつぶしの色を変更する

注意

項目(データ要素)の色を変更する際の注意点

1階層として見せたい項目(データ要素)の色は、外側の円のも内側の円も同じ色に変更します。それ以外は、すべてほかの色に変更するのがポイントです。

ヒント

1階層として見せる項目(データ要素)を切り離す

1階層として見せる項目(データ要素)について、外側の円にも内側の円にも同じ切り出しの設定をすると、1階層の項目と2階層の項目を切り離すことができます(要素の切り出しについては225ページ参照)。

1階層として見せたい項目(データ要素)について、外側の円、内側の円とも同じ値で[要素の切り出し]を指定します。

1階層の項目(データ要素)が切り離されます。

---

1 1階層で見せたい項目の外側の円のデータ要素を選択します。

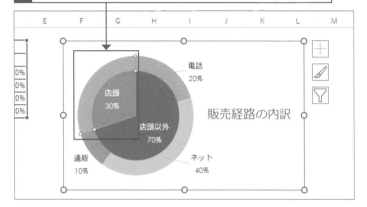

2 [塗りつぶしの色]で塗りつぶしの色を変更します。

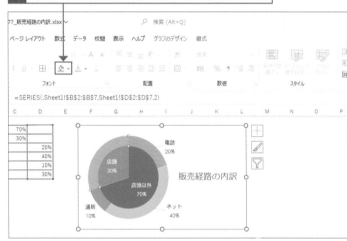

3 同様の操作で、外側と内側どちらの円もすべてのデータ要素の塗りつぶしの色を変更します。

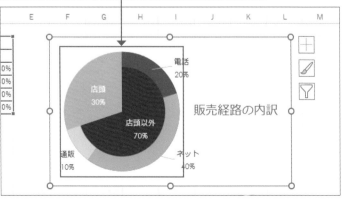

Section

78 左右対称の半円グラフでデータを比較しよう

ドーナツグラフのコピー／**編集**

📁 練習▶078_セミナー満足度調査.xlsx

▶ 2つのドーナツグラフを組み合わせて1つのグラフに見せよう

半分に分割したドーナツグラフを左右対称に並べて、双方のデータを比較できるグラフを作成しましょう。最初から半分に分割したドーナツグラフを作ることはできないため、**ドーナツグラフを2つ作って右半分または左半分をそれぞれ透明**にし、位置を調整して1つのグラフに見えるよう工夫します。

Before 複数の円グラフ

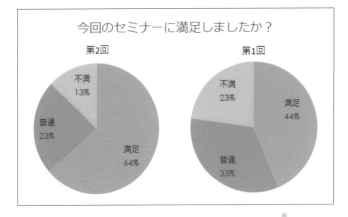

本来なら2つの円グラフまたはドーナツグラフで表すデータを、

After 2つの円グラフを1つにまとめたドーナツグラフ

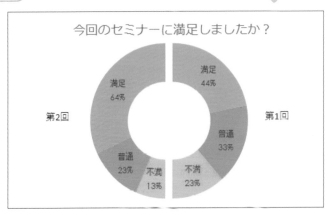

半分に分割したドーナツグラフを左右対称に並べて、1つのグラフとして比較できるようにします。

① 元となるドーナツグラフを作成する

💬 解説

元にする表の作り方

グラフの元にする表には、数値をパーセンテージ換算したデータを入力しておきます。このとき、「第1回」と「第2回」、それぞれが合計100%（総計200%）になるようにします。また、2つ目の表の項目の並び順は、1つ目の表とは逆の並び順にしておきます。

第1回	満足	475	44%
	普通	364	33%
	不満	248	23%

第2回	不満	142	13%
	普通	257	23%
	満足	698	64%

Ctrl を押しながらこのようにドラッグして選択します。

1 Ctrl を押しながら、2つの表の項目名とパーセンテージを選択します。

2 [挿入]タブをクリックして、

3 [円またはドーナツグラフの挿入]をクリックし、

4 [ドーナツ]をクリックします。

5 ドーナツグラフが作成されました。

6 タイトルを入力します。

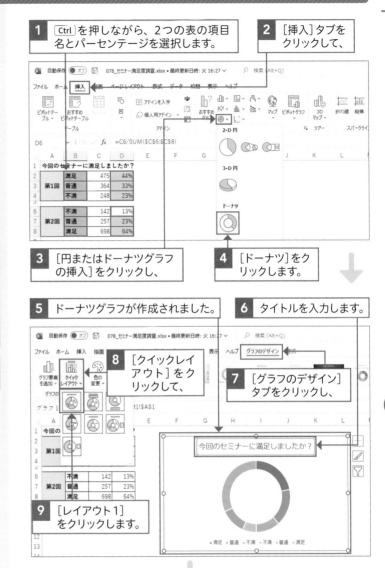

8 [クイックレイアウト]をクリックして、

7 [グラフのデザイン]タブをクリックし、

9 [レイアウト1]をクリックします。

10 必要に応じて、プロットエリアを広げて見やすくします。

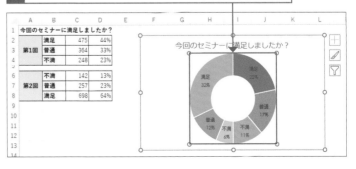

💡 ヒント

プロットエリアのサイズを調整する

グラフのレイアウト変更時に、グラフが小さくなってしまった場合は、プロットエリアを選択し、四隅のハンドルを外側に向けてドラッグして拡大します。Ctrl を押しながらドラッグすると、中心を基点にプロットエリアを拡大できます。

② ドーナツグラフを編集してコピーする

 解説

データラベルには
項目名と値を表示する

変更後のグラフのレイアウトでは、データラベルに項目名とパーセンテージが表示されています。ここでは、右半分、左半分の合計がそれぞれ100%になるようにしたいので、データラベルの内容はパーセンテージではなく、パーセンテージ換算した値そのものにします。

7

円グラフやドーナツグラフでデータの割合を見せよう

 補足

[区切り文字]の変更が
有効にならない場合は

[区切り文字]を[(改行)]に設定してもデータラベルで項目名と値が改行されない場合は、いったん[;(セミコロン)]などに変更したあと、再度[(改行)]を選択し直します。

ヒント

枠線をなしにする理由

このあと、グラフをコピーして2つのグラフを重ね合わせます。そのとき、前面に配置したグラフの枠線が背面に配置されたグラフに重なって表示されないよう、ここで枠線を「なし」に変更しておきます。

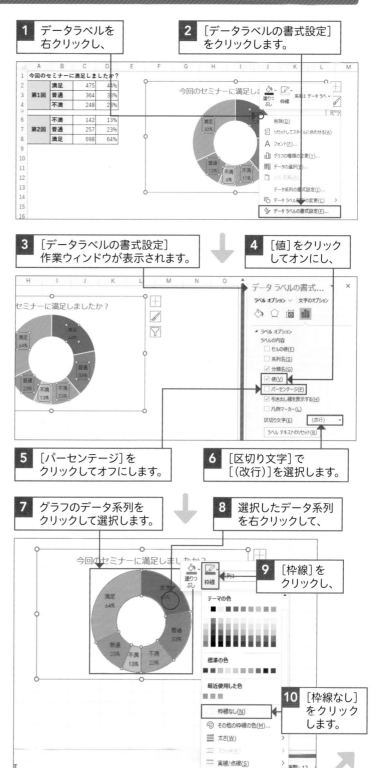

解説

特定のデータ要素の選択

データ要素を1回クリックすると、そのデータ要素を含むデータ系列（ドーナツグラフ）全体が選択されます。その状態で特定のデータ要素をもう1回クリックすると、クリックしたデータ要素だけを選択できます。

ヒント

グラフのコピー

コピー元のグラフをクリックして選択してから、［ホーム］タブの［コピー］をクリックし、コピー先のセルをクリックして［貼り付け］をクリックします。ほかにも、ドラッグ操作やキーボード操作でコピーする方法もあります。詳しくは、60ページを参照してください。

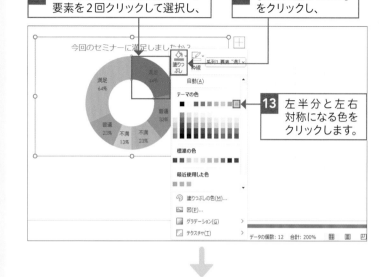

11 右半分に含まれる任意のデータ要素を2回クリックして選択し、

12 ［図形の塗りつぶし］をクリックし、

13 左半分と左右対称になる色をクリックします。

14 同様に、右半分に含まれるほかのデータ要素の塗りつぶしの色も変更し、

15 グラフ全体をコピーします。

③ 1つ目のドーナツグラフを編集する

解説

塗りつぶしを「なし」にする理由

左のドーナツグラフは、右半分のデータ要素の塗りつぶしを「なし」にすることで、左半分だけのドーナツグラフに見えるようにします。

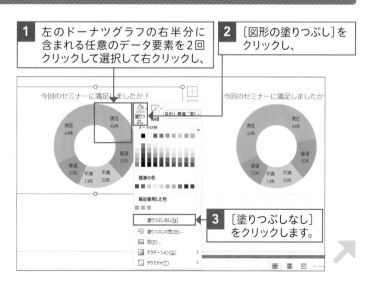

1 左のドーナツグラフの右半分に含まれる任意のデータ要素を2回クリックして選択して右クリックし、

2 ［図形の塗りつぶし］をクリックし、

3 ［塗りつぶしなし］をクリックします。

解説

特定のデータラベルの削除

データラベルを1回クリックすると、ドーナツグラフのデータラベルがすべて選択されます。その状態で特定のデータラベルをもう1回クリックすると、クリックしたデータラベルだけを選択できます。この状態で Delete を押すと、選択したデータラベルだけを削除できます。

ヒント

グラフタイトルにはスペースを入力する

グラフタイトルを削除すると、ドーナツグラフの大きさが変わってしまいます。あとで上に重ねる円グラフと同じ大きさを保つため、ここではグラフタイトル枠を削除せずに、スペースを入力して見た目だけ非表示にします。

7

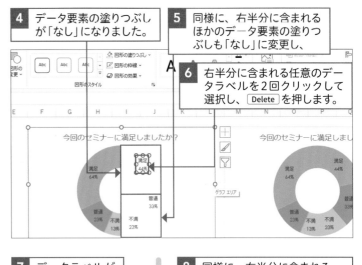

4 データ要素の塗りつぶしが「なし」になりました。

5 同様に、右半分に含まれるほかのデータ要素の塗りつぶしも「なし」に変更し、

6 右半分に含まれる任意のデータラベルを2回クリックして選択し、 Delete を押します。

7 データラベルが削除されました。

8 同様に、右半分に含まれるほかのデータラベルも削除し、

9 グラフタイトルの文字列を消去してスペースを入力します。

④ 2つ目のドーナツグラフを編集して重ねる

解説

2つ目のドーナツグラフだけグラフエリアを透明にする

2つ目のグラフのみ、グラフエリアの塗りつぶしを「なし」にし、1つ目のグラフの上に重ねたとき、1つ目のグラフが透けて見えるようにします。

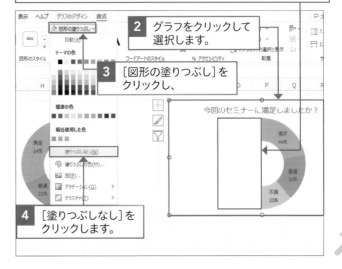

1 1つ目のグラフと同様に、2つ目のグラフの左半分のデータ要素の塗りつぶしも「なし」にし、データラベルも削除します。

2 グラフをクリックして選択します。

3 [図形の塗りつぶし]をクリックし、

4 [塗りつぶしなし]をクリックします。

解説

2つ目のドーナツグラフだけ枠線をなしにする

2つ目のグラフのみ、グラフエリアの枠線をなしにし、1つ目のグラフの上に重ねたとき、2つ目のグラフエリアの枠線がずれて見えないようにします。

ヒント

2つのグラフは少しずらして重ねる

2つのドーナツグラフをピッタリと合わせて重ねると、左半分、右半分のドーナツグラフの間に隙間がなくなってしまいます。ここでは、2つ目のグラフを少し右にずらして重ねることで、左半分、右半分のドーナツグラフの間に隙間を設けます。なお、[Shift]を押しながらドラッグすると、水平を保ったままグラフを移動できます。

補足

グラフを選択した状態でテキストボックスを作成する

グラフを選択せずにテキストボックスを作成すると、テキストボックスはグラフに組み込まれません。グラフと一緒に移動したり印刷したりしたいなら、グラフを選択した状態でテキストボックスを作成します（238ページ参照）。

ヒント

2つのドーナツグラフをグループ化する

重ね合わせた2つのドーナツグラフを一緒に移動したい場合は、2つのドーナツグラフをグループ化しておくと便利です。グループ化するには、[Ctrl]を押しながら2つのドーナツグラフをクリックして選択し、[書式]タブの[グループ化]→[グループ化]をクリックします。

---

5 グラフエリアの塗りつぶしが「なし」になりました。

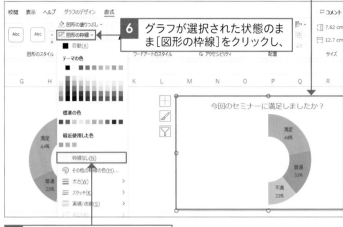

6 グラフが選択された状態のまま［図形の枠線］をクリックし、

7 ［枠線なし］をクリックします。

8 枠線がなしになった2つ目のグラフを移動し、1つ目のグラフの上に重ねます。

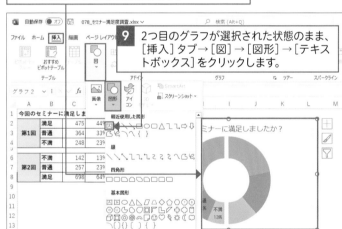

9 2つ目のグラフが選択された状態のまま、[挿入] タブ→［図］→［図形］→［テキストボックス］をクリックします。

10 グラフエリア内のグラフの左側でドラッグしてテキストボックスを作成し、「第2回」と入力します。

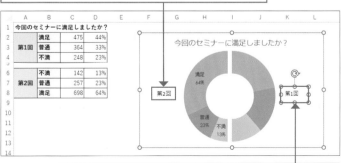

11 同様に、グラフの右側にもテキストボックスを作成し、「第1回」と入力します。

サンバースト図で
階層構造を見せよう

サンバースト図の作成

練習▶079_売上高 前年度との比較.xlsx

▶ Excelならサンバースト図がかんたんに作れる

階層化されたデータをドーナツ状のグラフで示す「サンバースト図」を作ってみましょう。同様のグラフをドーナツグラフで作成すると、一部のデータラベルを入力し直したり、データラベルが見やすくなるよう配置を調整したりするのに手間がかかりますが、サンバースト図ならデータラベルは自動で調整されるため、グラフ作成の時間を短縮できます。

Before 3階層のドーナツグラフ

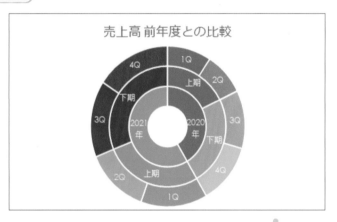

各系列内のデータ要素ごとに塗りつぶしの色が異なるため、見た目が煩雑になります。データラベルを入力し直すなどの手間もかかります。

After サンバースト図

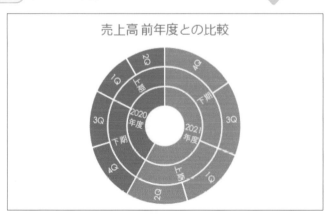

最も上の階層の分類で塗りつぶしの色は大別されます。また、データは自動的に値の大きいものから順に並び、データラベルは自動で見やすく表示されます。

① サンバースト図を作成する

サンバースト図の元となる表

大分類、中分類、小分類などの項目名が入力されている表を元にして作成します。項目名は、セルの結合をせずに次のように入力してもかまいません。

大分類	中分類	小分類	売上高
2020年度	上期	1Q	754
2020年度	上期	2Q	698
2020年度	下期	3Q	963
2020年度	下期	4Q	998
2021年度	上期	1Q	1,147
2021年度	上期	2Q	1,087
2021年度	下期	3Q	1,265

大分類	中分類	小分類	売上高
2020年度	上期	1Q	754
		2Q	698
	下期	3Q	963
		4Q	998
2021年度	上期	1Q	1,147
		2Q	1,087
	下期	3Q	1,265

 ヒント

大きい値から順に並ぶ

サンバースト図では、元となる表の並び順ではなく、自動的に大きい値の項目から並びます。

補足

データラベルにすべての文字が表示されていないときは

グラフそのものを大きくしたり、データラベルのフォントサイズを小さくしたりして、すべての文字が表示されるよう調整します。

1 大分類、中分類、小分類の項目がある表を作成し、この範囲を選択します。

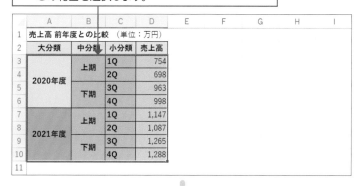

2 [挿入]タブをクリックして、

3 [階層構造グラフの挿入]をクリックし、

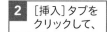

4 [サンバースト]をクリックします。

5 サンバースト図が作成されました。

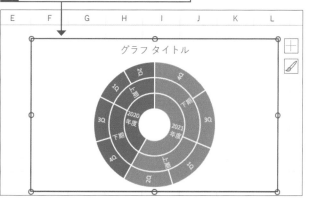

ヒント

データ要素の色を変更する

サンバースト図でもデータ要素の塗りつぶしの色を変更できます。操作方法は、ツリーマップのデータ要素の塗りつぶしの色を変更するのと同様です（325ページ参照）。

6 必要に応じてグラフタイトルを入力し、サンバースト図を完成させます。

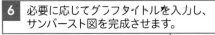

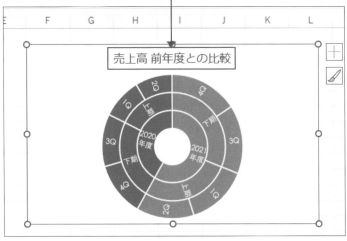

解説　ドーナツグラフとサンバースト図の違い

ドーナツグラフでも階層構造を表すグラフを作成できます（232ページ参照）。ただし、グラフの元にする表の作りはサンバースト図とは異なり、元となる表にすべての階層の値を入力しておく必要があります。また、グラフの作成後、ドーナツグラフでは最下層以外のデータラベルの内容を手動で入力し直す必要があります。大分類で塗りつぶしの色を大別したいときは、個々のデータ要素の塗りつぶしの色も変更する必要があります。

サンバースト図では、元となる表の作りがドーナツグラフよりシンプルで、データラベルは自動で表示されます。ただし、データラベルには項目名と値しか表示することができず、パーセンテージは表示できません。項目は自動的に値の大きい順で並ぶので、元となる表と同じ並び順にすることもできません。

ドーナツグラフ
● 元となる表にはすべての階層ごとに値を入力し、最も下の階層の項目名とともにデータ範囲に含めます。
● 塗りつぶしの色は、同じ階層（系列）内で項目ごとに異なる色が割り当てられます。
● 最も下の階層以外のデータラベルは手動で内容を入力し直し、フォントの色や位置も見やすく調整する必要があります。
● 表の並び順と同じ順序で項目が並びます。
● データラベルにパーセンテージを表示することができます。

サンバースト図
● 元となる表には最も下の階層の値だけ入力し、すべての階層の項目名とともにデータ範囲に含めます。
● 最も上の階層の分類ごとに塗り分けられます（個々のデータ要素の色をあとから変更することは可能です）。
● データラベルは自動で表示されます。
● 値の大きい順に項目が並びます。
● データラベルは編集できず、パーセンテージを表示することはできません。

第 **8** 章

さまざまなグラフでデータを「見える化」して分析しよう

グラフをデータ分析に役立てよう

▶ グラフを編集してデータ分析に活用

散布図やバブルチャート、折れ線グラフ、複合グラフなどに編集を加えると、ポジショニング分析やPPM分析、ABC分析、損益分岐点（BEP）分析など、データ分析に役立つ図解資料を作成できます。

ポジショニング分析（散布図）

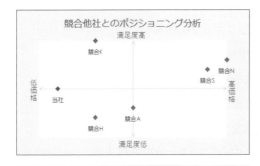

製品やサービスの優位性やその位置づけを分析できます。

PPM分析（バブルチャート）

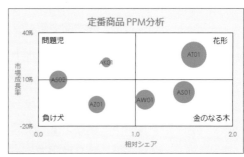

市場成長率と市場占有率を軸に、事業の将来性を分析できます。

損益分岐点分析（折れ線グラフ）

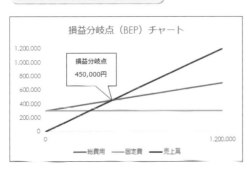

変動費と固定費から損益分岐点を求め、ビジネスの採算性を分析できます。

ABC分析（複合グラフ）

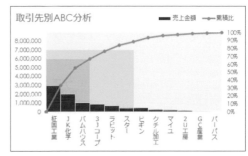

売上や在庫など重視する評価軸をもとに、顧客や製品の重要度を分析できます。

8

さまざまなグラフでデータを「見える化」して分析しよう

ほかにもデータ分析に役立つグラフが作れる

レーダーチャートや箱ひげ図、株価チャート、ウォーターフォール図、ヒストグラム、じょうご図など、Excelではさまざまな種類のグラフを作成できます。

レーダーチャート

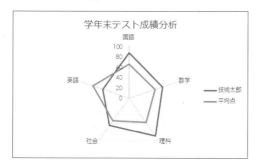

複数のデータ系列の集計値を比較できます。

箱ひげ図

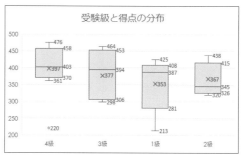

データ分布の特徴を分析できます。

株価チャート

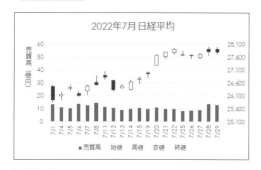

株価変動の様子をチャートとして表示できます。

ウォーターフォール図

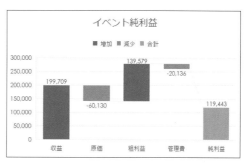

数値の増加と減少の累積的影響を可視化できます。

ヒストグラム

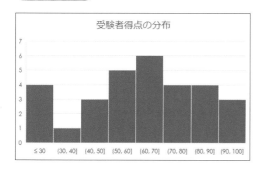

分布内での頻度を分析できます。

じょうご図

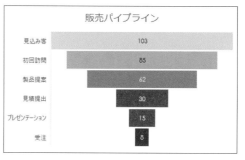

営業のパイプライン管理ができます。

Section

80 散布図でポジショニングマップを作ろう

散布図の作成／編集

📁 練習▶080_ポジショニングマップ.xlsx

▶ 散布図を編集してポジショニングマップを作ろう

2種類の項目を縦軸と横軸に取り、当てはまる位置に点を打って（プロットして）データを示すグラフを「散布図」といいます。散布図は項目同士の相関関係を見るのに役立つグラフですが、編集を加えると製品やサービスの優位性やその位置づけを視覚化する「ポジショニングマップ」に作り替えることができます。

Before 通常の散布図

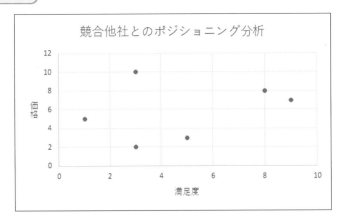

散布図を作成すると、満足度と機能性の相関関係を見ることができます。

After ポジショニングマップに作り替えた散布図

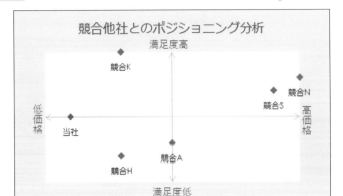

製品のポジショニングを一目で確認できるポジショニングマップに作り替えることもできます。

① 散布図を作成して軸の設定を変更する

 補足

散布図のデータ範囲

散布図を作成するときは、表の見出しを選択せずにデータ部分だけを選択します。

1 表のデータ部分（セル［B3］～セル［C8］）を選択します。

2 ［挿入］タブをクリックします。

3 ［散布図（X,Y）またはバブルチャートの挿入］をクリックし、

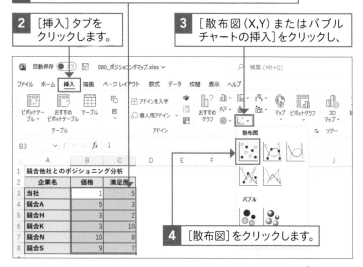

4 ［散布図］をクリックします。

 ヒント

目盛線を削除する

目盛線はポジショニングマップに作り替えたときの邪魔になるので、縦（値）軸目盛線、横（値）軸目盛線ともに削除します。目盛線をクリックして選択し、［Delete］を押すと削除できます。

5 散布図が作成されたらタイトルを入力し、

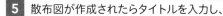

6 目盛線を削除します。

7 縦軸を右クリックして、

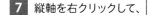

8 ［軸の書式設定］をクリックします。

ヒント

横軸／縦軸との交点の決め方

横軸／縦軸との交点の値を、表示中の横軸／縦軸の中央値に設定すると、横軸／縦軸がそれぞれプロットエリアの中央に移動します。

ここでは、横軸／縦軸ともに「1」～「10」の中央値である「5」の位置に配置するため、縦軸、横軸ともに最大値を「10」に変更しています。

 補足

[軸のオプション] が表示されていないとき

[軸の書式設定] 作業ウィンドウに [軸のオプション] が表示されていないときは、[軸のオプション]→[軸のオプション]をクリックします。

[軸のオプション]→[軸のオプション]をクリックすると、[最大値] や [ラベル] などの項目が表示されます。

---

9 [軸の書式設定] 作業ウィンドウが表示されます。

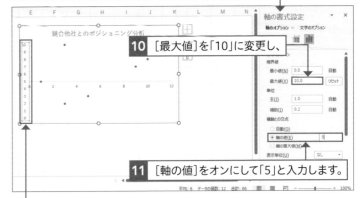

10 [最大値]を「10」に変更し、

11 [軸の値]をオンにして「5」と入力します。

12 軸の最大値が変わりました。

13 作業ウィンドウをスクロールして[ラベル]をクリックし、

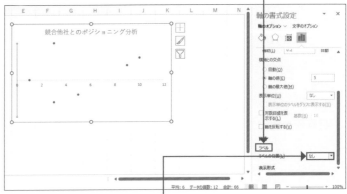

14 [ラベルの位置]を[なし]に変更します。

15 縦軸ラベルがなしになりました。

16 [軸の書式設定] 作業ウィンドウが表示されたまま横軸をクリックします。

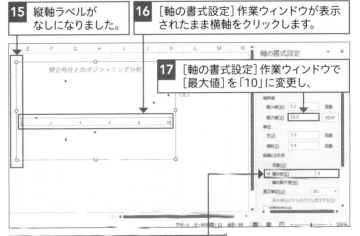

17 [軸の書式設定] 作業ウィンドウで [最大値] を「10」に変更し、

18 [軸の値]をオンにして「5」と入力します。

19 作業ウィンドウをスクロールして［ラベルの位置］を［なし］に変更します。

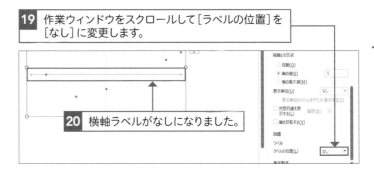

20 横軸ラベルがなしになりました。

② 軸の書式を変更する

 補足

軸の書式の変更

軸を右クリックすると表示される［軸の書式設定］作業ウィンドウでも軸の書式を変更できます。

 ヒント

軸の始点・終点を矢印にする

ポジショニングマップでは、縦軸と横軸をグラフの中央に十字で交差させて配置します。このとき、軸の始点・終点を矢印にするとポジショニングマップの持つ意味（「上に近づくほど満足度が高い」「右に近づくほど高価格」など）が伝わりやすくなります。

1 横軸を選択したまま［書式］タブをクリックします。

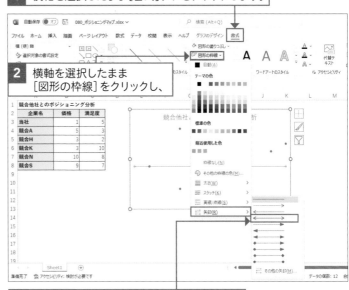

2 横軸を選択したまま［図形の枠線］をクリックし、

3 ［矢印］→［矢印スタイル4］をクリックします。

4 横軸の書式が変更されました。

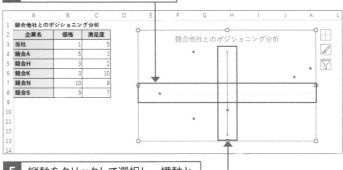

5 縦軸をクリックして選択し、横軸と同様の操作で書式を変更します。

③ マーカーの書式を変更する

🗨️解説

マーカーを目立たせる

散布図のマーカーは、折れ線グラフのマーカーと同様に、サイズや種類を変更したり、画像に置き換えたりすることができます（200ページ参照）。初期設定のままではマーカーはや目立たないので、このあとの操作でマーカーを大きくして目立たせます。

1 [軸の書式設定]作業ウィンドウが表示された状態のまま、いずれかの系列をクリックしての系列全体を選択します。

2 [データ系列の書式設定]作業ウィンドウが表示されます。

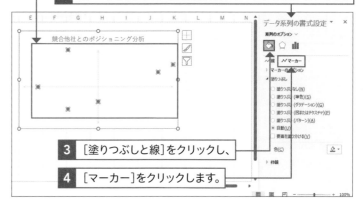

3 [塗りつぶしと線]をクリックし、

4 [マーカー]をクリックします。

5 [マーカーのオプション]をクリックし

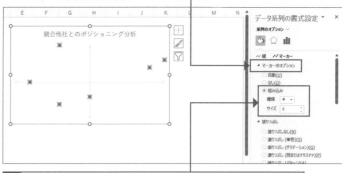

6 [組み込み]をオンにして、[種類]と[サイズ]を変更します。

7 [データ系列の書式設定]作業ウィンドウを表示したまま、目立たせたいマーカーだけをクリックして選択します。

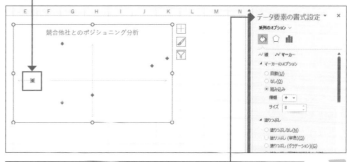

💡ヒント

特定のマーカーを選択する

マーカー全体が選択されている状態で特定のマーカーをクリックすると、クリックしたマーカーだけを選択した状態になります。

8 [データ要素の書式設定]作業ウィンドウが表示されます。

ヒント

マーカーを画像に置き換える

手順 9 で[塗りつぶし(図またはテクスチャ)]をオンにすると、マーカーを画像に置き換えられます(202ページ参照)。

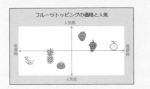

9 [塗りつぶし(単色)]をオンにし、

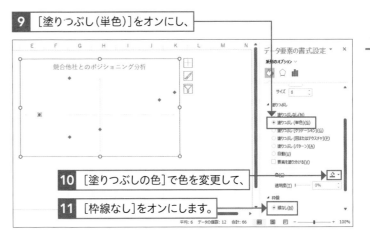

10 [塗りつぶしの色]で色を変更して、

11 [枠線なし]をオンにします。

④ データラベルを追加する

1 データ系列全体を選択し直します。

2 [グラフのデザイン]タブをクリックします。

3 [グラフ要素を追加]クリックします。

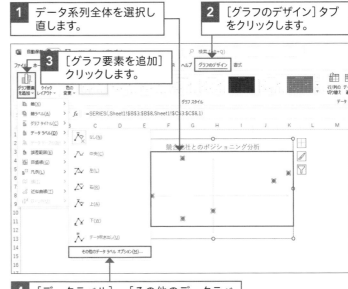

4 [データラベル]→[その他のデータラベルオプション]をクリックします。

5 [データラベルの書式設定]作業ウィンドウが表示されます。

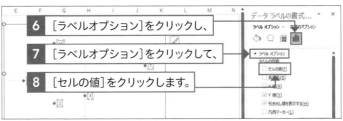

6 [ラベルオプション]をクリックし、

7 [ラベルオプション]をクリックして、

8 [セルの値]をクリックします。

解説

セルの値を設定する

一度セルの値を設定すると、[ラベルの内容]の[セルの値]の右側に[範囲の選択]ボタンが表示されます。データラベルに表示したいデータの範囲を変更したい場合は、[範囲の選択]をクリックし、[データ範囲]ダイアログボックスでデータの範囲を指定し直します。

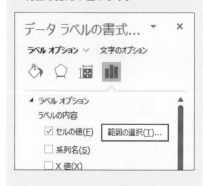

9 [データラベル範囲]ダイアログボックスが表示されます。

10 データラベルにしたいデータ範囲（ここでは、セル[A3]～セル[A8]）をドラッグし、

11 [OK]をクリックします。

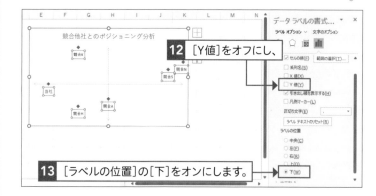

12 [Y値]をオフにし、

13 [ラベルの位置]の[下]をオンにします。

⑤ デザインを整え、テキストボックスを追加する

補足

グラフエリアやプロットエリアの塗りつぶしの変更

グラフエリアまたはプロットエリアを選択し、[ホーム]タブの[塗りつぶしの色]、または[書式]タブの[図形の塗りつぶし]で塗りつぶしの色を変更します。

1 グラフエリアの塗りつぶしの色を変更し、

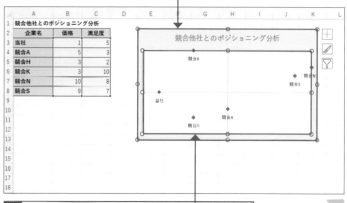

2 プロットエリアの塗りつぶしの色も変更します。

解説

**テキストボックスを配置する
スペースを確保する**

プロットエリアの上下左右にテキストボックスを配置するスペースを確保するため、プロットエリアのサイズを小さくします。

ヒント

テキストボックスを作成する

[挿入]タブの[テキストボックス]をクリックし、[横書きテキストボックスの描画]または[縦書きテキストボックス]をクリックします。続けてシート上でドラッグしてテキストボックスを作成し、そのまま文字を入力します。その際、グラフが選択された状態でテキストボックスを作成すると、テキストボックスをグラフに組み込むことができます。

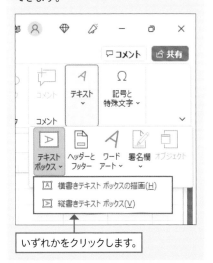

いずれかをクリックします。

3 プロットエリアをクリックして選択し、四隅のハンドルをドラッグしてプロットエリアを小さくします。

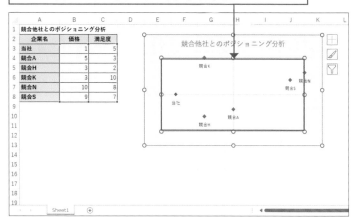

4 横書きテキストボックスまたは縦書きテキストボックスを追加し、テキストを入力します。

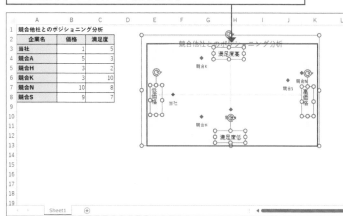

5 フォントやフォントサイズ、フォントの色などを調整します。

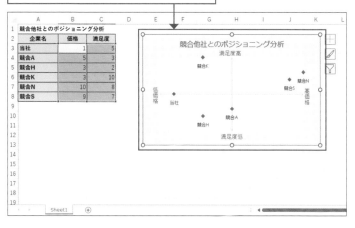

81

バブルチャートで PPM分析しよう

バブルチャートの作成／編集

練習▶081_PPM分析.xlsx

▶ バブルチャートを編集して製品やサービスのPPM分析をしよう

「バブルチャート」は、縦軸、横軸とバブル（円）の大きさで、3つの項目の指標を二次元で表現するグラフです。散布図と同様に項目同士の相関関係を見るのに適しています。バブルチャートを編集すると、「プロダクト・ポートフォリオ・マネジメント（PPM）」の分析表を作成できます。

Before 通常のバブルチャート

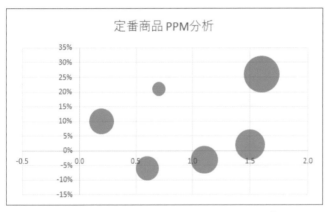

市場成長率と相対シェア、売上高の関係性を二次元で表現できます。

After PPM分析表に作り替えたバブルチャート

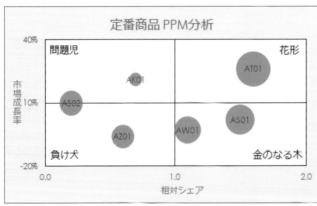

バブルチャートを編集してPPM分析表に作り替えると、事業の投資戦略の検討に役立てられます。

① バブルチャートを作成する

解説

バブルチャートの種類

バブルチャートには、「バブル」と「3-D効果付きバブル」の2種類があります。両者の違いは、バブル(円)の塗りつぶしに立体感のある3-D効果が付いているかいないかだけです。ここでは、シンプルな「バブル」で作成を進めます。

補足

フォントを変更する

グラフのフォントの変更は、グラフを右クリックして[フォント]をクリックすると表示される[フォント]ダイアログボックスで行います(94ページ参照)。

1 表のデータ部分(セル[B3]〜セル[D8])を選択します。

2 [挿入]タブをクリックして、

3 [散布図(X,Y)またはバブルチャートの挿入]をクリックし、

4 [バブル]をクリックします。

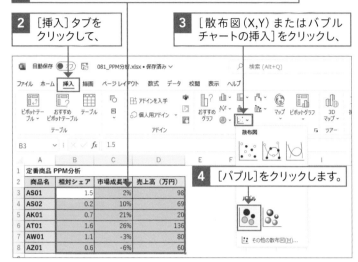

5 必要に応じてグラフのフォントを変更し、

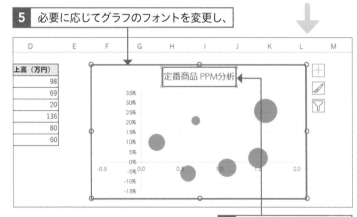

6 タイトルを入力します。

② 軸の書式を変更する

1 縦軸を右クリックして、

2 [軸の書式設定]をクリックします。

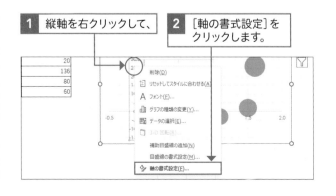

ポジションの上下を区切る線

ここでは、横軸の目盛線を縦軸の中間点に配置することで、上下でポジションを区切る線にします。そのため、[最小値]と[最大値]はなるべく切りのいい値に調整し、その中間の値を[単位]の[主]に入力します。

✎ 補足

最小値を変更すると

[最小値]を変更すると、自動的に[最大値]も変更されることがあります。たとえば、[最小値]を「-0.2」に変更すると、[最大値]は自動的に「0.4」に変更されます。

8

3 [軸の書式設定]作業ウィンドウが表示されます。

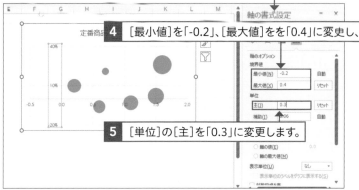

4 [最小値]を「-0.2」、[最大値]をを「0.4」に変史し、

5 [単位]の[主]を「0.3」に変更します。

6 作業ウィンドウをスクロールして[ラベル]をクリックし、

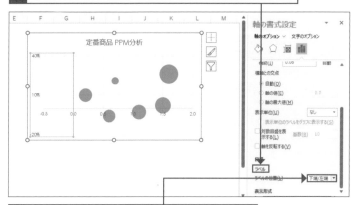

7 [ラベルの位置]を[下端／左端]に変更します。

8 [塗りつぶしと線]をクリックし、　**9** [線]をクリックし、

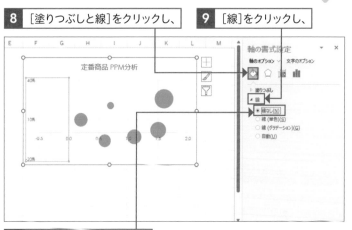

10 [線なし]をオンにします。

縦軸・横軸の線はなしにする

横軸の最小値を「0」に変更すると、縦軸の線は「0」の縦軸の目盛線と重なりますが、横軸の線は、「0.3」の位置に表示されたままになるため、縦軸・横軸ともに線はなしにしておきます。

重要用語

PPM分析

プロダクト・ポートフォリオ・マネジメント（PPM）とは、市場成長率と相対シェアを軸に自社の製品や事業を「花形」「金のなる木」「問題児」「負け犬」の4つのポジションに分類し、経営戦略に役立てるフレームワークのことをいいます。「花形」には市場成長率も相対シェアも高い製品・事業、「金のなる木」には市場成長率が低く相対シェアが高い製品・事業、「問題児」には市長成長率が高く相対シェアが低い製品・事業、「負け犬」には、市場成長率も相対シェアも低い製品・事業をプロットします。ここでは、横軸は右端ほど相対シェアが高く、縦軸は上側ほど市場成長率が高くなるPPM分析表を作成します。

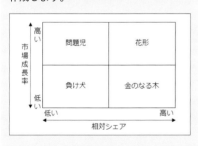

11 ［軸の書式設定］作業ウィンドウを表示したまま横軸をクリックし、

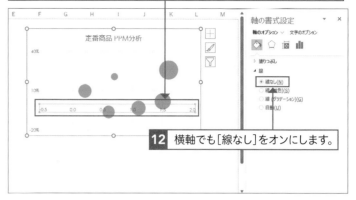

12 横軸でも［線なし］をオンにします。

13 ［軸のオプション］をクリックし、

14 ［最小値］を「0」、［最大値］を「2.0」に変更し、

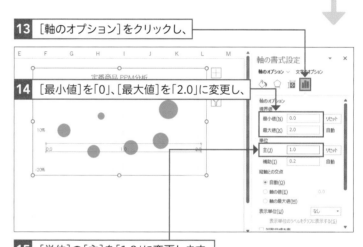

15 ［単位］の［主］を「1.0」に変更します。

16 作業ウィンドウをスクロールして［ラベル］をクリックし、

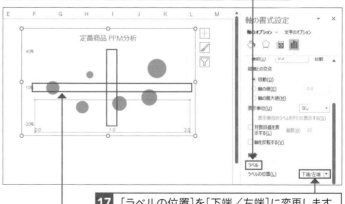

17 ［ラベルの位置］を［下端／左端］に変更します、

18 プロットエリアの左右の中間地点に縦軸の目盛線、上下の中間地点に横軸の目盛線が表示されました。

③ データラベルで製品名を表示する

💬 解説

データラベルを追加する

どのバブルがその商品を示しているのか分かるように、データラベルを追加します。

1 グラフを選択したまま[グラフのデザイン]タブをクリックし、

2 [グラフ要素を追加]をクリックして、

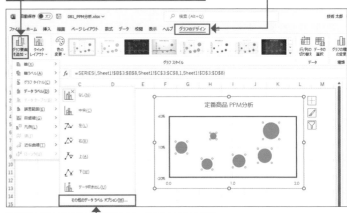

3 [データラベル]→[その他のデータラベルオプション]をクリックします。

4 [データラベルの書式設定]作業ウィンドウが表示されます。

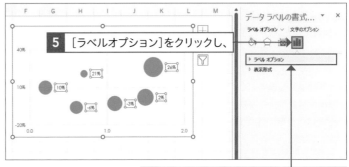

5 [ラベルオプション]をクリックし、

6 [ラベルオプション]をクリックします。

7 [セルの値]をクリックします。

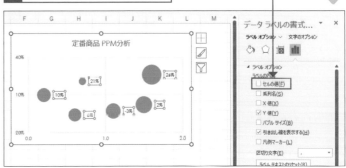

✏️ 補足

[セルの値]をオンにしようとすると

[セルの値]をオンにしようとすると、[データラベル範囲]ダイアログボックスが表示されます。

吹き出しで製品名を表示する

吹き出しのデータラベルで製品名を表示することもできます。吹き出しのデータラベルを使いたい場合は、[グラフのデザイン]タブで[グラフ要素を追加]をクリックし、[データラベル]→[データ吹き出し]をクリックします。

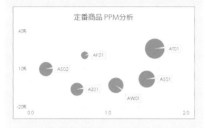

吹き出しのデータラベルの
形状を変更する

吹き出しのデータラベルを右クリックし、[データラベル図形の変更]をクリックすると、データラベル図形の種類を変更できます。

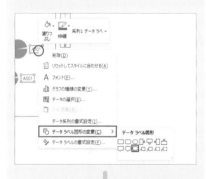

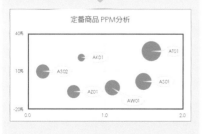

8 [データラベル範囲]ダイアログボックスが表示されます。

9 商品名が入力されたセル範囲をドラッグして選択し、

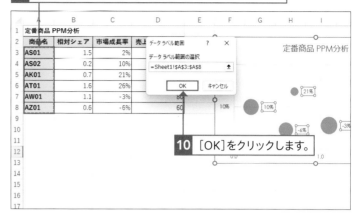

10 [OK]をクリックします。

11 [データラベルの書式設定]作業ウィンドウに戻ります。[Y値]をオフにし、

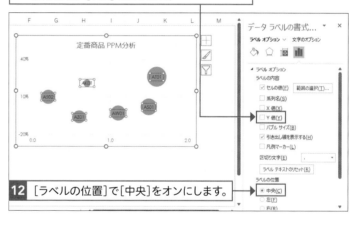

12 [ラベルの位置]で[中央]をオンにします。

13 バブルの中央に商品名を示すデータラベルが追加されました。

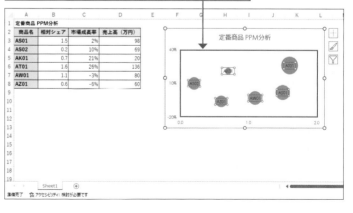

④ 軸ラベルを追加してグラフの見た目を整える

1 グラフボタンの[グラフ要素]をクリックします。

2 [軸ラベル]をオンにします。

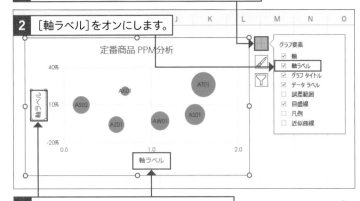

3 縦軸ラベル、横軸ラベルが追加されます。

4 文字を入力し、必要に応じてフォントやフォントの色を変更します。

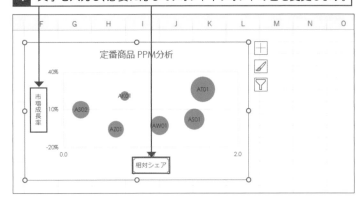

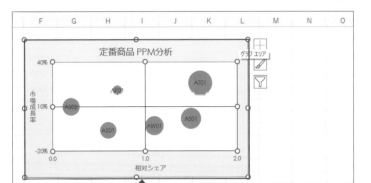

5 グラフが見やすくなるよう、グラフエリアやプロットエリアの塗りつぶしや目盛線の色を変更し、プロットエリアのサイズも微調整します。

ヒント

縦軸ラベルを縦書きにする

縦軸ラベルを右クリックして[軸の書式設定]をクリックすると、[軸ラベルの書式設定]作業ウィンドウが表示されます。[文字のオプション]→[テキストボックス]をクリックし、[文字列の方向]で[縦書き]を選択すると、縦軸ラベルを縦書きにできます（87ページ参照）。

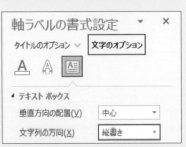

補足

グラフエリアやプロットエリアの塗りつぶし

[ホーム]タブの[塗りつぶしの色]または[書式]タブの[図形の塗りつぶし]で色を変更できます。

⑤ テキストボックスを追加する

グラフを選択した状態で テキストボックスを作成する

グラフを選択せずにテキストボックスを作成すると、テキストボックスはグラフに組み込まれません。グラフと一緒に移動したり印刷したりしたいなら、グラフを選択した状態でテキストボックスを作成します（238ページ参照）。

1 グラフを選択したまま［挿入］タブをクリックします。

2 ［テキスト］をクリックして、

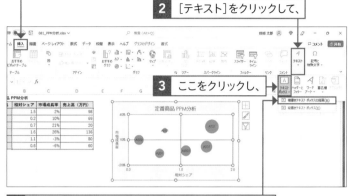

3 ここをクリックし、

4 ［横書きテキストボックスの描画］をクリックします。

5 グラフ上でドラッグしてテキストボックスを描画し、「花形」と入力します。

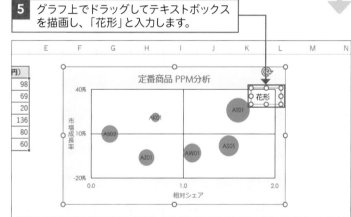

テキストボックスをコピーする

1つずつテキストボックスを作成せずに、作成済みのテキストボックスをコピーし、文字を入力し直す方法もあります。

6 同様の操作でプロットエリアの右下、左上、左下にもテキストボックスを作成し、「金のなる木」「問題児」「負け犬」と入力します。

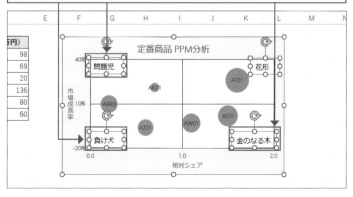

解説

PPM分析で分かる 製品のライフサイクル

一般的に製品・事業のライフサイクルは、「問題児」からスタートし、「花形」「金のなる木」を経て「負け犬」という道をたどるとされています。「問題児」は初期の成長期、「花形」は中・後期の成長期、「金のなる木」は成熟期、「負け犬」は衰退期といえます。

Section 82 等高線グラフで数式を視覚的に見せよう

等高線グラフの作成

練習▶082_数式のグラフ化.xlsx

▶ 3-D等高線グラフで2変数関数をグラフ化してみよう

「等高線グラフ」は、x軸、y軸、z軸の3つの軸を使い、各数値の大きさを3次元で示せるグラフです。データ間の関係性を視覚的に明示したり、膨大なデータの分布の特徴を見たり、最適なデータの組み合わせを探ったりするのに役立ちます。物理の分野で2変数関数をグラフ化する場合にも用います。

Before グラフの元表

	-2	-1.5	-1	-0.5	0	0.5	1	1.5	2
-2	8.00	6.25	5.00	4.25	4.00	4.25	5.00	6.25	8.00
-1.5	6.25	4.50	3.25	2.50	2.25	2.50	3.25	4.50	6.25
-1	5.00	3.25	2.00	1.25	1.00	1.25	2.00	3.25	5.00
-0.5	4.25	2.50	1.25	0.50	0.25	0.50	1.25	2.50	4.25
0	4.00	2.25	1.00	0.25	0.00	0.25	1.00	2.25	4.00
0.5	4.25	2.50	1.25	0.50	0.25	0.50	1.25	2.50	4.25
1	5.00	3.25	2.00	1.25	1.00	1.25	2.00	3.25	5.00
1.5	6.25	4.50	3.25	2.50	2.25	2.50	3.25	4.50	6.25
2	8.00	6.25	5.00	4.25	4.00	4.25	5.00	6.25	8.00

After 3-D等高線グラフ

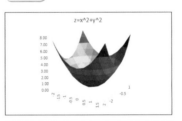

等高線グラフを使うと、数式のxとyの組み合わせと解の関係を三次元のグラフで示せます。

① 3-D等高線グラフを作成する

💬 解説

グラフの元となる表

行見出しにxの値、列見出しにyの値を等間隔で入力します。xとyが交差するセルにはzの値を入力します。

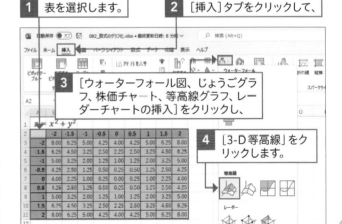

1 表を選択します。

2 [挿入]タブをクリックして、

3 [ウォーターフォール図、じょうごグラフ、株価チャート、等高線グラフ、レーダーチャートの挿入]をクリックし、

4 [3-D等高線]をクリックします。

5 3-D等高線グラフが作成されました。

6 グラフタイトルを入力し、

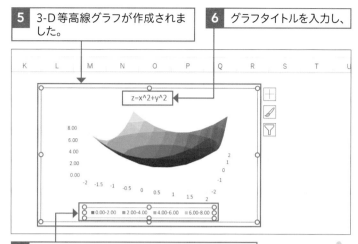

7 凡例をクリックして選択し、[Delete]を押します。

等高線グラフの
塗り分けの間隔を調整する

等高線グラフでは、値が同一の範囲にある領域ごとに色が塗り分けられます。色の塗り分けの間隔を変更したいときは、縦軸を右クリックして[軸の書式設定]をクリックし、[軸の書式設定]作業ウィンドウで[単位]の[主]の値を変更します。

[単位]の[主]の値を変更します。

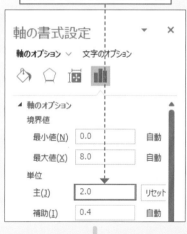

単位の変更にともない、塗り分けの範囲が広がりました。

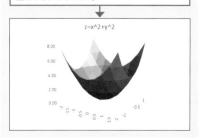

---

8 グラフを右クリックし、

9 [3-D回転]をクリックします。

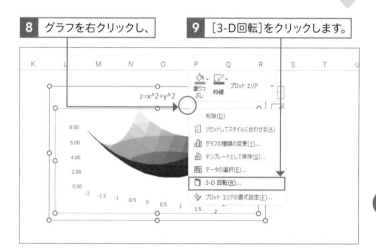

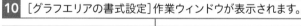

10 [グラフエリアの書式設定]作業ウィンドウが表示されます。

11 [X方向に回転]の値を調整します。

12 [自動サイズ設定]をクリックしてオフにし、書式を整えます。

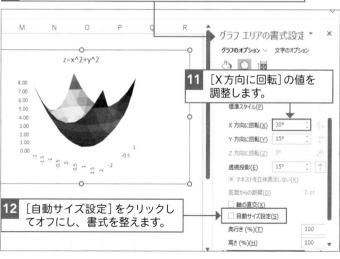

レーダーチャートで成績を分析しよう

レーダーチャートの作成

📁 練習▶083_成績分析.xlsx

▶ レーダーチャートでデータの傾向を分析し、比較しよう

レーダーチャートを使って、複数の指標の値をまとめて比較しましょう。それぞれの値を線で結んでできた多角形の大きさや形から、全体のバランスを考察することもできます。また、レーダーチャートの多角形の内側を塗り潰した塗りつぶしレーダーチャートも作成できます。

Before 縦棒グラフ

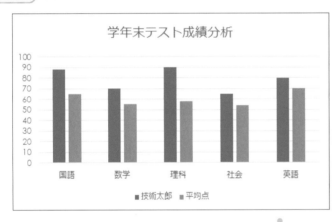

縦棒グラフでもデータの比較はできますが、全体のバランスをつかむのは困難です。

After レーダーチャート

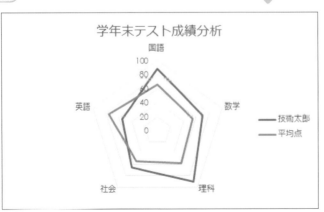

レーダーチャートなら複数の指標をまとめて比較できるだけでなく、全体のバランスも考察できます。

① レーダーチャートを作成する

 ヒント

マーカー付きの
レーダーチャートを作成する

手順 **4** で［マーカー付きレーダー］をクリックすると、レーダーチャートの値を示す頂点にマーカーを表示できます。マーカーの種類やサイズなどの書式は、折れ線グラフと同様の操作で変更できます（201ページ参照）。

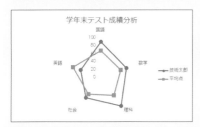

> マーカーの種類は系列ごとに変えられます。

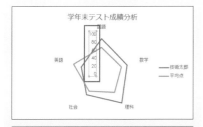 **解説**

レーダーチャートの軸

レーダーチャートには縦軸・横軸のかわりにレーダー（値）軸が表示されます。

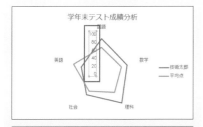

> レーダー軸は、クリックして選択して Delete を押すと削除できます。

1 表を選択します。

2 ［挿入］タブをクリックして、

3 ウォーターフォール図、じょうごグラフ、株価チャート、等高線グラフ、レーダーチャートの挿入］をクリックし、

4 ［レーダー］をクリックします。

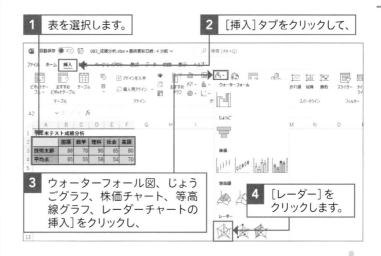

5 レーダーチャートが作成されました。

6 グラフタイトルを入力し、

7 ［グラフのデザイン］タブをクリックして、

8 ［グラフ要素を追加］をクリックし、

9 ［凡例］→［右］をクリックします。

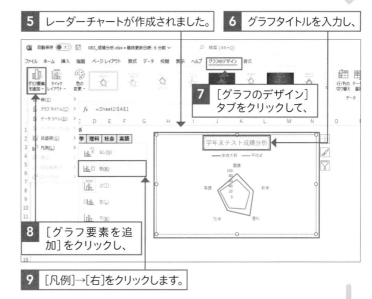

10 凡例が右に移動しました。

11 プロットエリアの位置やサイズを調整し、必要に応じてグラフのフォントも変更します。

② 塗りつぶしレーダーチャートに変更する

💡 ヒント

レーダー(値) 軸の書式を変更する

レーダー (値) 軸を右クリックして [軸の書式設定]をクリックすると、[軸の書式設定]作業ウィンドウが表示されます。ここで、[軸のプション]→[軸のオプション]をクリックして [単位]の[主]の値を変更すると、レーダー (値) 軸の目盛の間隔を変更できます。また、[塗りつぶしと線]→[線]をクリックして [線(単色)]をオンにすると、レーダーチャートの頂点と中心点を結ぶ軸線を表示できます。

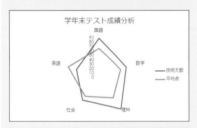

たとえば、[主] の値を「20」から「10」に変更すると、メモリの間隔が狭くなります。

[線 (単色)]をオンにして [色] を指定すると、軸線を表示できます。

1　グラフをクリックして選択し、

2　[グラフのデザイン]タブをクリックして、

3　[グラフの種類の変更]をクリックします。

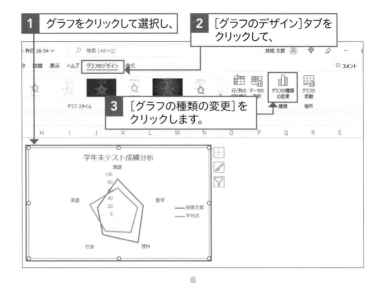

4　[グラフの種類の変更]ダイアログボックスが表示されます。

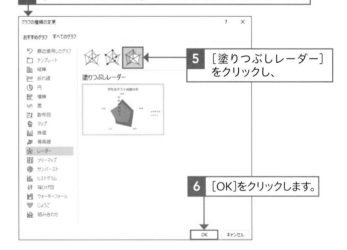

5　[塗りつぶしレーダー]をクリックし、

6　[OK]をクリックします。

7　塗りつぶしレーダーチャートに変更されました。

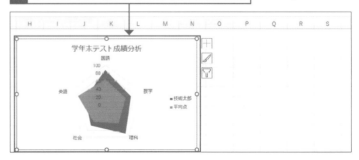

③ 塗りつぶしレーダーチャートを半透明にする

ヒント

レーダーチャートの重なり順を変更する

系列の順序を入れ替えると重なり順を変更できます（172ページ参照）。面積の小さい系列が面積の大きい系列の背面に配置されている場合は、重なり順を変更して見やすくしましょう。

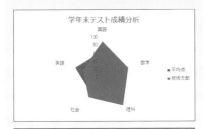

系列の順序を入れ替えると、重なり順も変わります。

1 データ系列を右クリックし、

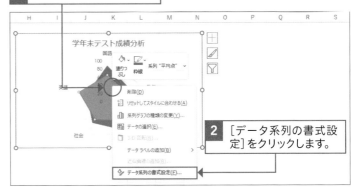

2 ［データ系列の書式設定］をクリックします。

3 ［データ系列の書式設定］作業ウィンドウが表示されます。

4 ［塗りつぶしと線］をクリックし、

5 ［マーカー］をクリックします。

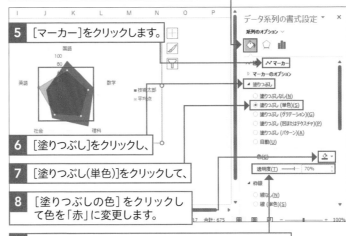

6 ［塗りつぶし］をクリックし、

7 ［塗りつぶし（単色）］をクリックして、

8 ［塗りつぶしの色］をクリックして色を「赤」に変更します。

9 ［透明度］のスライダーをドラッグするか、値を変更すると、

注意

系列数・項目数を増やしすぎない

レーダーチャートに多数の系列を含めると、重なり合って個々の系列が見づらくなります。系列数が多いときは、レーダーチャートを複数作成して並べるなどし、1つのレーダーチャートに多数の系列を詰め込みすぎないよう工夫しましょう。また、レーダーチャートの項目数は、5個か6個が最も見やすいとされています。項目数についても、増やしすぎないように注意しましょう。

10 塗りつぶしの色が半透明になります。

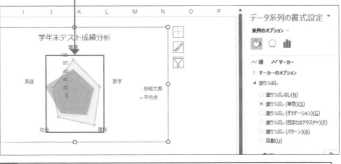

11 同様の操作で、別のデータ系列の塗りつぶしの色も半透明にします。

84 株価チャートで銘柄を分析しよう

株価チャートの作成

練習▶084_株価チャート.xlsx

▶ 株価チャートを自分で作成してみよう

Excelでは「ロウソク足」と呼ばれる株価チャートもかんたんに作成できます。ただし、売上高や売買高を含めた株価チャートを作成すると、ロウソク足と縦棒グラフが重なったり、主軸と第2軸の目盛線がずれたりして見づらくなる場合があります。軸の書式などを変更して調整する方法を覚えておきましょう。

Before 作成直後の株価チャート（出来高-高値-安値-終値）

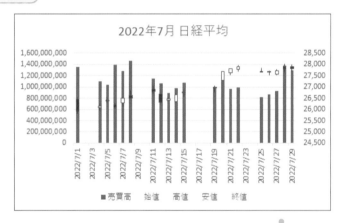

売買高の縦棒グラフとロウソク足が重なり、主軸と第2軸の目盛線も揃っておらず、空白の日付もあります。

After 編集後の株価チャート

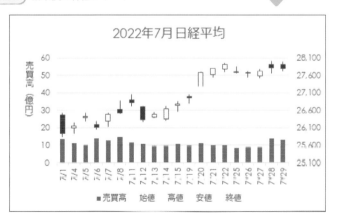

売買高の縦棒グラフとロウソク足の重なりが調整され、主軸と第2軸の目盛線が揃い、空白の日付もなくなって見やすい株価チャートになりました。

① 株価チャート(出来高 - 高値 - 安値 - 終値) を作成し、縦軸の書式を整える

💬 解説

元となる表の作り方

株価チャート (出来高 - 高値 - 安値 - 終値) を作成する場合は、最も左の列に日付、続いて出来高 (または売買高)、高値、安値、終値の順番になるようにデータを並べます。

1 表を選択します。

2 [挿入]タブをクリックして、

3 [ウォーターフォール図または株価チャートの挿入]をクリックし、

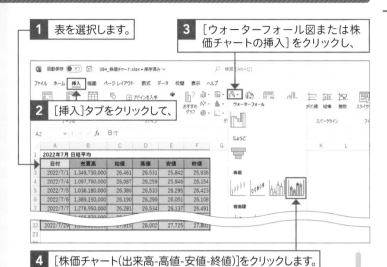

4 [株価チャート(出来高-高値-安値-終値)]をクリックします。

5 株価チャートが作成されました。

6 グラフタイトルを入力し、

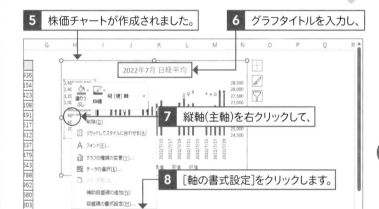

7 縦軸(主軸)を右クリックして、

8 [軸の書式設定]をクリックします。

✏️ 補足

縦軸(主軸)の書式を変更する理由

売買高を示す縦棒グラフがロウソク足と重ならないよう、縦棒グラフを短くする目的で縦軸 (主軸) の最大値を変更します。最大値は、縦棒グラフをどのくらいの長さにしたいかによって決めます。短くしたい場合は、最大値をより大きい値に変更します。また、ここでは売買高の桁数が多く見づらいため、表示単位も変更しています。

💡 ヒント

指数表現を理解する

「6000000000」と入力すると自動的に表示される「6.0E9」は、数値の指数表現です。「E9」は10の9乗を意味します(73ページ参照)。

9 [軸の書式設定]作業ウィンドウが表示されます。

10 [最大値]に「6000000000」と入力し(表示は自動的に「6.0E9」に変わります)、

11 [表示単位]を[億]に変更すると、

12 縦軸 (主軸) の最大値と単位が変わり、縦(値) 軸表示単位ラベルが追加されます。

13 作業ウィンドウを表示したまま、第2縦軸をクリックします。

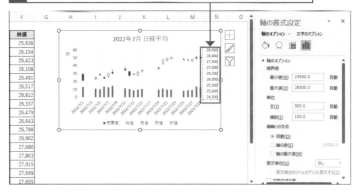

14 ［最小値］を「25100」に変更し、

15 ［最大値］を「28100」に変更すると、

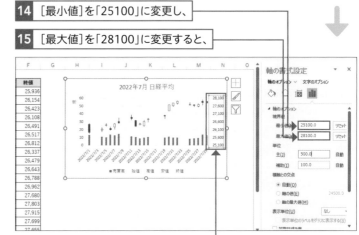

16 第2軸の最大値が変わり、目盛線が縦軸（主軸）と揃いました。

② 横軸の書式を整える

1 作業ウィンドウを表示したまま横軸をクリックすると、

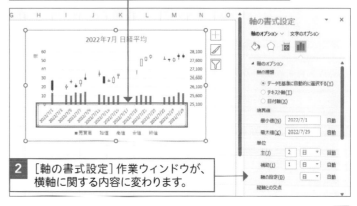

2 ［軸の書式設定］作業ウィンドウが、
横軸に関する内容に変わります。

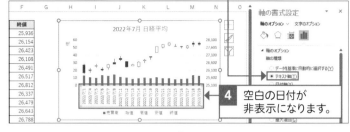

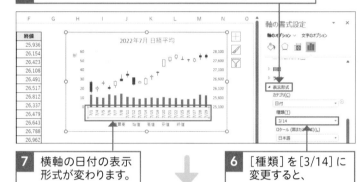

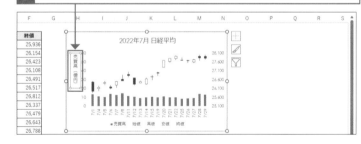

補足

日付がシリアル値で入力されている場合

日付を示すデータがシリアル値で入力されていると、横軸は自動的に日付軸になります。日付軸では、Excelが読み取った日付の間隔で項目が自動的に時系列で並びます。そのため、表に入力されていない日付も横軸の項目に並びます。入力されていない日付を非表示にしたいときは、軸の種類を日付軸からテキスト軸に変更します。

解説

縦(値)軸表示単位ラベルを編集する

縦軸の表示単位を変更すると、自動的に縦(値)軸表示単位ラベルが追加されます(83ページ参照)。縦(値)軸表示単位ラベルの内容は手動で修正できるため、「売買高」という情報を追加して単位の「億」をカッコで括るなどし、より分かりやすく編集します。縦(値)軸表示単位ラベルの文字列の方向は、通常の縦軸ラベルの文字列の場合と同様の操作で変更できます(81ページ参照)。

3 [軸の種類]で[テキスト軸]をクリックすると、

4 空白の日付が非表示になります。

5 作業ウィンドウをスクロールして[表示形式]をクリックし、

7 横軸の日付の表示形式が変わります。

6 [種類]を[3/14]に変更すると、

8 縦(値)軸表示単位ラベルの内容を修正し、文字列の向きを変更します。

補足　株価チャートの種類

株価チャート(出来高-高値-安値-終値)のほかにも3種類の株価チャートを作成できます。

■株価チャート(高値-安値-終値)

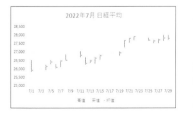

■株価チャート(始値-高値-安値-終値)

■株価チャート(出来高-高値-安値-終値)

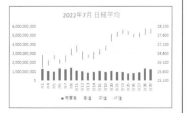

箱ひげ図でデータの中心的な値と分布を見よう

箱ひげ図の作成

練習▶085_箱ひげ図.xlsx

▶ 箱ひげ図でデータ分布の特徴を分析しよう

データ分布の特徴を手軽に分析するのに役立つのが、「**箱ひげ図**」と呼ばれるグラフです。
Excel では、最大値、最小値、四分位数、中央値などを計算しておかなくても、かんたんに
箱ひげ図を作成・編集できます。

Before 作成直後の箱ひげ図

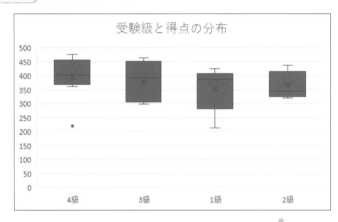

箱の塗りつぶしの色が濃いため、中央値や平均値が見づらくなっています。

After 編集後の箱ひげ図

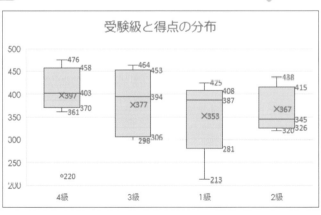

箱の塗りつぶしの色を変更し、データラベルを追加すると、値が読み取りやすくなります。

① 箱ひげ図を作成する

重要用語

箱ひげ図

統計分析で最も一般的に使用されるのが箱ひげ図です。データのばらつきをわかりやすく表現するための統計図で、たとえば、箱ひげ図を使用して、治験の結果や教師のテストの点数を比較できます。

補足

箱ひげ図の見方

箱ひげ図の各部位は、それぞれ最大値、第3四分位数、第1四分位数、中央値、平均値、最小値に対応しています。また、最大値から最小値を結ぶ線を「ひげ」、第3四分位数、第1四分位数にかけて表示されている長方形を「箱」と呼びます。

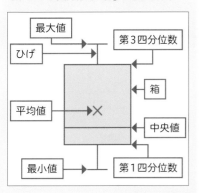

1 データをすべて選択します。

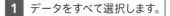

2 ［挿入］タブをクリックします。

3 ［統計グラフの挿入］をクリックし、

4 ［箱ひげ図］をクリックします。

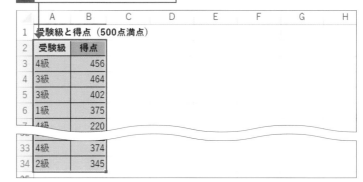

5 箱ひげ図が作成されました。

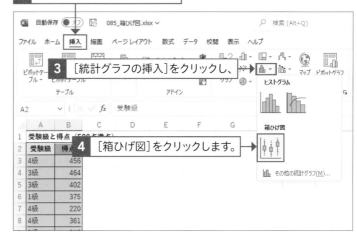

6 グラフタイトルを入力し、必要に応じてグラフのフォントも変更します。

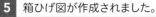
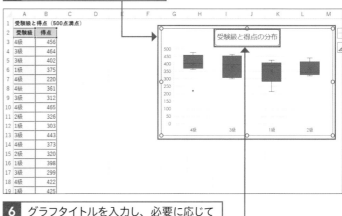

② 縦軸の書式を整える

💡ヒント

ほかの値から大きく外れた値があると

統計学では、ほかの値から大きく離れた値のことを「外れ値」といいます。外れ値がある場合、Excelの箱ひげ図では、外れ値は「特異ポイント」として表示されます。特異ポイントを表示したくないときは、系列を右クリックし、[データ系列の書式設定]をクリックすると表示される[データ系列の書式設定]作業ウィンドウで設定を変更します。

外れ値は、特異ポイントとして表示されます。

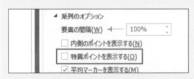

[特異ポイントを表示する]をオフにすると、特異ポイントが非表示になります。

1 縦軸（主軸）を右クリックして、

2 [軸の書式設定]をクリックします。

3 [軸の書式設定]作業ウィンドウが表示されます。

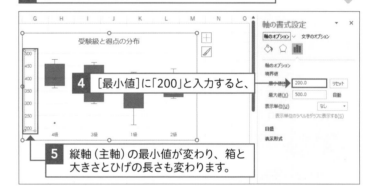

4 [最小値]に「200」と入力すると、

5 縦軸（主軸）の最小値が変わり、箱と大きさとひげの長さも変わります。

③ データラベルを追加して箱の色を変更する

1 グラフが選択された状態のまま、[グラフのデザイン]タブをクリックします。

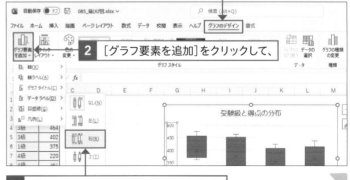

2 [グラフ要素を追加]をクリックして、

3 [データラベル]→[右]をクリックします。

平均値を非表示する

平均値を示す平均マーカー（×）は、非表示にすることもできます。非表示にしたいときは、系列を右クリックし、[データ系列の書式設定]をクリックすると表示される[データ系列の書式設定]作業ウィンドウで[平均マーカーを表示する]をオフにします。

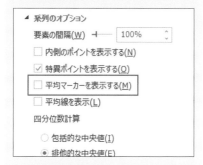

中央値の計算方法を変更する

箱ひげ図を作る際の中央値計算の方法には2種類あります。「包括的な中央値」は、N（データ内の値の個数）が奇数の場合に中央値を計算に含める計算方法です。「排他的な中央値」は、Nが奇数の場合に中央値を計算から除外する計算方法です。初期設定では「排他的な中央値」が選択されているので、「包括的な中央値」に変更したい場合は、[データ系列の書式設定]作業ウィンドウで設定を変更します。

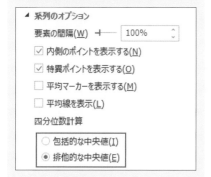

4 データラベルが追加されたら、データ系列（箱）をクリックします。

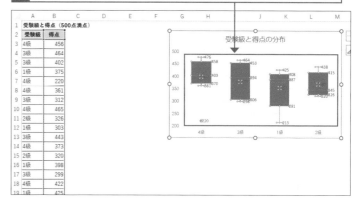

5 [グラフのデザイン]タブをクリックします。

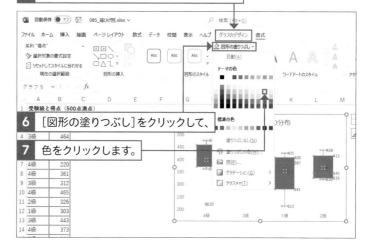

6 [図形の塗りつぶし]をクリックして、

7 色をクリックします。

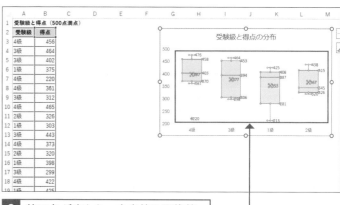

8 箱の色が変わり、中央値や平均値、データラベルが見やすくなりました。

86 ピラミッドグラフで 男女別の人口分布を見よう

ピラミッドグラフの作成

練習▶086_ピラミッドグラフ.xlsx

▶ 2つのデータの度数をピラミッドグラフで比較しよう

男女の年齢別の人口分布など、**2つのデータの度数を左右対称の横棒グラフで比較できるよ**うにしたグラフを「ピラミッドグラフ」と呼びます。Excelでは、表から直接ピラミッドグラフを作成することはできません。積み上げ横棒グラフを作成し、書式などを変更してピラミッドグラフのかたちにします。

Before 集合横棒グラフ

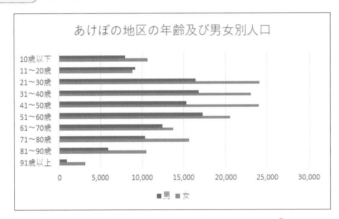

集合横棒グラフでは、年齢別の人口分布を男女で比較するのは困難です。

After ピラミッドグラフ

ピラミッドグラフに作り替えると、比較が容易になります。

① 積み上げ横棒グラフを作成する

💬 解説

グラフの元となる表

グラフの元となる表には、マイナスを付けた男性の値を用意します（列見出し「男」）。これは、データをグラフにプロットした際、男性の横棒が左側に伸びるようにするためです。また、もともと男性の値が入力されていた列は、このあとデータラベルとして使用するため残しておきます（列見出し「男ラベル」）。

ダミーの値を入力する列も用意します（列見出し「ダミー」）。これは、グラフにしたときに男性と女性の系列を区切るスペースとなります。

✏️ 補足

選択する表の範囲

最初にグラフを作成する際は、「男ラベル」を除く範囲を選択します。

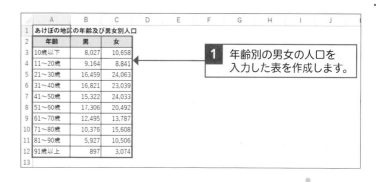

1 年齢別の男女の人口を入力した表を作成します。

2 「男」という列見出しを「男ラベル」に変更し、

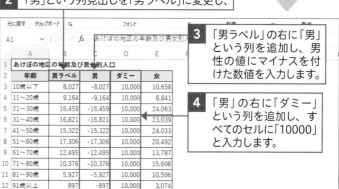

3 「男ラベル」の右に「男」という列を追加し、男性の値にマイナスを付けた数値を入力します。

4 「男」の右に「ダミー」という列を追加し、すべてのセルに「10000」と入力します。

5 年齢の列（セル[A2]～セル[A12]）をドラッグして選択し、

6 [Ctrl]を押しながら男から女までの列（セル[C2]～セル[E12]）をドラッグして選択します。

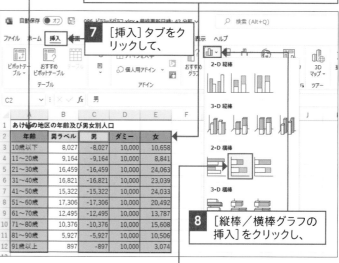

7 [挿入]タブをクリックして、

8 [縦棒／横棒グラフの挿入]をクリックし、

9 [積み上げ横棒]をクリックします。

10 積み上げ横棒グラフが作成されました。

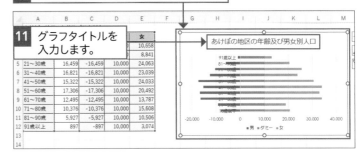

11 グラフタイトルを入力します。

② 軸の書式を変更する

縦軸のラベルの重なりを解除する

[軸の書式設定]作業ウィンドウの[ラベル]をクリックし、[ラベルの位置]を[上端／右端]または[下端／左端]に変更すると、縦軸ラベルをグラフの右または左に移動できます。なお、ここではこのあとラベルごと縦軸を削除するため、ラベルの位置を変更する必要はありません。

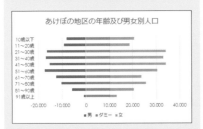

グラフの左や右に軸のラベルを移動することもできます。

1 縦軸を右クリックし、

2 [軸の書式設定]をクリックします。

3 [軸の書式設定]作業ウィンドウが表示されます。

4 [横軸との交点]で[最大項目]をクリックし、

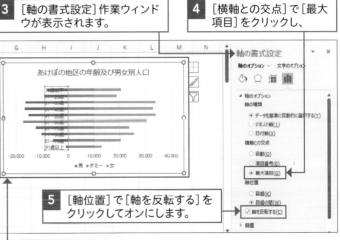

5 [軸位置]で[軸を反転する]をクリックしてオンにします。

6 項目の並び順が逆になりました。

補足

縦軸を消去する

［デザイン］タブの［グラフ要素を追加］をクリックし、［軸］→［第1縦軸］をクリックしても縦軸を消去できます。また、グラフボタンの［グラフ要素］をクリックして、［軸］にマウスポインターを合わせて▶をクリックし、［第1縦軸］をクリックしてオフにしても縦軸を消去できます。

解説

最小値・最大値を変更してダミーの系列の位置を調整する

横軸の最小値・最大値は自動で設定されるため、ダミーの系列の位置がプロットエリアの中央にこない場合があります。その場合は、横軸の最小値や最大値を手動で変更し、ダミーの系列が中央にくるよう調整します。

補足

横軸も削除する

横軸の目盛はダミーの系列の値まで含めて表示されているため、女性側の目盛は実際の値と合致していません。横軸もラベルごと削除し、それぞれの値はデータラベルで確認できるようにします。

---

7 あらためて縦軸をクリックして選択し、[Delete]を押します。

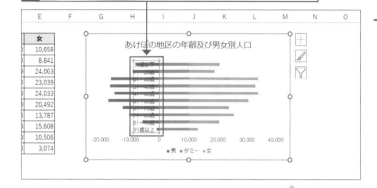

8 横軸を右クリックし、

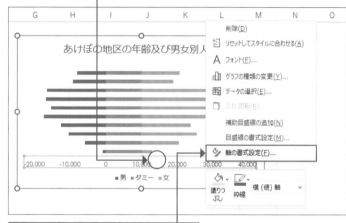

9 ［軸の書式設定］をクリックします。

10 ［軸の書式設定］作業ウィンドウが表示されます。

11 ［最小値］を「-25000」に変更します。

12 あらためて横軸をクリックして選択し、[Delete]を押します。

13 目盛線をクリックして選択し、[Delete] を押します。

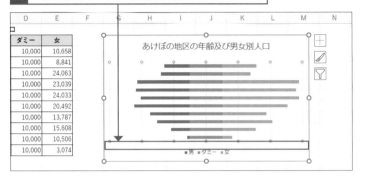

③ 棒の間隔を変更する

ヒント

目盛線も削除する

横軸を削除したので、目盛線も削除しておきます。それぞれの値はデータラベルで確認できるようにします。

💬 解説

棒と棒の隙間をなくす

[要素の間隔] を「0」にすると、棒と棒の隙間がなくなります。

1 女性のデータ系列を右クリックし、

2 [データ系列の書式設定] をクリックします。

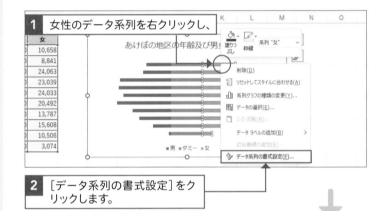

3 [データ系列の書式設定] 作業ウィンドウが表示されます。

4 [要素の間隔] のスライダーを左端までドラッグするか「0」と入力すると、

5 横棒と横棒の間隔がなくなります。

④ データ系列の書式を変更する

補足

データ系列の塗りつぶしの色の変更

[ホーム] タブの [塗りつぶしの色] や、データ系列を右クリックすると表示されるミニツールバーの [塗りつぶしの色]、[データ系列の書式設定] 作業ウィンドウの [塗りつぶし] → [塗りつぶし] でも、データ系列の塗りつぶしの色を変更できます。

ヒント

棒と棒の区切りを示す

棒と棒の区切りを示したいときは、棒に枠線を設定します。

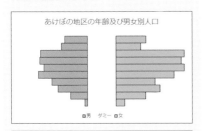

枠線を付けると、棒の区切りがはっきりします。

1 女性のデータ系列を選択した状態のまま [書式] タブをクリックします。

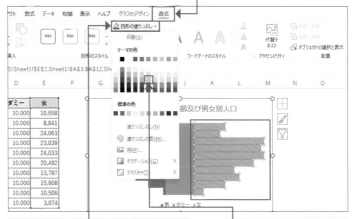

2 [図形の塗りつぶし] を選択して、

3 色をクリックします。

4 同様に、ダミーのデータ系列の塗りつぶしの色を変更します。

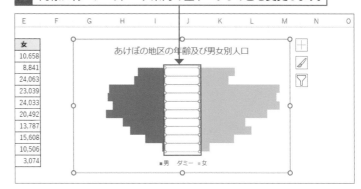

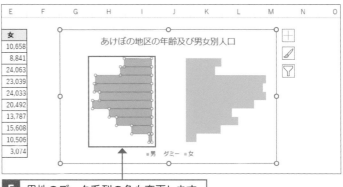

5 男性のデータ系列の色も変更します。

⑤ データラベルを追加する

データラベルの追加

グラフを選択すると表示されるグラフボタンの[グラフ要素]をクリックしても、データラベルを追加できます。

1 グラフをクリックして選択します。

2 [グラフのデザイン]タブをクリックして、

3 [グラフ要素を追加]をクリックし、

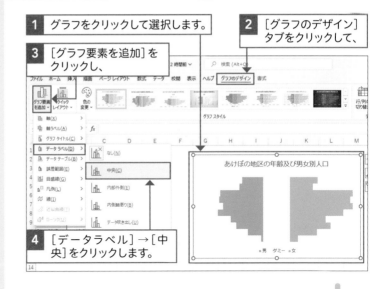

4 [データラベル]→[中央]をクリックします。

5 ダミーのデータ系列のデータラベルを右クリックし、

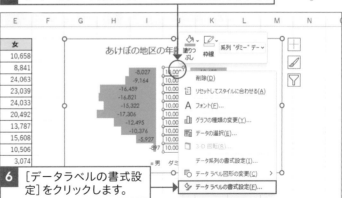
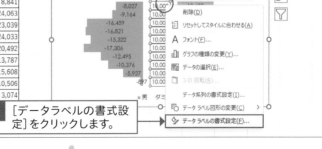

6 [データラベルの書式設定]をクリックします。

[セルの値]をオンにしようとすると

[セルの値]をオンにしようとすると、このあと[データラベル範囲]ダイアログボックスが表示されます。

7 [データラベルの書式設定]作業ウィンドウが表示されます。

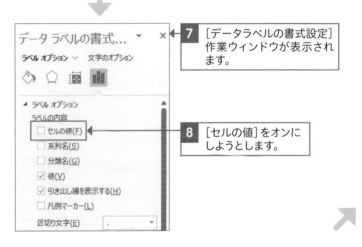

8 [セルの値]をオンにしようとします。

ヒント

データラベルを中央に揃える

女性のデータ系列のデータラベルを右クリックして[データ系列の書式設定]作業ウィンドウを表示し、[ラベルの位置]で[内側軸寄り]をオンにすると、女性のデータラベルが左揃えになります。同様に、男性のデータラベルの[ラベルの位置]を[内側上]に設定すると、男性のデータラベルが右揃えになり、すべてのデータラベルが中央に揃います。

女性のデータラベルは[内側寄り]、男性のデータラベルは[内側上]にします。

↓

データラベルが中央に揃います。

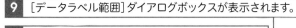

9 [データラベル範囲]ダイアログボックスが表示されます。

10 年齢の区分が入力されたセル範囲(セル[A3]～セル[A12])をドラッグして選択し、

11 [OK]をクリックします。

12 [データラベルの書式設定]作業ウィンドウに戻り、[値]をクリックしてオフにすると、

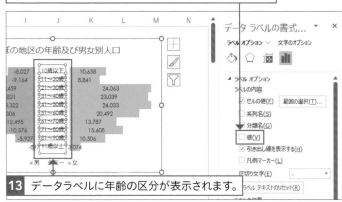

13 データラベルに年齢の区分が表示されます。

14 同様の操作で、男性のデータラベルに表の「男性ラベル」列の値を表示し、

15 重なり合って見づらいデータラベルの位置を手動で調整して、

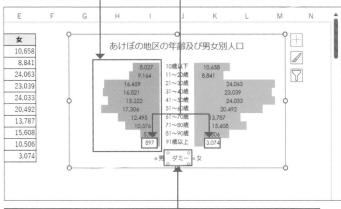

16 凡例の「ダミー」を2回クリックして選択し、Deleteを押します。

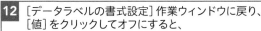
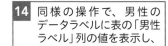
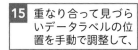

ファンチャートでデータの伸び率を比較しよう

ファンチャートの作成

練習▶087_ファンチャート.xlsx

▶ 値の伸び率を比較したいときは、ファンチャートを使おう

ある地点の値を基準値として、複数の項目の値の変動を図示したグラフを「ファンチャート」といいます。一般的には開始地点の値を100%として、その後の値の変動率を折れ線グラフで表します。初期値のスケールが異なっても、複数のデータの伸び率を比較することができるのがファンチャートのメリットです。

Before　通常の折れ線グラフ

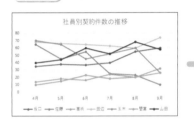

After　ファンチャートにした折れ線グラフ

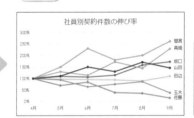

通常の折れ線グラフでは比較するのが困難な個人の値の伸び率も、ファンチャートにすると一目瞭然です。

① ファンチャートの原型となる折れ線グラフを作成する

💬 解説

値をパーセンテージに換算する

ファンチャートの作成には、最初の時点の値を100%とし、それ以降の値は最初の値を基準にしてパーセンテージ換算したデータを使用します。「=B3/$B3」という数式をデータ範囲の左上のセルに入力し、これをほかのセルにコピーしましょう。このとき、「$B3」のように列番号の前に「$」を付けると、コピーしても列は変わらず固定され、正しい計算結果が得られます。

1 元の表と同じ表の枠を作成し、

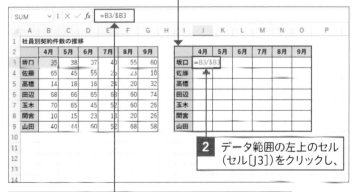

2 データ範囲の左上のセル（セル[J3]）をクリックし、

3 数式バーに「=B3/$B3」と入力して Enter を押します。

ヒント

表示形式を変更する

数式を入力したセルの表示形式が「標準」の場合は、「1」とされます。ファンチャートでは伸び率を比較するので、表示形式は「パーセンテージ」に変更しておきます。

行列の切り替えが不要な場合もある

行／列の項目数のバランスによっては、行／列を入れ替える必要がない場合もあります。左端のデータ要素の値がすべての系列とも100％になっていないときだけ、行／列を入れ替えましょう。

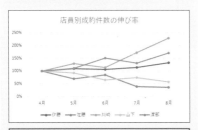

左端のデータ要素がすべて100％に集約されているときは、行／列を入れ替える必要はありません。

4	数式を入力したセル（ここでは[J3]の表示形式をパーセントスタイルに変更し、
5	セルの右下をドラッグし、オートフィルで右方向にコピーして、

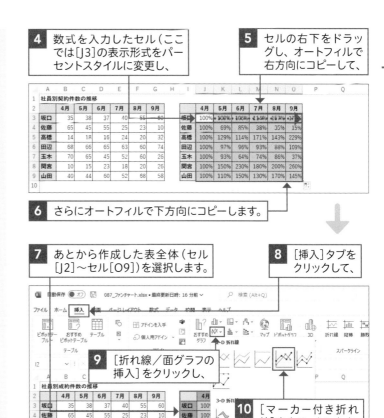

6	さらにオートフィルで下方向にコピーします。

7	あとから作成した表全体（セル[J2]～セル[O9]）を選択します。
8	[挿入]タブをクリックして、
9	[折れ線／面グラフの挿入]をクリックし、
10	[マーカー付き折れ線]をクリックします。

11	折れ線グラフが作成されました。
12	グラフタイトルを入力し、必要に応じてグラフのフォントも変更します。
13	[グラフのデザイン]タブをクリックして、
14	[行／列の切り替え]をクリックします。

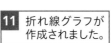
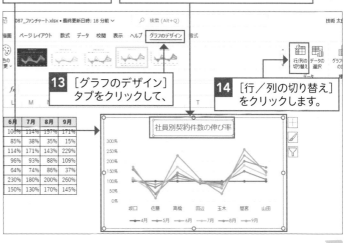

15 左端のデータ要素が、すべて「100%」の位置に集約されました。

16 横軸を右クリックし、

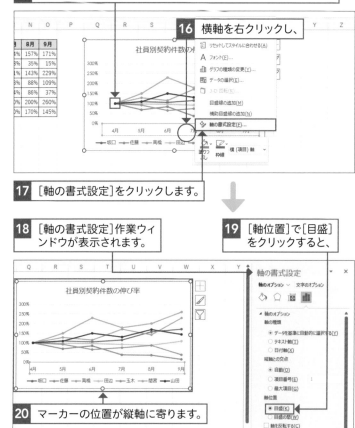

17 [軸の書式設定]をクリックします。

18 [軸の書式設定]作業ウィンドウが表示されます。

19 [軸位置]で[目盛]をクリックすると、

20 マーカーの位置が縦軸に寄ります。

② データラベルで系列名を示す

🗨 解説

系列名を直接表示すると見やすくなる

多数の系列をプロットすることが多いファンチャートでは、凡例で折れ線の色と系列の対応を示すより、最後の項目に系列名のデータラベルを表示するほうが見やすくなります。系列名のデータラベルは、グラフのレイアウトを変更しなくても、[データラベルの書式設定]作業ウィンドウで設定することもできます（213ページ参照）。

1 グラフをクリックして選択します。

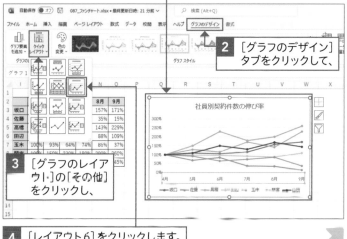

2 [グラフのデザイン]タブをクリックして、

3 [グラフのレイアウト]の[その他]をクリックし、

4 [レイアウト6]をクリックします。

5 追加されたデータラベルの1つをクリックして選択してから右クリックし、

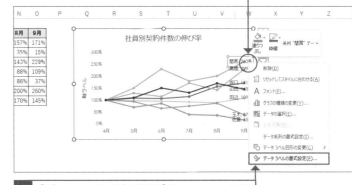

6 [データラベルの書式設定]をクリックします。

7 [データラベルの書式設定]作業ウィンドウが表示されます。

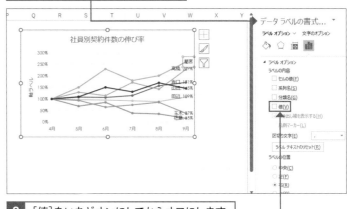

8 [値]をいちどオンにしてからオフにします。

9 同様にほかの系列のデータラベルの値も非表示にし、

10 軸ラベルを削除して、

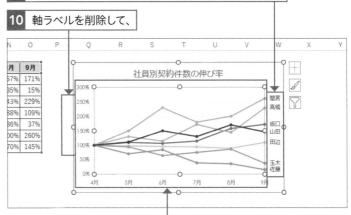

11 プロットエリアの横幅を狭めて、データラベルを見やすくします。

💬 **解説**

軸ラベルは削除する

グラフのレイアウトで［レイアウト6］を選ぶと、凡例は非表示になり、最後の項目のデータラベルと軸ラベルがグラフに追加されます。軸ラベルが不要な場合は、クリックして選択してから Delete を押して削除しましょう。軸ラベルを残す場合は、文字の方向を縦書きにすると読みやすくなります（81ページ参照）。

💡 **ヒント**

2時点のデータを比較したファンチャートにする

初期値と最終値だけを元データにしてファンチャートを作成すると、折れ線は直線になり、ファンチャートという名前の通り折れ線がファン（扇）のように広がります。推移の過程は割愛し、2時点のデータだけで伸び率を比較したいときは、このようなファンチャートにしましょう。

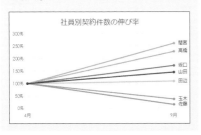

BEPチャートで損益分岐点を調べよう

BEPチャートの作成

練習▶088_BEPチャート.xlsx

▶ 損益分岐点(BEP) を確認して売上目標を立てよう

売上高と費用の額がちょうど等しくなる、つまり利益がプラスマイナスゼロになるポイントの売上高または販売数を「損益分岐点(BEP：Break-Even Point)」といいます。ビジネスの採算性を分析し、売上目標を立てるには、この損益分岐点を知ることが重要になります。損益分岐点の算出方法や、チャートとして図示する方法をぜひ覚えておきましょう

Before 損益分岐点の算出表 　　After 損益分岐点 (BEP) チャート

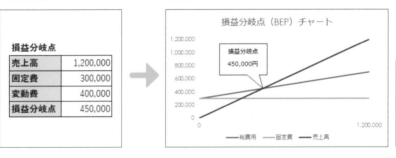

売上高、固定費、変動費の値から損益分岐点を算出し、チャートにして見やすく示せます。

① BEP チャートの元となる折れ線グラフを作成する

💬 解説

損益分岐点(BEP) の計算方法

損益分岐点売上高は次の数式で算出できます。

損益分岐点売上高＝固定費÷{1 − (変動費÷売上高)}

この例では、セル[B5]に「=B3/(1-B4/B2)」という数式を入力して損益分岐点売上高を求めています。

売上高が損益分岐点を超えれば採算の取れたビジネス、損益分岐点を下回れば赤字のビジネスという見方ができます。

1 表に売上高、固定費、変動費を入力し、

2 損益分岐点を求めます。

解説

BEPチャート作成用の表の作り方

BEPチャート作成用の表はそれぞれ次のようにデータを入力します。

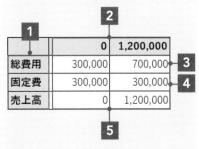

1 行見出し：「総費用」「固定費」「売上高」と入力し、凡例項目として表示されるようにします。

2 列見出し：左のセルに「0」、右のセルに売上高(ここでは「1,200,000」)を入力し、横軸の項目名として表示されるようにします。

3 総費用のデータ：左のセルに固定費(ここでは「300,000」)、右のセルに固定費+変動費(ここでは「700,000」)を入力します。

4 固定費のデータ：両セルともに固定費(ここでは「300,000」)を入力します。

5 売上高のセル：左のセルに「0」、右のセルに売上高(ここでは「1,200,000」)を入力します。

 ヒント

目盛線は削除する

BEPチャートでは細かな目盛線は不要です。出来上がりの見た目をすっきりさせるため、この時点で削除しておきます。

3 BEPチャート用の表を作成して選択します。

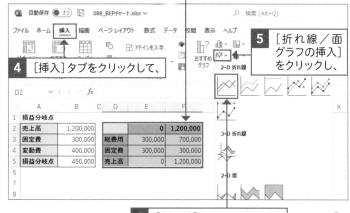

4 [挿入]タブをクリックして、

5 [折れ線／面グラフの挿入]をクリックし、

6 [折れ線]をクリックします。

7 折れ線グラフが作成されました。

8 グラフタイトルを入力し、必要に応じてグラフのフォントも変更して、

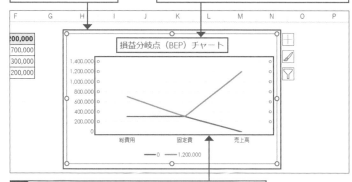

9 目盛線をクリックして選択し、 Delete を押します。

10 [グラフのデザイン]タブをクリックして、

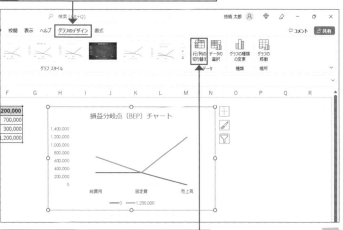

11 [行／列の切り替え]をクリックします。

ヒント

折れ線の色を変更する

折れ線の色を変更したい場合は、折れ線をクリックして選択し、[書式]タブの[図形の枠線]をクリックして色を選択します。

12 行／列が入れ替わりました。

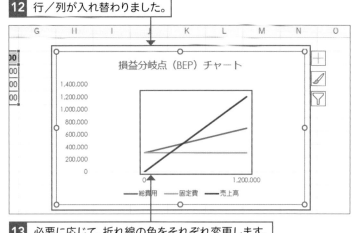

13 必要に応じて、折れ線の色をそれぞれ変更します。

② 軸の書式を変更する

1 横軸を右クリックし、

2 [軸の書式設定]をクリックします。

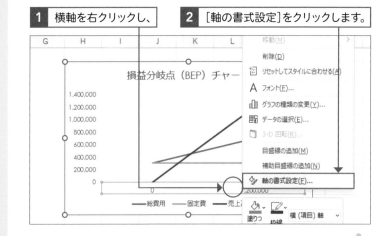

3 [軸の書式設定]作業ウィンドウが表示されます。

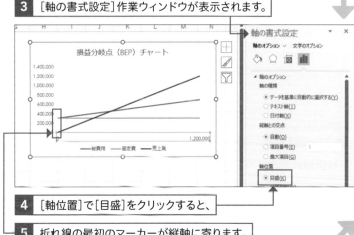

4 [軸位置]で[目盛]をクリックすると、

5 折れ線の最初のマーカーが縦軸に寄ります。

6 作業ウィンドウを表示したまま、縦軸をクリックします。

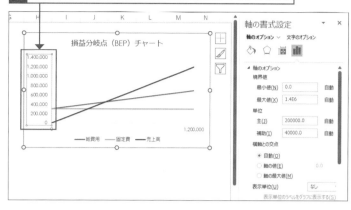

解説

縦軸の最大値

縦軸、横軸ともに最大値は売上高に近い切りのいい値か、同じ値にします。ここでは、縦軸の最大値のみ売上高と同じ値に修正しています。

ヒント

吹き出しを追加する

損益分岐点売上高を入力するための吹き出しを追加します。損益分岐点売上高の値は、最初に作成した表の中で算出した値（ここでは「450,000」）を書き入れます。吹き出しを追加する方法については、103ページを参照してください。

補足

吹き出しの書式を整える

吹き出しの塗りつぶしや枠線の色は、[書式]タブの[図形の塗りつぶし]や[図形の枠線]で変更できます。フォントやフォントの色、吹き出し内の文字揃えの設定は、[ホーム]タブの[フォント]グループで変更できます。
また、黄色い調整ハンドル◯をドラッグすると、吹き出しの角の位置を調整できます。角の位置は、売上高と総費用の折れ線が交差する位置に合わせます。

7 ［最大値］に「1200000」と入力します。

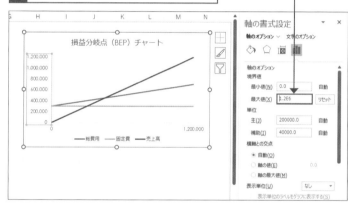

---

8 吹き出しを作成して文字を入力したら書式を整え、

	0	1,200,000
総費用	300,000	700,000
固定費	300,000	300,000
売上高	0	1,200,000

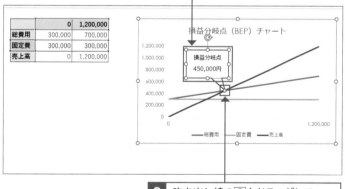

9 吹き出し線の◯をドラッグして、折れ線の交点の位置に移動します。

パレート図でABC分析をしよう

複合グラフによるパレート図の作成

練習▶089_パレート図.xlsx

▶ 構成比や累積構成比を算出してパレート図を作ろう

値の降順で並べた縦棒グラフと累積構成比を表す折れ線グラフを組み合わせた複合グラフのことを「パレート図」といいます。パレート図を使って、全売上高に占める割合に応じて顧客や商品を「A」「B」「C」にランク分けし、重要度を分析する手法を「ABC分析」といいます。Excelでは、構成比や累積構成比、ランクの算出はもちろん、見やすいパレート図の作成まで一括して行えます。

Before　ABC分析表

	A	B	C	D	E	F	G	H	I	J
1	ABC分析表	Aランク	0.7	Bランク	0.9					
2										
3	取引先名	売上金額	構成比	累積比	ランク		塗りA	塗りB	塗りC	
4	柾国工業	2,929,840								
5	JK化学	1,997,090								
6	バムハウス	1,025,840								
7	3Jコープ	872,360								
8	ラビット	652,360								
9	スター	442,560								
10	ビギン	427,420								
11	クチル加工	212,590								
12	マイユ	148,410								
13	2U工房	96,710								
14	GC産業	69,410								
15	パーパス	54,120								
16	計	8,928,710								
17										

> パレート図の作成に必要なデータを一通り準備します。

After　パレート図

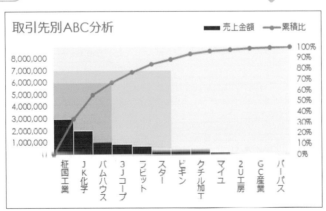

> 用意したデータを元に複合グラフを作成し、軸や塗りつぶしなどの書式を整えて見やすいパレート図にします。

① パレート図作成のためのデータを準備する

ヒント

パレート図の作成に必要なデータ

パレート図の作成を始める前に、取引先名と売上金額、累積構成比（累積比）とランク、ランクの領域別に背景を塗り分けるためのダミーデータを準備します。構成比は累積構成比（累積比）を算出する前段階として表に含めています。また、項目は売上金額の降順で並べます。

補足

ランク分けの基準

売上金額の総額の70%を占める取引先をA、90%を占める取引先をB、それ以外をCとランク分けすることにし、セル[C1]に「0.7」（70%）、セル[E1]に「0.9」（90%）と入力しています。

解説

数式の「$」の位置に注意する

数式をオートフィルでコピーしたときに参照先が意図しない範囲にずれてしまわないよう、「$」の位置に注意します。たとえば、項目の売上金額を全体の売上金額で割って構成比を求める数式「=B4/SUM($B$4:$B$15)」では、全体の売上金額は常に同じセル範囲の合計であることから、SUM関数の引数部分は「$B$4:$B$15」のように絶対参照にします。累積構成比（累積比）を求める数式「=SUM($C$4:C4)」では、構成比を合計するセル範囲が行ごとに変わるため「$C$4:C4」のように、絶対参照と相対参照を組み合わせた複合参照にします。

1 表を作成して商品名や売上金額などのデータを入力し、

2 売上金額の合計を求め、

3 ランク分けの基準値を入力します。

4 「構成比」の一番上のセル（セル[D4]）に「=B4/SUM($B$4:$B$15)」と入力し、

5 セルの右下をドラッグし、オートフィルで下までコピーします。

6 「累積比」の一番上のセル（セル[E4]）に「=SUM($C$4:C4)」と入力し、

7 オートフィルで下までコピーします。

ヒント

背景用のダミーデータを用意する

背景を塗りつぶすためのダミーデータは、Aランク用の「塗りA」、Bランク用の「塗りB」、Cランク用の「塗りC」の計3列に用意します。「塗りA」にはAランクの項目の売上金額の合計を、Aランクに相当するセルに入力し、ほかはすべて「0」にします。「塗りB」にはAランクとBランクの項目の売上金額の合計を、AランクとBランクに相当するセルに入力し、ほかはすべて「0」にします。「塗りC」は、すべてのセルに売上金額の合計金額を入力します。

補足

「塗りA」「塗りB」「塗りC」の数式

「塗りA」の最も上のセル（セル[G4]）には、数式「=IF(E4="A",SUMIF($E$4:$E$15,"A",$B$4:$B$15),0)」を入力しています。この数式は、「セル[E4]値がAならAの売上金額の合計を、そうでない場合は0を返す」という意味になります。「塗りB」の最も上のセル（セル[I4]）には、IF関数とSUMIF関数を組み合わせた数式「=IF(E4<>"C",SUMIF($E$4:$E$15,"<>B",$B$4:$B$15),0)」を入力しています。この数式は、「セル[E4]の値がC以外（AかB）なら、C以外（AとB）の売上金額の合計を、そうでない場合は0を返す」という意味になります。

「塗りC」はすべての売上金額の合計を表示すればよいので、すべてのセルで合計金額のセル（セル[B16]）を参照しています。

8 「=IF(D4<=$C$1,"A",IF(D4<=$E$1,"B","C"))」と入力し、

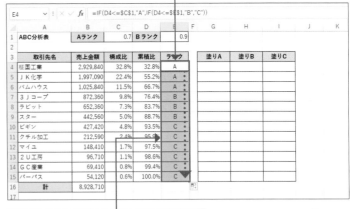

9 オートフィルで下までコピーします。

10 「塗りA」の一番上のセル（セル[G4]）に「=IF(E4="A",10 SUMIF($E$4:$E$15,"A",$B$4:$B$15),0)」と入力し、

11 「塗りB」の一番上のセル（セル[H4]）に「=IF(E4<>"C",SUMIF($E$4:$E$15,"<>B",$B$4:$B$15),0)」と入力して、

12 「塗りC」の一番上のセル（セル[I4]）に「=$B$16」と入力し、

13 セル[G4]からセル[I4]までドラッグして選択します。

14 オートフィルで下までコピーします。

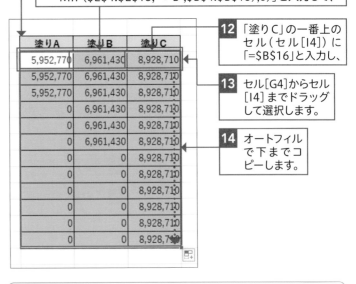

ヒント　ランクはIF関数で求める

「=IF(D4<=$C$1,"A",IF(D4<=$E$1,"B","C"))」は、「セル[D4]の値がセル[C1]の値以上ならA、そうでない場合はセル[D4]の値をセル[E1]と比べてセル[E1]の値以上ならB、そうでない場合はCを返す」という意味の数式です。ランクの基準である「0.9」と「0.7」が入力されたセル参照は数式をコピーしても変わらないよう、「$C$1」「$E$1」と絶対参照にします。

② 複合グラフを作成する

 解説

累積比は折れ線グラフにする

パレート図は、集合縦棒グラフと折れ線グラフの複合グラフです。累積比を折れ線グラフで表します。

1 「取引先名」と「売上金額」の列をドラッグして、見出しごと選択します。

2 Ctrl を押しながらドラッグして、「累積比」「塗りA」「塗りB」「塗りC」の列を見出しごと選択します。

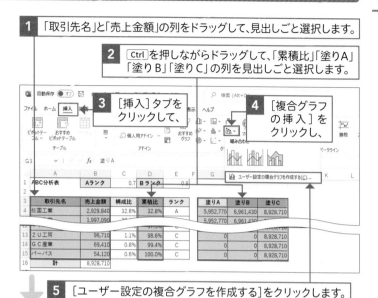

3 [挿入]タブをクリックして、

4 [複合グラフの挿入]をクリックし、

5 [ユーザー設定の複合グラフを作成する]をクリックします。

6 [グラフの挿入]ダイアログボックスが表示されます。

 ヒント

折れ線グラフは第2軸にする

パレート図では、折れ線グラフは第2軸を使用するようにします。

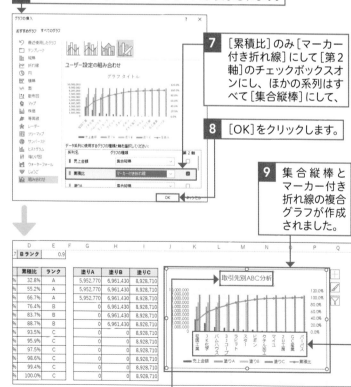

7 [累積比]のみ[マーカー付き折れ線]にして[第2軸]のチェックボックスオンにし、ほかの系列はすべて[集合縦棒]にして、

8 [OK]をクリックします。

9 集合縦棒とマーカー付き折れ線の複合グラフが作成されました。

 ヒント

横軸の項目名を縦書きにする

横軸の項目名が斜めに表示されていて読みづらい場合は、項目名の文字列を縦書きに変更しましょう。項目名を縦書きにする方法については、87ページを参照してください。

累積比	ランク	塗りA	塗りB	塗りC
32.8%	A	5,952,770	6,961,430	8,928,710
55.2%	A	5,952,770	6,961,430	8,928,710
66.7%	A	5,952,770	6,961,430	8,928,710
76.4%	B	0	6,961,430	8,928,710
83.7%	B	0	6,961,430	8,928,710
88.7%	B	0	6,961,430	8,928,710
93.5%	C	0	0	8,928,710
95.9%	C	0	0	8,928,710
97.5%	C	0	0	8,928,710
98.6%	C	0	0	8,928,710
99.4%	C	0	0	8,928,710
100.0%	C	0	0	8,928,710

10 グラフタイトルを入力し、必要に応じてグラフのフォントも変更します。

11 必要に応じて項目名を縦書きにし、グラフのフォントも変更しておきます。

③ 折れ線グラフを調整する

補足

折れ線グラフの
データ範囲を広げる理由

折れ線グラフを「0」の位置からスタートさせるためです。データ範囲に追加した列見出しはテキストデータであることから「0」と見なされ、最初のマーカーが「0」の位置にプロットされます。

1 折れ線をクリックして選択し、

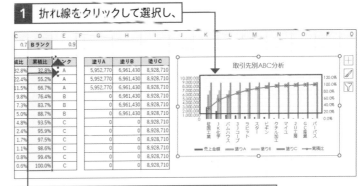

2 カラーリファレンスの右上のハンドルをドラッグして、列見出し（累積比）もデータ範囲に含めます。

3 ［グラフのデザイン］タブをクリックし、

4 ［グラフ要素を追加］をクリックして、

5 ［第2横軸］をクリックします。

6 追加された第2横軸を右クリックし、

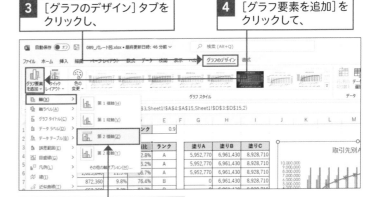

補足

第2横軸を追加する
理由

折れ線グラフのデータ範囲を広げて「0」の位置に追加したマーカーは、縦軸と横軸の交点に表示されません。マーカーの表示位置を目盛の間はなく目盛に合うよう、横軸の書式設定で軸位置を変更する必要があります。ただし、このときに第1横軸の軸位置を変更してしまうと、縦棒の表示位置までずれてしまいます。そのため、第2横軸を追加して第2横軸の軸位置のみを変更します。

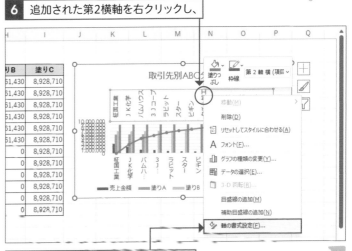

7 ［軸の書式設定］をクリックします。

ヒント

かんたんに パレート図を作成する

売上金額の降順に項目を並べ替えたり構成比や累積構成比を算出したりしなくても、かんたんにパレート図を作成することもできます。ただし、ABCのランク分けをしたり、折れ線グラフを細かく編集したりすることはできません。

1 顧客名と売上金額のデータのみ選択します。

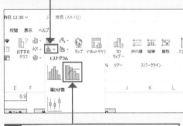

2 [挿入]タブの[統計グラフの挿入]をクリックし、

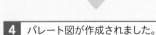

3 [パレート図]をクリックします。

4 パレート図が作成されました。

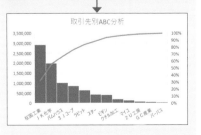

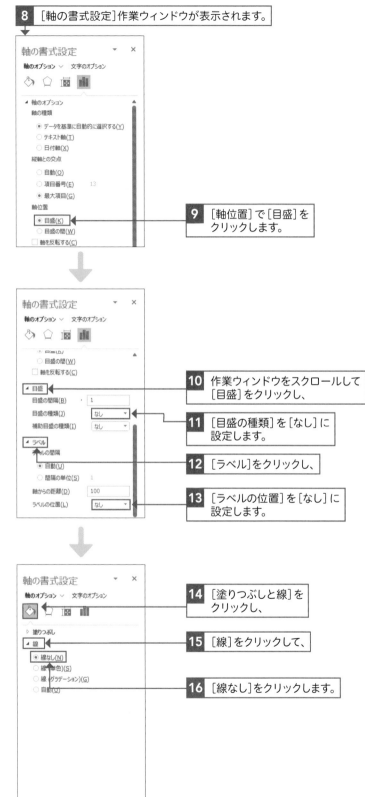

8 [軸の書式設定]作業ウィンドウが表示されます。

9 [軸位置]で[目盛]をクリックします。

10 作業ウィンドウをスクロールして[目盛]をクリックし、

11 [目盛の種類]を[なし]に設定します。

12 [ラベル]をクリックし、

13 [ラベルの位置]を[なし]に設定します。

14 [塗りつぶしと線]をクリックし、

15 [線]をクリックして、

16 [線なし]をクリックします。

④ 縦軸の書式を設定する

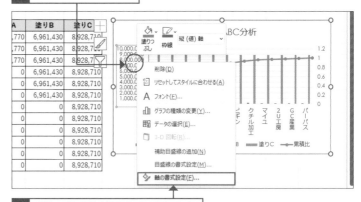

1 縦軸を右クリックし、

2 [軸の書式設定]をクリックします。

 ヒント

縦軸の最大値を変更する理由

このあと、第2縦軸の最大値を「1.0」（100%）に変更します。そのため、累積比（累積構成比）の100%に相当する売上高の合計値を縦軸の最大値（「8928710」）に変更します。入力を確定すると、表示は「8.92871E6」に変わります。また、そのタイミングで［最小値］の値が自動調整されてしまうので、あらためて［最小値］を「0」に変更します。

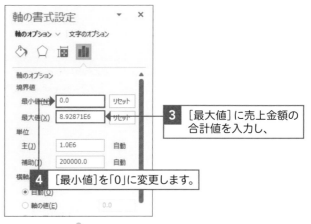

3 ［最大値］に売上金額の合計値を入力し、

4 ［最小値］を「0」に変更します。

補足

第2縦軸の最大値

第2縦軸に入力する「1」は「100%」を意味します。このあとの手順で、表示形式をパーセンテージに変更します。

5 第2縦軸をクリックし、

6 ［最大値］を「1」に修正します。

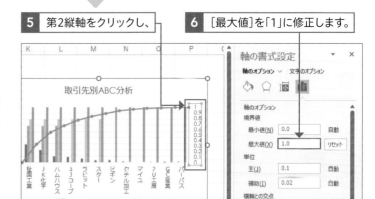

取引先別ABC分析

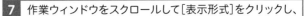

7 作業ウィンドウをスクロールして[表示形式]をクリックし、

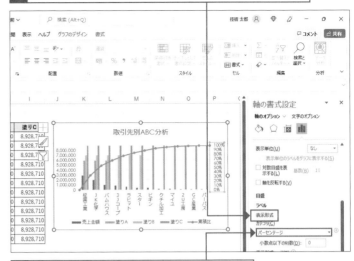

8 [カテゴリ]を[パーセンテージ]に変更します。

⑤ 縦棒グラフの書式を変更する

🗨 解説

**系列の幅と
要素の間隔を調整する**

合縦棒の系列の幅を「100%」に、要素の
幅を「0%」に設定すると、すべての棒と
棒の間隔がなくなり、塗りA、塗りB、
塗りCのデータ系列を売上高のデータ系
列の背景として見せられるようになりま
す。

1 作業ウィンドウを表示したまま任意の縦棒を
クリックします。

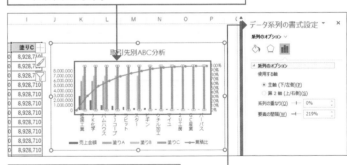

2 [データ系列の書式設定]作業
ウィンドウが表示されます。

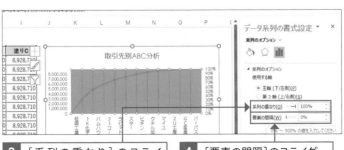

3 [系列の重なり]のスライ
ダーを右端までドラッグする
か、「100」と入力し直します。

4 [要素の間隔]のスライダー
を左端までドラッグするか、
「0」と入力し直します。

❻ 値フィールドのフィールド名を変更する

💬 解説

系列の順序を入れ変える

棒の太さを変更した直後は、「塗りC」のデータ系列が前面に表示されているため、背面の「塗りB」「塗りA」「売上金額」のデータ系列が見えなくなっています。［データソースの選択］ダイアログボックスを表示して系列の順序を入れ替え、すべての系列が見えるようにします。

1 任意のデータ系列を選択したまま［データの選択］をクリックします。

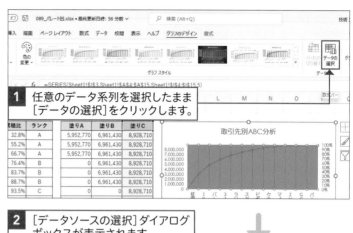

2 ［データソースの選択］ダイアログボックスが表示されます。

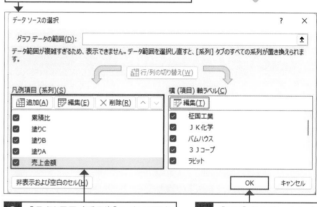

3 ［凡例項目（系列）］にある ▲ または ▼ をクリックし、この順序になるよう系列を入れ替えて、

4 ［OK］をクリックします。

5 系列の順序が入れ替わり、すべての系列が見えるようになりました。

💡 ヒント

ランク名をテキストボックスで追加する

グラフにテキストボックスを追加してランク名を示すと、より分かりやすいパレート図になります。このとき、テキストボックスはグラフを選択した状態で追加します（238ページ参照）。

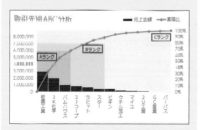

6 任意のデータ系列を選択して［書式］タブをクリックし、

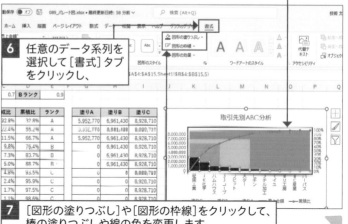

7 ［図形の塗りつぶし］や［図形の枠線］をクリックして、棒の塗りつぶしや線の色を変更します。

ヒント

クリック操作でプロットエリアを選択できないときは

クリック操作でプロットエリアを選択できないときは、[書式]タブの[グラフ要素]の⌄をクリックし、[プロットエリア]をクリックします。プロットエリアの大きさを変更したいのに、プロットエリアをうまく選択できないときは、この方法で選択しましょう。

1 [書式]タブの[グラフ要素]のここをクリックし、

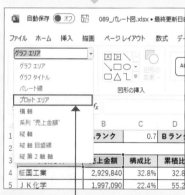

2 [プロットエリア]をクリックします。

8 | 同様に、ほかのデータ系列の塗りつぶしの色も変更します。

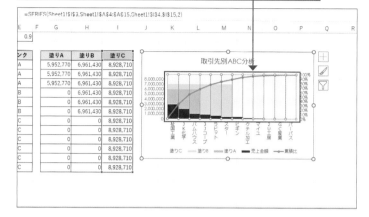

9 | 「塗りC」の凡例項目を2回クリックして選択し、Delete を押します。

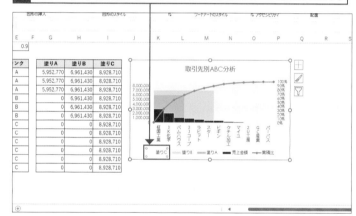

10 | 同様に「塗りB」「塗りA」の凡例項目も削除し、

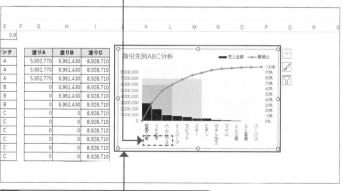

11 | グラフのサイズを見やすく調整します。

ウォーターフォール図で増加・減少を見よう

ウォーターフォール図の作成

練習▶090_ウォーターフォール図.xlsx

▶ ウォーターフォール図で数値の増減の累計の過程を可視化する

数値の増加と減少の累積的影響を判断するのに役立つグラフ「ウォーターフォール図」（滝グラフ）もかんたんに作成できます。財務状況の分析や、キャッシュフローの変化を見るときなどに活用しましょう。

ウォーターフォール図

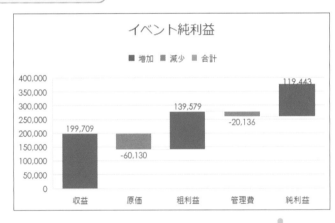

財務状況を見るのに使われるウォーターフォール図もかんたんに作成できます。

純利益を合計として表示したウォーターフォール図

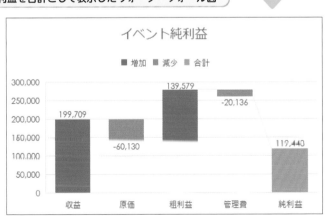

純利益を合計として表示することもできます。

① ウォーターフォール図を作成する

💬 解説

棒の色の違い

ウォーターフォール図では、プラス（正）とマイナス（負）の値は、異なる棒の色で示されます。

💡 ヒント

純利益を合計として表示する

純利益の値だけを際立たせて見せたいときは、純利益のデータ要素を合計として表示します。

1 「純利益」のデータ系列を2回クリックして選択してから右クリックし、

2 [データ要素の書式設定]をクリックします。

3 [データ要素の書式設定]作業ウィンドウで、[合計として設定]をクリックしてオンにします。

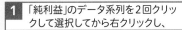

4 純利益が合計として表示されます。

---

1 表を選択します。

2 [挿入]タブをクリックして、

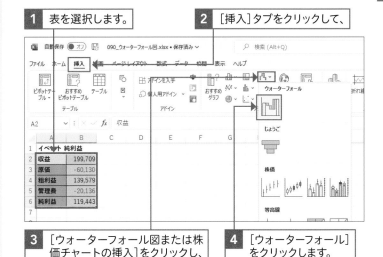

3 [ウォーターフォール図または株価チャートの挿入]をクリックし、

4 [ウォーターフォール]をクリックします。

5 ウォーターフォール図が作成されました。

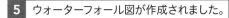

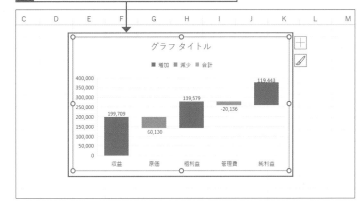

6 グラフタイトルを入力します。

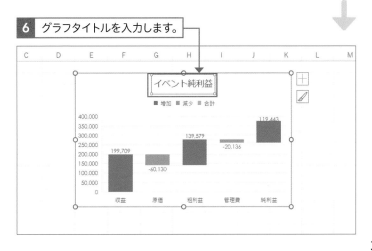

ヒストグラムで 度数の分布を見よう

ヒストグラムの作成

練習▶091_ヒストグラム.xlsx

▶ 度数分布を見るヒストグラムもかんたんに作成できる

度数分布表をあらかじめ準備しておかなくても、Excelではヒストグラムもかんたんに作成できます。区間に含まれる数のばらつき具合からデータを分析したいときは、このヒストグラムを利用しましょう。頻度を定義する区間（ビン番号）も自由に設定できます。

① ヒストグラムを作成する

🔍 重要用語

ヒストグラム／ビン

縦軸に度数、横軸に階級をとった統計グラフを「ヒストグラム」といいます。データのばらつき具合や分布を視覚的に表し、度数分布を見るのに使われます。ヒストグラムの棒のことを「ビン」といいます。ヒストグラムではビンとビンの間に間隔を設けないのが一般的です。

✏ 補足

横軸の項目名

ヒストグラムの項目名は自動で付けられるため、「40以下」「51〜60」のように分かりやすい項目名に手動で変更することはできません。

1 表の得点データを（セル[B2]〜セル[B27]）選択します。

2 [挿入]タブをクリックして、

3 [統計グラフの挿入]をクリックし、

4 [ヒストグラム]をクリックします。

5 ヒストグラムが作成されました。

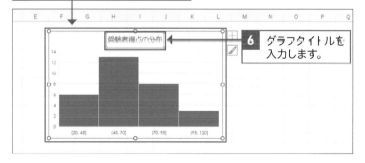

6 グラフタイトルを入力します。

② ヒストグラムを編集する

ヒント

中途半端な区切りを調整したいときは

グラフの元となるデータの値によっては、ビンの幅を「10」など区切りのいい値に設定しても、[22,32]のように区間が中途半端な数字になる場合があります。区間の開始の値を指定することはできませんが、[軸の書式設定]作業ウィンドウの[ビンのアンダーフロー]を設定すると、区間を区切りのいい数字に調整できます。

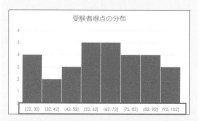

[22,32][32,42]…のように中途半端な区間になっているときは、

[ビンのアンダーフロー]で区切りのいい数値を設定します。

[ビンのアンダーフロー]で区切りのいい数値を設定します。

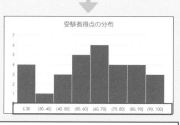

最初の項目名が[≦30]となり、それ以降が[30,40][40,50]と区切りのいい数字になりました。

---

1 横軸を右クリックし、　　**2** [軸の書式設定]をクリックします。

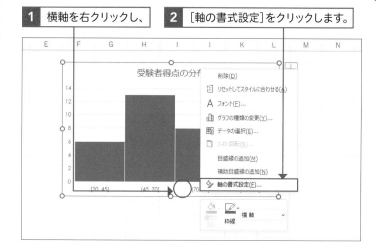

3 [軸の書式設定]作業ウィンドウが表示されます。

4 [ビンの幅]をクリックして選択し、「10」と入力すると、

5 区間が10単位で区切られ、ビンの数と幅が変わります。

6 [ビンのオーバーフロー]をクリックしてオンにし、「80」と入力して、

7 [ビンのアンダーフロー]をクリックしてオンにし、「50」と入力すると、

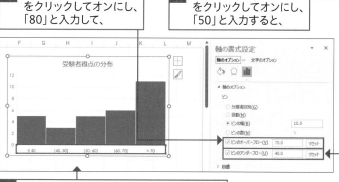

8 50以下の値と80より大きい値がそれぞれ1つの区間にまとめられました。

92

じょうごグラフで
データを絞り込んで示そう

じょうごグラフの作成

練習▶092_じょうごグラフ.xlsx

▶ じょうごグラフを営業のパイプライン管理に役立てよう

データの最初から最後にかけて徐々に値が減っていくさまを図示するじょうごグラフもかんたんに作成できます。たとえば、見込み客が真の顧客に絞り込まれていく段階をじょうごグラフで視覚化すれば、営業のパイプライン管理などに役立てられます。

① じょうごグラフを作成する

🔍 重要用語

じょうごグラフ

数値が徐々に絞り込まれていく過程を表現するのに適しているのがじょうごグラフです。一般的に、値が段階的に減っていくため、棒全体がじょうごのような形になるのが特徴です。

1 表の項目名と値 (セル [A3] 〜セル [B8]) を選択します。

2 [挿入]タブをクリックして、

3 [ウォーターフォール図または株価チャートの挿入]をクリックし、

4 [じょうご]をクリックします。

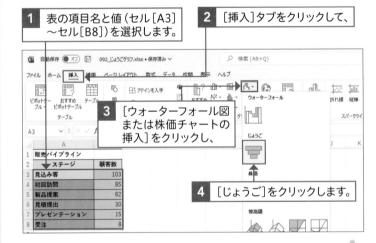

✏️ 補足

じょうごグラフに使うデータ

じょうごグラフには、徐々に値が減っていくタイプのデータを使います。ただし、途中で値が増えるようなデータでも、じょうごグラフにすることは可能です。

5 じょうごグラフが作成されました。

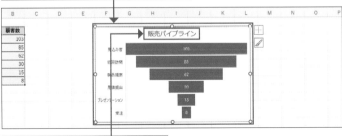

6 グラフタイトルを入力します。

② じょうごグラフを編集する

💡ヒント

**棒の塗りつぶしの色を
変更する**

縦棒グラフや横棒グラフと同様に、じょうごグラフの棒の塗りつぶしの色も、データ要素ごとに変更できます。たとえば、上から下に向かって徐々に色が濃くなるように塗りつぶしを設定すると、データが絞り込まれる様子を強調できます。

1 特定の棒（データ要素）を
2回クリックして選択します。

2 ［書式］タブをクリックして、

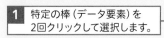

3 ［図形の塗りつぶし］をクリックし、

4 色をクリックします。

5 棒（データ要素）の色が
変わりました。

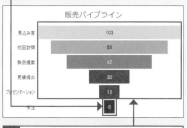

6 ほかの棒（データ要素）の色も、
同様の操作で変更します。

1 データ系列を右クリックし、

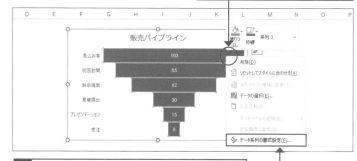

2 ［データ系列の書式設定］をクリックします。

3 ［データ系列の書式設定］作業ウィンドウが表示されます。

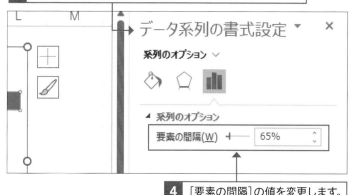

4 ［要素の間隔］の値を変更します。

5 棒の太さが変わります。

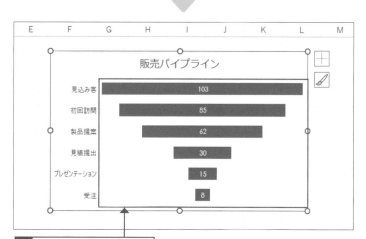

93 表のセルに小さなグラフを表示させよう

スパークラインの作成

練習▶093_スパークライン.xlsx

▶ 省スペースで数値を視覚化したいなら「スパークライン」を利用しよう

「スパークライン」の機能を使うと、表のセルの中に小さな折れ線グラフや縦棒グラフを表示することができます。わずかなスペースで数値を視覚化できるだけでなく、個別にグラフを作成する手間も省けるので便利です。プリント枚数を抑えたい配付資料にも向いているので、有効に活用しましょう。

Before 通常の表

	A	B	C	D	E	F	G	H	I	J
1	店員別売上高(千円)									
2		4月	5月	6月	7月	8月	9月			
3	坂口	1,566	1,285	1,400	2,061	2,289	2,365			
4	高橋	3,984	3,876	4,359	4,537	3,244	3,429			
5	田辺	4,537	4,267	4,069	4,168	3,914	3,956			
6	玉木	4,299	3,762	1,829	1,233	4,264	3,081			
7	間宮	2,601	1,783	3,359	4,254	3,687	3,842			
8	山田	5,203	4,886	4,179	8,849	7,287	4,988			
9										
10										

データの特徴や傾向を大まかにつかむヒントを表に付け加えたいときは、

After スパークラインを追加した表

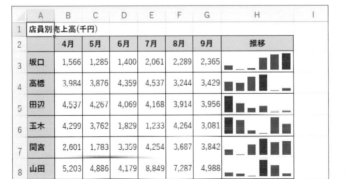

	A	B	C	D	E	F	G	H	I
1	店員別売上高(千円)								
2		4月	5月	6月	7月	8月	9月	推移	
3	坂口	1,566	1,285	1,400	2,061	2,289	2,365		
4	高橋	3,984	3,876	4,359	4,537	3,244	3,429		
5	田辺	4,537	4,267	4,069	4,168	3,914	3,956		
6	玉木	4,299	3,762	1,829	1,233	4,264	3,081		
7	間宮	2,601	1,783	3,359	4,254	3,687	3,842		
8	山田	5,203	4,886	4,179	8,849	7,287	4,988		
9									
10									

スパークラインで小さなグラフをセル内に表示します。

① スパークラインを作成する

ヒント

スパークラインは
グループ化される

作成したスパークラインはグループ化された状態になっています。いずれかのスパークラインを選択して設定を変更すると、グループ内のすべてのスパークラインに反映されます。また、特定のスパークラインを選択して［スパークライン］タブの［グループ解除］をクリックすると、そのスパークラインをグループから除外できます。逆に、任意のスパークラインを選択して［グループ化］をクリックすると、スパークライン同士をグループ化できます。

スパークラインのグループ化／グループ解除ができます。

ヒント

スパークラインを
削除する

スパークラインを選択した状態で［スパークライン］タブの［クリア］をクリックすると、スパークラインを削除できます。また、スパークラインを選択した状態で［スパークライン］タブの［クリア］の▫をクリックして、［選択したスパークライングループのクリア］をクリックすると、同じグループのスパークラインをまとめて削除できます。

選択したスパークラインまたは、選択したスパークラインと同じグループのすべてのスパークラインを削除できます。

1 スパークラインを作成したいセル（ここではセル［H3］～セル［H8］）を選択します。

2 ［挿入］タブをクリックして、

3 ［折れ線スパークライン］をクリックします。

4 ［スパークラインの作成］ダイアログボックスが表示されます。

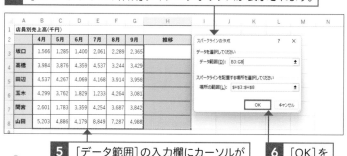

5 ［データ範囲］の入力欄にカーソルがあるのを確認し、データ範囲（セル［B3］～セル［G8］）をドラッグして、

6 ［OK］をクリックします。

7 ［スパークライン］タブが表示され、

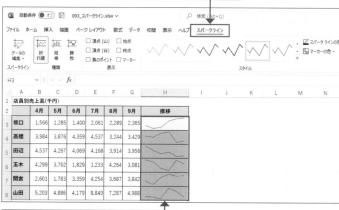

8 スパークラインが作成されます。

② スパークラインの書式や種類を変更する

ヒント

マーカーの色を変更する

折れ線スパークラインを選択して［スパークライン］タブの［マーカーの色］→［マーカー］をクリックし、さらに色をクリックすると、マーカーの色を変更できます。負のポイントや頂点（山）、頂点（谷）、始点、終点といった特定のマーカーの色を個別に変更することもできます。

> ［マーカーの色］をクリックしてそれぞれのメニューをクリックすると、マーカーの色を変更できます。

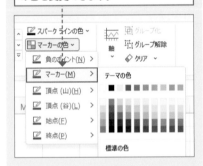

ヒント

スパークラインのセルに文字を入力する

スパークラインはセルの背景に設定されているような状態です。そのため、通常のセルと同様に文字や数式を入力することができます。セルに塗りつぶしの色を設定することも可能です。

補足

スパークラインの種類

折れ線スパークラインと縦棒スパークラインのほかに、勝敗スパークラインも作成できます。勝敗スパークラインは、プラス（正）の値とマイナス（負）の値を視覚的に表したいときに用います。

---

1 スパークラインを選択したまま［スパークライン］タブをクリックし、

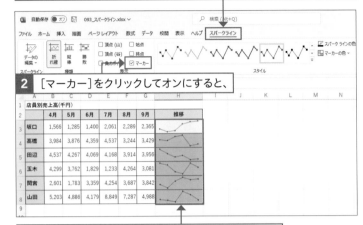

2 ［マーカー］をクリックしてオンにすると、

3 折れ線スパークラインにマーカーが追加されます。

4 ［縦棒スパークラインに変換］をクリックすると、

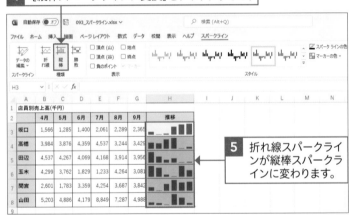

5 折れ線スパークラインが縦棒スパークラインに変わります。

6 ［頂点（山）］をクリックすると、

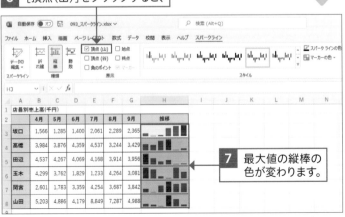

7 最大値の縦棒の色が変わります。

③ スパークラインの軸の書式を変更する

軸の最小値と最大値を揃える

スパークラインを作成した直後は、それぞれのスパークラインごとに軸の最小値と最大値が自動で調整されています。同じグループ内のスパークラインのグラフ同士で値を比較したいときは、軸の設定を変更して最小値と最大値を揃えます。

ヒント

日付軸を利用する

日付データをシリアル値で入力している場合は、スパークラインのグラフの横軸を日付軸（283ページ参照）に変更できます。

1 ［デザイン］タブの［軸］→［軸の種類（日付）］をクリックして、［スパークラインの日付の範囲］ダイアログボックスを表示します。

2 表の日付データが入力された範囲をドラッグし、

3 ［OK］をクリックします。

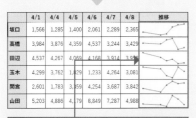

4 横軸が日付軸に変わり、表にはない日付（9/2と9/3）に相当するスペースも横軸に追加されました。

1 スパークラインを選択したまま［スパークライン］タブをクリックし、

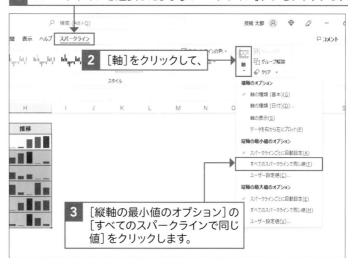

2 ［軸］をクリックして、

3 ［縦軸の最小値のオプション］の［すべてのスパークラインで同じ値］をクリックします。

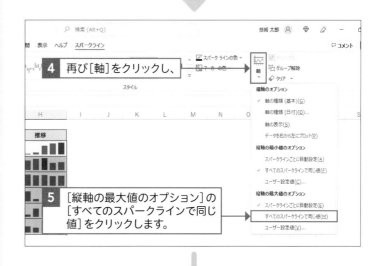

4 再び［軸］をクリックし、

5 ［縦軸の最大値のオプション］の［すべてのスパークラインで同じ値］をクリックします。

6 グループ化されたスパークラインの最小値と最大値が揃いました。

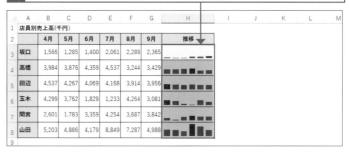

Section 94 ツリーマップで階層構造を示そう

ツリーマップの作成

📁 練習▶094_ツリーマップ.xlsx

▶ 階層構造をツリーマップで可視化しよう

サンバースト図（252ページ参照）と同じ階層構造グラフの仲間である「ツリーマップ」もExcelで作成できます。ツリーマップでは、四角い領域を入れ子状に分割することでデータの階層構造を可視化します。一つ一つのデータの大きさは、分割された長方形の面積で表されます。

① ツリーマップを作成する

✏ 補足

ツリーマップの元となる表

大分類、中分類、小分類などの項目名が入力されている表を元にして作成します。分類名は、セルの結合をせずに入力してもかまいません。

💡 ヒント

ツリーマップの色

サンバースト図（252ページ参照）と同様に、最も上の階層の分類ごとに塗り分けられます。

💡 ヒント

最も上の階層の分類名

それぞれの分類の左上にデータラベルとして表示されます。あとから、これをバナーとしてツリーマップの上に表示させることもできます（次ページ参照）。

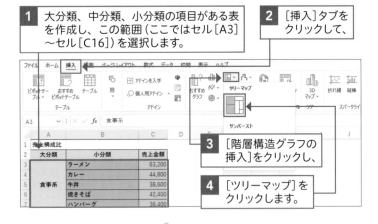

1 大分類、中分類、小分類の項目がある表を作成し、この範囲（ここではセル［A3］〜セル［C16］）を選択します。

2 ［挿入］タブをクリックして、

3 ［階層構造グラフの挿入］をクリックし、

4 ［ツリーマップ］をクリックします。

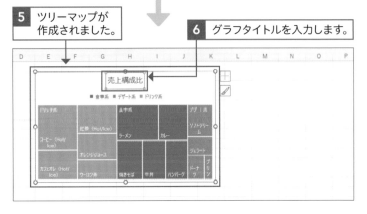

5 ツリーマップが作成されました。

6 グラフタイトルを入力します。

② 最も上の階層の分類名をバナーで示す

特定の分類のデータ要素を選択する

データ系列が選択されている状態で特定の分類をクリックすると、同じ分類のデータ要素をまとめて選択できます。手順**6**では、すでにデータ系列が選択されている状態のため、1回クリックするとその分類のデータ要素を選択できます。また、特定の分類のデータ要素が選択されている状態で、さらに特定のデータ要素をクリックすると、そのデータ要素のみを選択できます。なお、サンバースト図（252ページ参照）でも同様の操作でデータ要素を選択できます。

何も選択されていない状態なら、特定のデータ要素を2回クリックすると、同じ分類のデータ要素をまとめて選択できます。

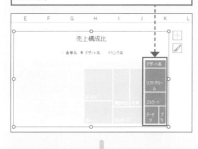

何も選択されていない状態なら、特定のデータ要素を3回クリックすると、そのデータ要素だけを選択できます。

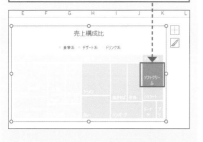

1 データ系列を右クリックし、

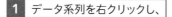

2 ［データ系列の書式設定］をクリックします。

3 ［データ系列の書式設定］作業ウィンドウが表示されます。

4 ［ラベルオプション］で［バナー］をクリックすると、

5 最も上の階層の分類名がバナーとして表示されます。

6 バナーの色を分類と同じ色にしたいときは、「デザート系」のデータ要素をクリックし、

7 ［書式］タブをクリックして、

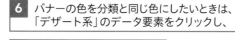

8 ［図形の塗りつぶし］をクリックして、

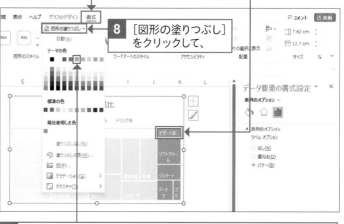

9 「デザート系」のデータ要素と同じ色をクリックします。このあと、同様の操作で「食事系」のデータ要素の塗りつぶしの色も変更します。

Section
95 過去の実績から データを予測しよう

予測シートの作成

練習▶095_予測シート.xlsx

▶ 過去のデータをもとに未来の売上高や来場者数を予測しよう

Excelには、過去の実績データを元に未来のデータを予測できる「予測シート」という機能があります。過去の売上実績から今後の売上を予測したり、日付と来場者数の実績から今後の来場者数を予測したりして、それをグラフで示せます。グラフの種類は、折れ線グラフと縦棒グラフが選べます。

Before 通常の折れ線グラフ

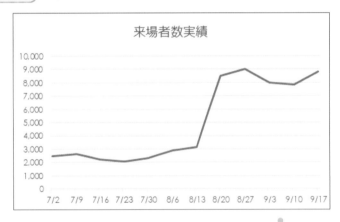

実績データを示すだけの折れ線グラフに、

After 予測シートの折れ線グラフ

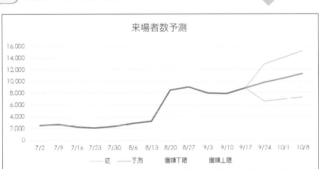

未来の予測データを自動的に計算して追加することができます。

① 予測シートを作成する

解説

日付の表示形式にする

日付が文字列として入力されていると予測シートを作成できないので、日付の表示形式で入力しておくようにします。

補足

縦棒グラフも選べる

[予測ワークシートの作成]ボックスで[縦棒グラフの作成]をクリックすると、予測シートのグラフの種類を縦棒グラフにできます。

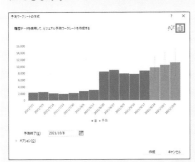

ヒント

詳細な設定をして予測シートを作成する

[予測ワークシートの作成]ボックスで[オプション]をクリックすると、[予測開始]や[信頼区間]など、詳細な設定項目が表示されます。目的に応じて、ここで設定を変更しましょう。

1 過去の実績データを選択します。

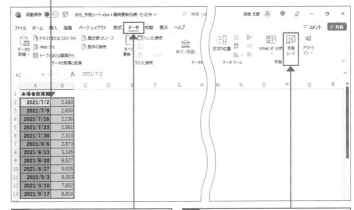

2 [データ]タブをクリックして、

3 [予測シート]をクリックします。

4 [予測ワークシートの作成]ボックスが表示されます。

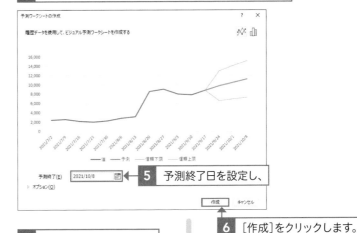

5 予測終了日を設定し、

6 [作成]をクリックします。

7 予測シートが追加され、

8 表とグラフが表示されました。

327

② 予測シートを編集する

ヒント

予測データの計算に使われている関数

予測シートに作成された表には、予測データと信頼下限データ、信頼上限データの値が表示されます。これらの値は指数平滑法を利用して過去の実績データに基づき将来のデータの値を予測する「FORECAST.ETS」という関数で求められています。

■ FORECAST.ETS関数の書式

=FORECAST.ETS（目標期日, 値, タイムライン, 季節性, 補間, 集計）

タイムライン	値	予測	信頼下限	信頼上限
2021/7/2	2,493			
2021/7/9	2,650			
2021/7/16	2,230			
2021/7/23	2,061			
2021/7/30	2,313			
2021/8/6	2,873			
2021/8/13	3,145			
2021/8/20	8,527			
2021/8/27	9,025			
2021/9/3	8,003			
2021/9/10	7,852			
2021/9/17	8,824	8,824	8,824	8,824
2021/9/24		9,762	6,562	12,963
2021/10/1		10,496	6,916	14,075
2021/10/8		11,229	7,306	15,152

この範囲にFORECAST.ETS関数を使った数式が入力されています。

ヒント

予測シートのグラフを編集する

予測シートのグラフは、グラフタイトルを追加したり横軸の表示形式を変更したりできるだけでなく、グラフの種類を変更するなど、通常のグラフと同様の編集を加えることができます。

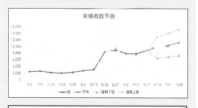

グラフの種類をマーカー付き折れ線グラフに変更することもできます。

1 グラフタイトルを追加したい場合は、グラフをクリックします。

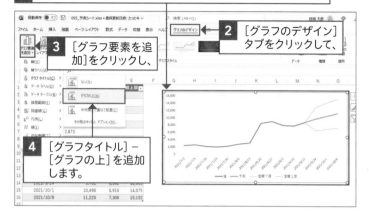

2 ［グラフのデザイン］タブをクリックして、

3 ［グラフ要素を追加］をクリックし、

4 ［グラフタイトル］－［グラフの上］を追加します。

5 タイトルを入力し、必要に応じてグラフのフォントも変更し、

6 横軸を右クリックして、

7 ［軸の書式設定］をクリックします。

8 ［軸の書式設定］作業ウィンドウが表示されます。

9 画面をスクロールして［表示形式］をクリックし、

10 ［カテゴリ］で［日付］を選択して、

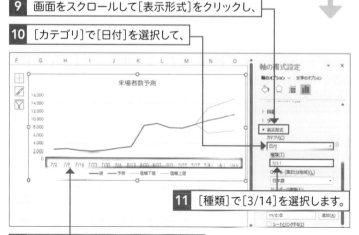

11 ［種類］で［3/14］を選択します。

12 横軸の表示形式が変更されました。

第 **9** 章

伝わるグラフを
作るコツ

グラフを資料やプレゼンで使うときのポイント

初期設定で作ったグラフをそのまま資料に利用すると、「いかにも Excel で作った」という印象になるだけでなく、見づらく、伝えたい情報がぼやけてしまうことがあります。作成したグラフには一手間を加え、伝えたい情報が際立つよう、見やすくわかりやすいグラフに仕上げましょう。

▶ グラフに一手間加えよう

初期設定でグラフを作成すると、「配色が Excel っぽい」「色使いが煩雑」「数値が読み取りにくい」「線の要素が多くて見づらい」といった問題が起こりがちです。グラフで何を伝えたいのかを明確にし、配色や要素を整理するなど編集を加えてから使用するようにしましょう。

Before 作成直後のグラフ

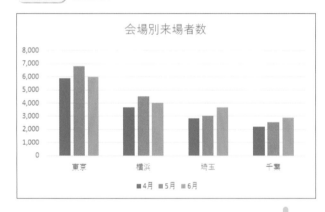

作成直後は Excel 独自のカラーパレットの色合いが反映されるため、多色使いで既視感のある仕上がりになりがちです。

After 編集を加えたグラフ

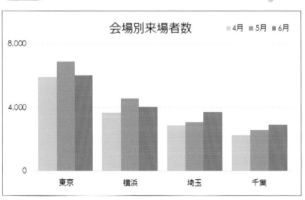

色合いを同系色に統一したり、目盛線の間隔を整理したり、フォントや凡例の位置などを変更するだけでも、洗練された印象のグラフになります。

初期設定のグラフは、Excelに用意されているカラーパレットの配色になります。ありがちな
Excelのグラフの印象を洗練させたいときは、配色を変更しましょう。同系色の色でまとめると、
すっきりとした印象になります。テーマの色や標準色以外の色を使うのも効果的です。

▶ 色使いは煩雑にならないようにしよう

[色の変更]（74ページ参照）で同系色を集めたカラーパレットを選択すると、スッキリした
印象になります。また、塗りつぶしの色を[色の設定]ダイアログボックス（163ページ参照）
を利用して、商品やクライアントのテーマカラーやコーポレートカラーに合わせた配色にす
るのもおすすめです。

Before　初期設定で作成したグラフの配色

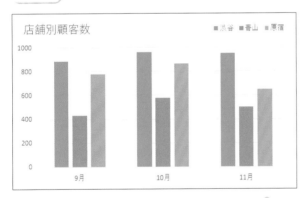

初期設定で作成したグラフは、一目
でExcelで作ったと分かるような配色
になります。

After　棒の塗りつぶしの色を変更したグラフ

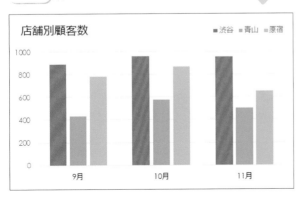

配色を同系色でまとめると、スッキリ
した印象のグラフになります。また、
商品やクライアントのテーマカラーや
コーポレートカラーの色を使うと、グ
ラフのメッセージ性が高まります。

Section

98 | データを絞る

グラフを通して伝えたい情報が明確な場合は、不要なデータはそぎ落として、必要なデータだけで
グラフを作りましょう。複数の系列を設けず1系列だけにしたり、項目数を少なめにしたりすると、
伝えたいポイントが際立ち、訴求力の高いグラフになります。

▶ どの情報をグラフにすべきか考えよう

たとえば、全店舗でどのくらい売上が上がったか、売上高が最低だった月と最高だった月の
比較で見せたいときは、店舗ごとの売上高を並べて見せるのではなく店舗全体の売上高から
グラフを作ります。売上げの増加を示す矢印を追加したり、データラベルのフォントサイズ
を変えたりすると、より伝えたいことが際立ちます。

Before 店舗別の売上高をそのまま利用したグラフ

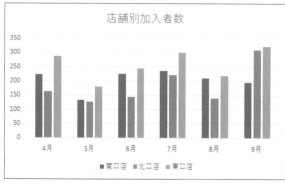

複数系列があると、店舗全体の売上
高を把握するのが難しくなります。また、
店舗ごとの売上高の比較を見せ
たいのか、月別の売上高の比較を見
せたいのか、グラフの意図が見る者
に伝わりません。

After グラフ要素を絞ったグラフ

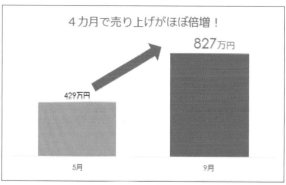

全店舗の合計からグラフを作り、売
り上げが低かった月と高かった月だ
けを取り上げてグラフにしました。矢
印を加えたり、データラベルのフォン
トサイズを調整したりすると、集計期
間内で売り上げがほぼ倍増したこと
を強調できます。

99 要素の数を絞る

グラフを構成する要素は、縦軸、横軸、軸ラベル、データラベル、凡例などさまざまです。すべての要素を盛り込むとごちゃごちゃして見づらくなるので、必要な要素だけに絞り込んでシンプルなグラフにするのがおすすめです。目で追う対象を減らして、伝わりやすいグラフに整えましょう。

▶ 要素の数を減らして読み取りやすいグラフにしよう

表記しないとその軸が何を指しているのかわからない場合以外、軸ラベルは省きましょう。また、不要な凡例も削除します。目盛の間隔を調整して目盛線の本数を減らすか、目盛線そのものを削除してしまうことも検討しましょう。値はデータラベルを使って直接示すと見やすくなります。

Before グラフ要素の多いグラフ

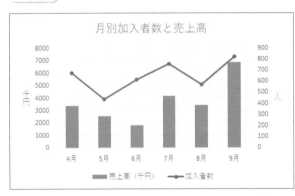

軸ラベルや縦軸、凡例、目盛線などグラフ要素が多いと、どこに着目していいかわかりづらくなります。

After グラフ要素を絞ったグラフ

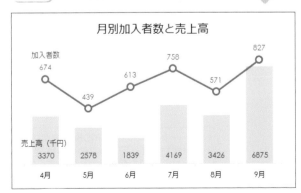

思い切って縦軸や目盛線、凡例を削除し、必要な情報はデータラベルで表記すると、グラフの構成がシンプルになり、値も読み取りやすくなります。

対象のデータ要素がどのデータを示すのかを表す「凡例」は、できる限りデータラベルで直接グラフの図中に書き込むようにしましょう。凡例とグラフの対応をいちいち読み取る必要がなくなり、見やすいグラフになります。数値データも、データラベルでグラフ中に書き込むのがおすすめです。

▶ 凡例は表示せず、データラベルで図中に入れよう

特に円グラフでは凡例は使用せず、データラベルで図中に書き込むようにします。円グラフでは、細かい項目の一部を1つにまとめると、より一層見やすいグラフになります。棒グラフや折れ線グラフでも、系列名や値をデータラベルにして書き込み、軸ラベルや凡例を削除すると見やすくなります。

Before 凡例を表示したグラフ

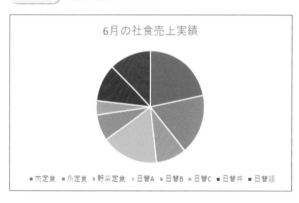

どれがどのデータ要素を指しているのか、凡例とグラフをいちいち見比べないと値が読み取れません。

After 凡例を削除し、データラベルで図中に書き込んだグラフ

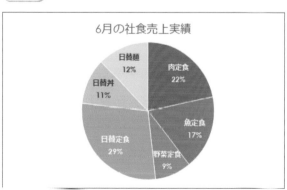

データラベルで図中に書き込めば一目瞭然です。円グラフの場合は、パーセンテージも示すとより見やすくなります。

色や文字で強弱を付ける

強調したいデータがある時は、該当のデータ要素だけ色を変えて目立たせると効果的です。さらに、項目名やデータラベルの文字の色やフォントサイズも変更すると、より特定のデータ要素を強調して見せることができます。

▶ テキストボックスを使えば軸ラベルの文字も強調できる

軸のラベルのフォントを項目ごとに変更することはできないので、いったん軸のラベルを「なし」にし、テキストボックスで項目名を書き入れます。そうすれば、一部の項目名だけ文字の色やフォントサイズを変えられます。データラベルも、強調したいものだけフォントサイズを変えると効果的です。

Before 通常のグラフ

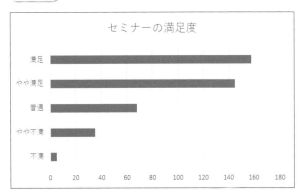

> 項目名は縦軸のラベルとして表示されているので、個別に文字の色やフォントサイズを変更できません。

After 縦軸のラベルをテキストボックスに置き換えて編集したグラフ

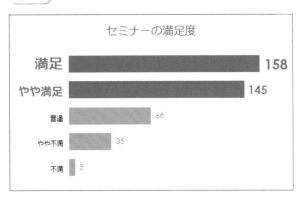

> 縦軸のラベルを「なし」にし、テキストボックスで項目名を書き入れると、強調したい文字だけ色やフォントサイズを変更して目立たせることができます。同時に、棒の色やデータラベルのフォントサイズも変更すると、強調したいポイントがより一層際立ちます。

102 フォントを工夫する

グラフを作成する際はテーマの標準フォントが使用されますが、視認性の高いフォントに変更すると見やすく洗練されたグラフになります。本書のサンプルでは、主にWindowsに標準搭載されている「Century Gothic」「メイリオ」を、英数字用、日本語用のフォントとして使用しています。

▶ フォントを変更するだけで洗練された印象のグラフに

グラフのフォントは適宜変更しましょう（94ページ参照）。英数字用のフォント、日本語用のフォントの好きな組み合わせがある場合は、［ページレイアウト］タブの［フォント］－［フォントのカスタマイズ］をクリックし、［新しいテーマのフォント パターンの作成］ダイアログボックスで、フォントの組み合わせを登録しておくと便利です。なお、グラフ中で使用するフォントの種類は、1、2種類程度に抑えるのがおすすめです。

Before 初期設定で作成したグラフ

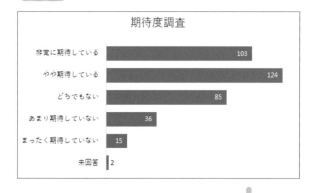

初期設定で作成したグラフだと、やや寂しい印象を受けます。

After フォントを変更したグラフ

フォントを変更するだけで、作り込んだ印象のグラフになります。棒の色とデータラベルのフォントの色を合わせるなど、フォントの色やサイズも工夫するとより洗練されたグラフになります。

Section 103 | 3-Dグラフは使わない

遠近法により歪みが生じる3-Dグラフは、手前にあるデータ要素が大きく誇張され、読み手に誤解を与えたり、疑いを生じさせたり、不信感を与えたりする可能性があります。3-Dグラフは正確性が求められる資料はもちろん、普段の資料でもなるべく使用を控えるようにしましょう。

▶ 最も誤解を与えやすいのが3-D円グラフ

手前に配置されているデータ要素が大きく表示される3-D円グラフは、3-Dグラフの中でも特に誤解を与えやすいグラフの一つです。故意に特定のデータを誇張して見せようとするのはもちろん、見た目のインパクトを強めたいという理由で安易に使用するのはやめましょう。

Before) 3-Dの円グラフ

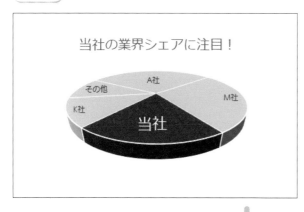

当社のデータが手前に来るよう基線位置を変更し、透視投影の度数も調整した3-D円グラフでは、当社のシェア率がかなり大きく誇張されます。パーセンテージも非表示にしていると、なおさら誤解を招くグラフになります。このようなグラフは、「詐欺グラフ」と呼ばれることもあります。

After) 2-Dの円グラフ

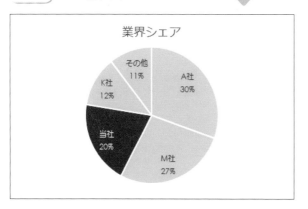

3-Dではなく2-Dの円グラフに変更しましょう。データ要素の並び順は、割合が大きいものから順番に時計回りで配置するのが円グラフの基本です。

104 | 必要な情報を追加する

集計内容や結果を正確に伝えたい場合は、関連する情報もグラフ内に書き込んでおくと親切で信憑性の高いグラフになります。たとえば、集計期間や対象となる件数のほか、公的機関や研究機関が公開しているデータを使用している場合は、出典なども書き込んでおくようにします。

▶ テキストボックスや軸レベルで情報を追加しよう

集計期間や対象のデータ総数など、より正確にグラフの内容を第三者に伝えたいときは、必要な情報をテキストボックスでグラフ内に追加しましょう。軸の単位がわかりづらいときは、軸ラベルを使って単位も書き込むようにします。

Before 情報を追加する前のグラフ

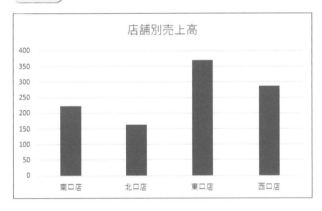

縦軸の単位や集計期間、集計対象のデータが何件あったかといった情報を、グラフから読み取ることはできません。

After 軸ラベルやテキストボックスで情報を追加したグラフ

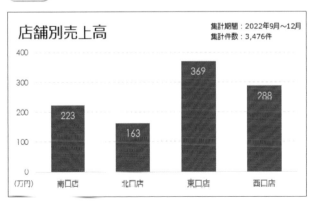

縦軸の単位を軸ラベルで、集計期間や集計件数をテキストボックスで追加すると、より正確に情報を伝えるグラフになります。

105 印刷することも意識する

グラフの配色によっては、モニターやスクリーンでの表示時やカラー印刷時にはきれいに見えても、白黒印刷時には極端に見づらくなってしまうことがあります。白黒印刷を想定している場合は、グラフの配色を工夫したり、データ要素に枠線を付けたりしましょう。

▶ 塗りつぶしの色を工夫したり、線を付けたりしよう

同系色の濃淡にすると、白黒で印刷したときにも色の差が比較的分かりやすくなります。114ページのようにパターンで塗りつぶすのも効果的です。積み上げ棒グラフや円グラフの場合は、データ要素に枠線を付けると区切りがわかりやすくなります。また、凡例はなるべく図中に書き込むようにしましょう。

Before 白黒印刷を考慮していないグラフ

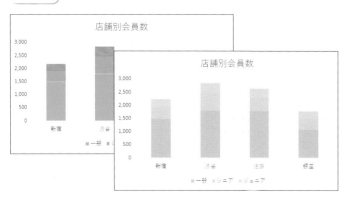

配色によっては、白黒で印刷したときに色の区別が付かなくなり、凡例とグラフの対応の判別も難しくなってしまいます。

After 白黒印刷を考慮したグラフ

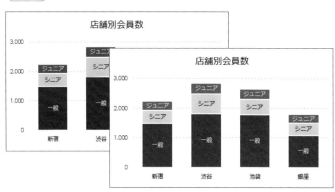

同系色の濃淡に色を絞り、コントラストの強い色と弱い色を交互に配置したり、データ要素に枠線を付けたりすると見やすくなります。白黒だと凡例も見づらいため、データラベルで図中に書き込み、文字もはっきりした色にしましょう。

106 グラフの右側にタイトルを入れる

グラフタイトルの位置はグラフの上か下かで選べますが、ドラッグして移動すればグラフの横にも配置できます。その際、グラフを左、タイトルを右にすると効果的です。また、テキストボックスを使うと、一部の文字だけフォントの色やサイズを変更してインパクトのあるタイトルにできます。

▶ タイトルの文字にも装飾したいならテキストボックスを利用

左脳はテキスト、右脳はビジュアルの処理が得意とされています。左の視野から入る情報は右脳、右の視野から入る情報は左脳に届くことから、グラフのような図は左側、タイトルのような文字情報は右側に配置するのがおすすめです。タイトルの文字を装飾したい場合は、テキストボックスを利用しましょう。

Before 2Dの円グラフ

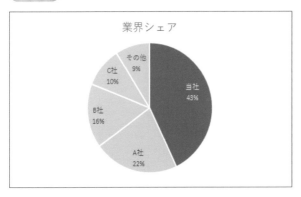

初期設定のままグラフを作成すると、グラフタイトルは円グラフの上に表示されます。

After グラフタイトルをグラフの右側に配置し、文字に装飾を加えた例

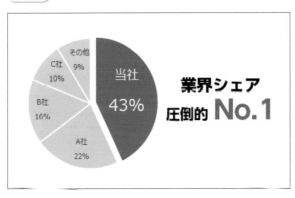

グラフを左側、タイトルを右側に入れると理解されやすい資料になります。タイトルの一部の文字だけ色を変えたり、フォントサイズを大きくしたりしたい場合は、グラフタイトルは削除し、テキストボックスでタイトルを入力しましょう。

107 | 棒グラフでは棒の太さや間隔にも気を付ける

棒グラフの棒の要素の間隔を調整すると、棒の太さを変更できます。棒が細く要素の間隔が広いと見づらくなるので、棒が要素の間隔よりも太くなるくらいに調整しましょう。また、系列の要素の重なりも調整が可能です。要素のかたまりがわかりづらくならないよう、適宜調整しましょう。

▶ 棒の太さ、間隔を調整して見やすいグラフにしよう

[データ系列の書式設定]で[要素の間隔]を調整すると、棒グラフの棒の太さを変更できます。棒の太さはある程度太くしたほうが見やすいので、適宜調整しましょう。また、[要素の間隔]と[系列の重なり]の組み合わせによっては、要素の区切りが不明瞭になります。[系列の重なり]も調整し、要素の区切りがはっきりわかるようにしましょう。

Before 棒が細く、要素の区切りが不明瞭なグラフ

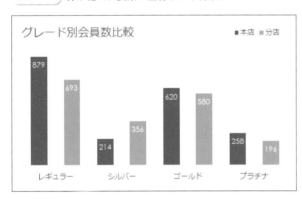

「レギュラー」「シルバー」「ゴールド」「プラチナ」の区切りが不明瞭な上に、棒も細く見づらい印象です。

After 棒が太く、要素の区切りがわかりやすいグラフ

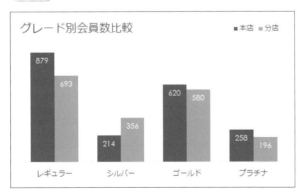

棒の太さを太くし、[系列の重なり]を「0」にすることで、「レギュラー」「シルバー」「ゴールド」「プラチナ」の区切りがわかりやすく、見やすいグラフになります。

108 | グラフで比較するときは最大値や単位を揃える

2つのグラフを並べて比較する際、グラフごとに軸の最大値や単位が異なると、両者を正しく比較することができません。並べて比較するのが目的の場合は、それぞれのグラフの最大値や単位を揃えるようにしましょう。その際、目盛線の間隔も揃えるようにします。

▶ グラフを並べて比較するなら、縦軸の最大値は揃えよう

左のグラフでは縦軸の最大値が「120」なのに対し、右のグラフでは最大値が「60」になっているため、それぞれのグラフで新規患者数一人が占める棒の面積（高さ）はまったく異なっています。これでは2つのグラフを正しく比較できません。比較が目的の場合は、軸の最大値を揃えるようにします。

Before 最大値が異なるグラフの比較

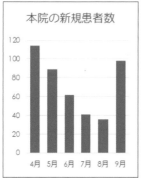

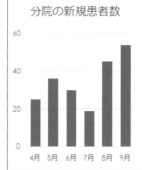

一見すると新規患者数の総数はどちらもほぼ同じくらいに見えますが、軸の最大値が異なっているためそう見えているだけで、分院の実際の新規患者数は本院の半分以下です。間隔の異なる目盛線も比較の邪魔になります。

After 最大値を揃えたグラフの比較

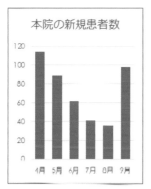

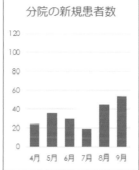

軸の最大値を揃えると新規患者数一人が占める棒の面積（高さ）が同じになり、分院の新規患者数のほうが少ないことがわかります。2つのグラフで比較を行いたい場合は、このように軸の最大値を揃え、目盛線の間隔も同じに合わせます。

Section 109 | 値の差異を強調したいときは折れ線グラフで

データのわずかな差異を強調したいとき、軸の最小値を調整した棒グラフを使う例が散見されます。本来、棒グラフは棒の面積で値の大小を示すものなので、このような使い方は好ましくありません。どうしても差異を強調して見せたい場合は、折れ線グラフを使用するようにしましょう。

▶ 差異を強調する必要があるときは折れ線グラフを使おう

棒の面積（高さ）で値の大小を見る棒グラフでは、縦軸を「0」からスタートさせるのが基本です。どうしても差異を強調して見せたい場合は、折れ線グラフを使用するようにしましょう。また、突出した棒の波線による省略（184ページ参照）も、棒の面積と値の大小の比例関係を崩す見せ方になるので、同様に使い方には注意しましょう。

Before 基準線が「0」のグラフと「95」のグラフ

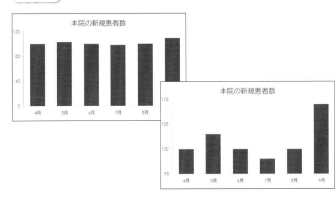

> 縦軸の基準線が「0」のグラフと基準線を「95」に変更したグラフでは、このように棒の高さが極端に変わります。基準線を「95」に変更したグラフは、データの大小と棒の面積と比例していません。

After グラフの種類を折れ線に変更したグラフ

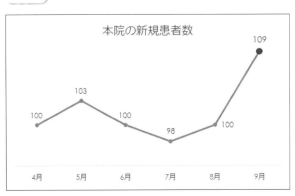

> どうしてもわずかな差異を強調して見せたい場合は、面積でデータの大小を表現しない折れ線グラフを使用するようにします。

110 | 折れ線グラフは時間の間隔をゆがめない

折れ線グラフで時間の経過にともなうデータの変化を見せるとき、横(項目)軸の集計日や集計期間の間隔は均等に取るのが基本です。この間隔を意図的に狭めたり広げたりして、データの変化を大きくあるいは小さく演出するような使い方は極力避けましょう。

▶ 横(項目)軸の間隔は均等にしよう

折れ線グラフの場合、一部の期間をグラフに含めないようにすることで、変化の度合いを大きくあるいは小さく見せることができます。また、極度に売上が落ち込んだ月などを意図的にグラフから外せば、都合の悪い情報を隠すこともできます。しかし、このような折れ線グラフの使い方は好ましくありません。読み手をだますような使い方は避けましょう。

Before 9カ月分のデータを抜いて変化の差を大きく見せたグラフ

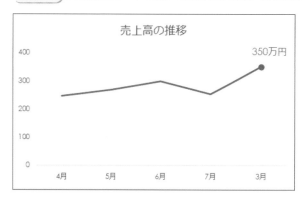

最初は1カ月刻みの折れ線になっていますが、8月～2月までのデータを抜いたことで、7月以降の売上高がぐんと伸びたように見えます。

After 実際のグラフ

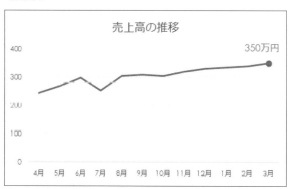

8月～2月までのデータもプロットすると、実際の売上高の上昇度は緩やかだったことがわかります。

111 | 折れ線グラフの系列数は少なめに

線やマーカーが折り重なる折れ線グラフは、系列数が多くなるとかなり見づらくなります。系列数が多ければ直接データラベルで系列を示すことも困難になります。多数のデータを折れ線グラフで比較したい場合は、1つのグラフにまとめずに複数のグラフに分けるようにしましょう。

▶ 折れ線の数が多いときは複数のグラフに分けよう

折れ線グラフで複数の系列の推移を比較したい場合は、複数のグラフに分けて並べて表示します。その際、1つのグラフに含める系列数は多くても4つ程度にしましょう。また、推移の傾向をざっくりと比較したいなら、スパークライン（320ページ参照）を使用するのもおすすめです。

Before 6つの系列を含む折れ線グラフ

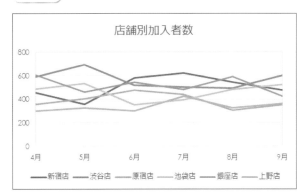

6本の折れ線が入り交じり、かなり見づらくなっています。凡例と折れ線の対応を目で追う必要もあり、データの傾向をパッと見て把握するのは困難です。

After 2つのグラフに分けた折れ線グラフ

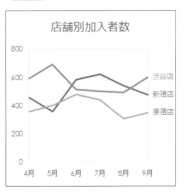
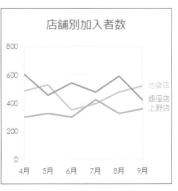

2つのグラフに分けただけでかなり見やすくなります。さらに、系列名をデータラベルでグラフに書き込むと、より一層見やすくなります。折れ線の色とデータラベルのフォントの色を合わせるのもおすすめです。

112 | 円グラフの要素は少なめに

全体に対する特定の項目（要素）の割合を比較するのに適している円グラフは、要素の数が増えると見づらくなります。値の小さい要素は値の小さい要素は「その他」としてまとめるなどして、見やすい円グラフにしましょう。その際、要素の数は5つ程度に抑えるのがおすすめです。

▶ 値の小さな要素は「その他」としてまとめよう

値の小さい要素は「その他」としてまとめます。その際、「その他」の内訳を補助円グラフ付き円グラフや補助縦棒付き円グラフで見せることもできます（228ページ参照）。また、円グラフではなく縦棒グラフにしたほうが見やすい場合もあります。適切なグラフの種類を選ぶよう心掛けましょう。

Before 6つの系列を含む折れ線グラフ

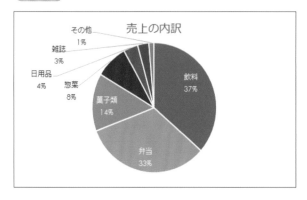

値の小さな要素が見づらい状態となっています。

After 要素を減らした円グラフ

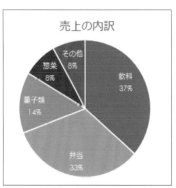

After 円グラフを棒グラフに変更

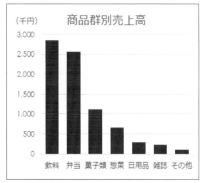

値の小さな3要素を「その他」にまとめると、見やすい円グラフになります。値の大小を比較したいだけなら、右のように思い切って棒グラフに変更してしまうのも一つの方法です。

円グラフ同士で比較しない

円グラフを並べて割合の推移を示そうとする資料を見かけることがありますが、円グラフは並べて比較しづらいグラフです。割合の差が少ないと推移を読み取るのが難しくなるので、積み上げ棒グラフなど別のグラフを使うようにしましょう。積み上げ棒グラフなら、同時に総量の比較も可能です。

▶ 割合の推移を比較したい場合は積み上げ棒グラフを使おう

割合の推移を見せたいときには、積み上げ縦棒グラフ／横棒グラフがおすすめです。また、円の大きさの違う円グラフ同士を並べて、割合と同時にデータの総量の推移も見せようとする例もありますが、円の大きさと値が正確に比例するよう円のサイズを調整するのは困難です。積み上げ縦棒グラフ／横棒グラフなどにグラフの種類を変更して比較するようにしましょう。

Before 円グラフ同士の比較

左右のグラフの扇の中心角やデータラベルを、要素ごとに見比べないと推移を比較できません。また、左右のグラフのデータ総量にどのくらいの違いがあるのかもわかりません。

After 積み上げ縦棒グラフに変更

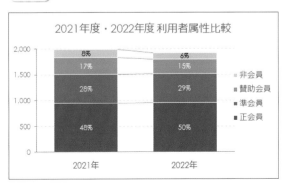

積み上げ縦棒グラフに変更すると割合の推移が明確になり、それぞれの系列のデータ総量の違いも比較できるようになります。

サンプルファイルのダウンロード

サンプルファイルは、以下のURLからダウンロードできます。

https://gihyo.jp/book/2023/978-4-297-13259-0/support

次の手順でダウンロード、展開して使用してください。

1 ブラウザーを起動して、URLを入力し、サンプルのダウンロードページを開きます。

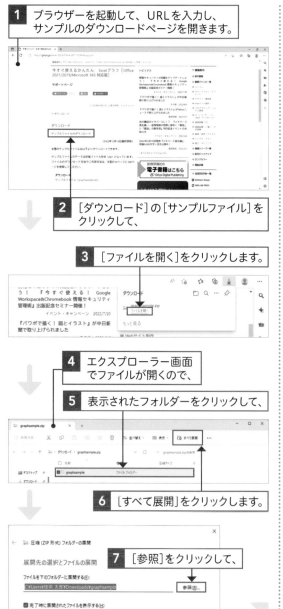

2 [ダウンロード]の[サンプルファイル]をクリックして、

3 [ファイルを開く]をクリックします。

4 エクスプローラー画面でファイルが開くので、

5 表示されたフォルダーをクリックして、

6 [すべて展開]をクリックします。

7 [参照]をクリックして、

8 [デスクトップ]をクリックし、

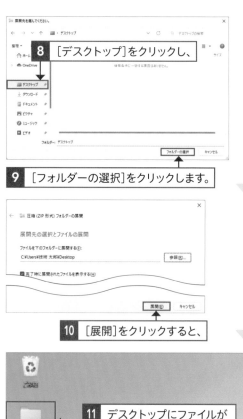

9 [フォルダーの選択]をクリックします。

10 [展開]をクリックすると、

11 デスクトップにファイルが展開されます。

解説　保護ビューが表示された場合

サンプルファイルを開くと、図のようなメッセージが表示されます。[編集を有効にする]をクリックすると、本書と同様の画面表示になり、操作を行うことができます。

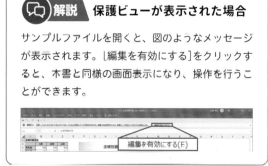

編集を有効にする(F)

索引

マ行

ヤ行

ラ行

お問い合わせについて

本書に関するご質問については、本書に記載されている内容に関するもののみとさせていただきます。本書の内容と関係のないご質問につきましては、一切お答えできませんので、あらかじめご了承ください。また、電話でのご質問は受け付けておりませんので、必ずFAXか書面にて下記までお送りください。
なお、ご質問の際には、必ず以下の項目を明記していただきますようお願いいたします。

1 お名前
2 返信先の住所またはFAX番号
3 書名（今すぐ使えるかんたん　Excelグラフ [Office 2021/2019/Microsoft 365対応版]）
4 本書の該当ページ
5 ご使用のOSとソフトウェアのバージョン
6 ご質問内容

なお、お送りいただいたご質問には、できる限り迅速にお答えできるよう努力いたしておりますが、場合によってはお答えするまでに時間がかかることがあります。また、回答の期日をご指定なさっても、ご希望にお応えできるとは限りません。あらかじめご了承くださいますよう、お願いいたします。

問い合わせ先

〒162-0846
東京都新宿区市谷左内町21-13
株式会社技術評論社　書籍編集部
「今すぐ使えるかんたん　Excelグラフ
[Office 2021/2019/Microsoft 365対応版]」質問係
FAX番号　03-3513-6167

https://book.gihyo.jp/116

■お問い合わせの例

FAX

1 お名前
技術　太郎

2 返信先の住所またはFAX番号
03-XXXX-XXXX

3 書名
今すぐ使えるかんたん
Excelグラフ
[Office 2021/2019/
Microsoft 365対応版]

4 本書の該当ページ
131ページ

5 ご使用のOSとソフトウェアのバージョン
Windows 11
Excel 2021

6 ご質問内容
条件の通りに抽出されない

※ご質問の際に記載いただきました個人情報は、回答後速やかに破棄させていただきます。

今すぐ使えるかんたん　Excelグラフ
[Office 2021/2019/Microsoft 365対応版]

2023年2月3日　初版　第1刷発行

著　者●柳田留美
発行者●片岡 巌
発行所●株式会社　技術評論社
　　　　東京都新宿区市谷左内町21-13
　　　　電話　03-3513-6150　販売促進部
　　　　　　　03-3513-6160　書籍編集部
装丁●田邉 恵里香
本文デザイン・DTP●ライラック
編集●渡邉 健多
製本／印刷●大日本印刷株式会社

定価はカバーに表示してあります。

ISBN978-4-297-13259-0　C3055
Printed in Japan